高等院校"十四五"精品教材

运筹学应用

王玉梅 于龙振 杨树国 朱建华 姚凡军 编著

Yun Chou Xue Ying Yong

经济管理出版社
ECONOMY & MANAGEMENT PUBLISHING HOUSE

图书在版编目（CIP）数据

运筹学应用/王玉梅等编著 . —北京：经济管理出版社，2022.7
ISBN 978 - 7 - 5096 - 8599 - 0

Ⅰ . ①运… Ⅱ . ①王… Ⅲ . ①运筹学 Ⅳ . ①022

中国版本图书馆 CIP 数据核字（2022）第 118242 号

组稿编辑：王　洋
责任编辑：王　洋
责任印制：黄章平
责任校对：张晓燕

出版发行：经济管理出版社
　　　　　（北京市海淀区北蜂窝 8 号中雅大厦 A 座 11 层　100038）
网　　址：www. E - mp. com. cn
电　　话：（010）51915602
印　　刷：唐山昊达印刷有限公司
经　　销：新华书店
开　　本：787mm × 1092mm/16
印　　张：19
字　　数：405 千字
版　　次：2022 年 11 月第 1 版　　2022 年 11 月第 1 次印刷
书　　号：ISBN 978 - 7 - 5096 - 8599 - 0
定　　价：58.00 元

前　言

　　运筹学是一门以人机系统的组织、管理为对象，应用数学和计算机等工具来研究各类有限资源的合理规划使用并提供优化决策方案的科学。它是针对经济管理类专业专、本科生和研究生层次的重要专业基础课。习题是消化领会教材的一个重要环节，也是学习掌握运筹学理论和方法的必不可少的手段。本书包含线性规划与单纯形法、对偶理论和灵敏度分析、运输问题与表上作业法、目标规划、整数规划、无约束问题、约束极值问题、动态规划、图与网络分析、排队论、存储论、对策论等习题，针对各章习题不仅给出正确答案，而且对要点进行详解，供学生复习和消化课本知识使用。

　　本书是由在青岛科技大学第一线工作的、已从事运筹学教学十余年的教师编写，内容紧密结合经济管理专业的特点，针对经济管理专业的本科生及研究生运筹学课程的一本辅助教材，主要满足经济管理专业本科层次，同时兼顾研究生和实际应用人员的使用。

　　本教材得到 2020 年度青岛市社会科学规划研究项目"疫情对青岛市居民消费的影响与经济发展对策研究"（QDSKL2001249）和山东省自然科学基金资助项目"数据驱动下山东省化工园区风险监测预警研究：模型和方法"（ZR2020MG052）的支持。

　　鉴于编者水平有限，书中难免有不妥或错误之处，恳请广大读者批评指正。

目　录

习　题

答　案

习　题

第 1 章

线性规划与单纯形法

1.1 用图解法求解下列线性规划问题，并指出问题是具有唯一最优解、无穷多最优解、无界解还是无可行解。

（1） $\max z = x_1 + x_2$

$$\text{s. t.} \begin{cases} 5x_1 + 10x_2 \leqslant 50 \\ x_1 + x_2 \geqslant 1 \\ x_2 \leqslant 4 \\ x_1, \ x_2 \geqslant 0 \end{cases}$$

（2） $\min z = x_1 + 1.5x_2$

$$\text{s. t.} \begin{cases} x_1 + 3x_2 \geqslant 3 \\ x_1 + x_2 \geqslant 2 \\ x_1, \ x_2 \geqslant 0 \end{cases}$$

（3） $\max z = 2x_1 + 2x_2$

$$\text{s. t.} \begin{cases} x_1 - x_2 \geqslant -1 \\ -0.5x_1 + x_2 \leqslant 2 \\ x_1, \ x_2 \geqslant 0 \end{cases}$$

（4） $\max z = x_1 + x_2$

$$\text{s. t.} \begin{cases} x_1 - x_2 \geqslant 0 \\ 3x_1 - x_2 \leqslant -3 \\ x_1, \ x_2 \geqslant 0 \end{cases}$$

1.2 将下列线性规划问题变换成标准型，并列出初始单纯形表。

（1） $\min z = -3x_1 + 4x_2 - 2x_3 + 5x_4$

$$\text{s. t.} \begin{cases} 4x_1 - x_2 + 2x_3 - x_4 = -2 \\ x_1 + x_2 + 3x_3 - x_4 \leqslant 14 \\ -2x_1 + 3x_2 - x_3 + 2x_4 \geqslant 2 \\ x_1, \ x_2, \ x_3 \geqslant 0, \ x_4 \ \text{无约束} \end{cases}$$

（2）$\max s = \dfrac{z_k}{p_k}$

$$\text{s. t.} \begin{cases} z_k = \displaystyle\sum_{i=1}^{n} \sum_{k=1}^{m} a_{ik} x_{ik} \\ \displaystyle\sum_{k=1}^{m} -x_{ik} = -1 (i=1, \cdots, n) \\ x_{ik} \geqslant 0 (i=1, \cdots, n; k=1, \cdots, m) \end{cases}$$

1.3　在下面的线性规划问题中找出满足约束条件的所有基解。指出哪些是基可行解，并代入目标函数，确定最优解。

（1）$\max z = 2x_1 + 3x_2 + 4x_3 + 7x_4$

$$\text{s. t.} \begin{cases} 2x_1 + 3x_2 - x_3 - 4x_4 = 8 \\ x_1 - 2x_2 + 6x_3 - 7x_4 = -3 \\ x_1, x_2, x_3, x_4 \geqslant 0 \end{cases}$$

（2）$\max z = 5x_1 - 2x_2 + 3x_3 - 6x_4$

$$\text{s. t.} \begin{cases} x_1 + 2x_2 + 3x_3 + 4x_4 = 7 \\ 2x_1 + x_2 + x_3 + 2x_4 = 3 \\ x_1 x_2 x_3 x_4 \geqslant 0 \end{cases}$$

1.4　分别用图解法和单纯形法求解下列线性规划问题，并指出单纯形迭代每一步相当于图形的哪一点。

（1）$\max z = 2x_1 + x_2$

$$\text{s. t.} \begin{cases} 3x_1 + 5x_2 \leqslant 15 \\ 6x_1 + 2x_2 \leqslant 24 \\ x_1, x_2 \geqslant 0 \end{cases}$$

（2）$\max z = 2x_1 + 5x_2$

$$\text{s. t.} \begin{cases} x_1 \leqslant 4 \\ 2x_2 \leqslant 12 \\ 3x_1 + 2x_2 \leqslant 18 \\ x_1, x_2 \geqslant 0 \end{cases}$$

1.5　以1.4题（1）为例，具体说明当目标函数中变量的系数怎样变动时，满足约束条件的可行域的每一个顶点，都可能使得目标函数值达到最优。

1.6　分别用单纯形法中的大 M 法和两阶段法求解下列线性规划问题，并指出属于哪类解。

（1）$\min z = 2x_1 + 3x_2 - 5x_3$

$$\text{s. t.} \begin{cases} x_1 + x_2 + x_3 = 7 \\ 2x_1 - 5x_2 + x_3 \leqslant 10 \\ x_1, \ x_2, \ x_3 \geqslant 0 \end{cases}$$

（2）$\min z = 2x_1 + 3x_2 + x_3$

$$\text{s. t.} \begin{cases} x_1 + 4x_2 + 2x_3 \geqslant 8 \\ 3x_1 + 2x_2 \geqslant 6 \\ x_1, \ x_2, \ x_3 \geqslant 0 \end{cases}$$

（3）$\max z = 10x_1 + 15x_2 + 12x_3$

$$\text{s. t.} \begin{cases} 5x_1 + 3x_2 + x_3 \leqslant 9 \\ -5x_1 + 6x_2 + 15x_3 \leqslant 15 \\ 2x_1 + x_2 + x_3 \geqslant 5 \\ x_1, \ x_2, \ x_3 \geqslant 0 \end{cases}$$

（4）$\max z = 2x_1 - x_2 + 2x_3$

$$\text{s. t.} \begin{cases} x_1 + x_2 + x_3 \geqslant 6 \\ -2x_1 + x_3 \geqslant 2 \\ 2x_2 - x_3 \geqslant 0 \\ x_1, \ x_2, \ x_3 \geqslant 0 \end{cases}$$

1.7　求下述线性规划问题目标函数 z 的上界和下界：

$\max z = c_1 x_1 + c_2 x_2$

$$\text{s. t.} \begin{cases} a_{11} x_1 + a_{12} x_2 \leqslant b_1 \\ a_{21} x_1 + a_{22} x_2 \leqslant b_2 \end{cases}$$

其中：$1 \leqslant c_1 \leqslant 3$，$4 \leqslant c_2 \leqslant 6$，$8 \leqslant b_1 \leqslant 12$，$10 \leqslant b_2 \leqslant 14$，$-1 \leqslant a_{11} \leqslant 3$，$2 \leqslant a_{12} \leqslant 5$，$2 \leqslant a_{21} \leqslant 4$，$4 \leqslant a_{22} \leqslant 6$。

1.8　表 1 - 1 是某求极大化线性规划问题计算得到的单纯形表。表中无人工变量，a_1，a_2，a_3，d，c_1，c_2 为待定常数，试说明这些常数分别取何值时，以下结论成立。

（1）表中解为唯一最优解；

（2）表中解为最优解，但存在无穷多最优解；

（3）该线性规划问题具有无界解；

（4）表中解非最优，对解改进，换入变量为 x_1，换出变量为 x_6。

1.9　某昼夜服务的公交线路每天各时间段内所需司机和乘务员人数如表 1 - 2 所示。

设司机和乘务员分别在各时间区段一开始时上班，并连续上班 8 小时，问该公交线路至少需配备多少名司机和乘务员？列出这个问题的线性规划模型。

表 1-1

b	x_1	x_2	x_3	x_4	x_5	x_6
x_3　d	4	a_1	1	0	a_2	0
x_4　2	-1	-3	0	1	-1	0
x_6　3	a_3	-5	0	0	-4	1
$c_j - z_j$	c_1	c_2	0	0	-3	0

表 1-2

班次	时间	所需人数
1	6：00~10：00	60
2	10：00~14：00	70
3	14：00~18：00	60
4	18：00~22：00	50
5	22：00~次日2：00	20
6	2：00~6：00	30

1.10　某糖果厂用原料 A、B、C 加工成三种不同牌号的糖果甲、乙、丙,已知各种糖果中 A、B、C 含量,原料成本,各种原料的每月限制用量,三种牌号糖果的单位加工费及售价如表 1-3 所示。

表 1-3

原料	甲	乙	丙	原料成本（元/千克）	每月限制用量（千克）
A	≥60%	≥15%		2	2000
B				1.5	2500
C	≤20%	≤60%	≤50%	1	1200
加工费（元/千克）	0.5	0.4	0.3		
售价（元/千克）	3.4	2.85	2.25		

问该厂每月应当生产这三种牌号糖果各多少千克,才能使该厂获利最大?建立这个问题的线性规划数学模型。

1.11　某厂生产三种产品Ⅰ、Ⅱ、Ⅲ。每种产品需经过 A、B 两道加工程序,该厂有两种设备能完成 A 工序,以 A_1,A_2 表示;有三种设备能完成 B 工序,分别为 B_1,B_2,B_3;产品Ⅰ可以在 A、B 任何一种设备上加工,产品Ⅱ可以在任何规格的 A 设备上加工,但完成 B 工序时,只能在 B_1 设备上加工;产品Ⅲ只能在 A_2,B_2 设备上加工。已知条件如表 1-4 所示,要求安排最优生产计划,使该厂利润最大化。

表 1 - 4

设备	产品			设备有效台时	满负荷时的设备费用（元）
	I	II	III		
A_1	5	10		6000	300
A_2	7	9	12	10000	321
B_1	6	8		4000	250
B_2	4		11	7000	783
B_3	7			4000	200
原料费（元/件）	0.25	0.35	0.5		
单价（元/件）	1.25	2.00	2.8		

附录 1：运筹学求解软件 SCIP 的安装及 Python 开发端部署

本书使用 SCIP 库作为最优化软件平台。SCIP 是当前业界最知名的开源的规划求解库，其提供了丰富的开发接口，针对 Python 语言，我们主要使用了其接口库 Pyscipopt 调用 SCIP 进行规划求解。本章主要讲解安装。基本步骤：第一步，安装和配置 SCI-POptSuite。第二步，安装和配置 Visual C + + 2019 部署环境。第三步，为 Anaconda 安装和配置 Pyscipopt 库。

（1）安装和配置 SCIPOptSuite。

下载 SCIPOptSuite 软件的官网是 https：//scipopt. org/index. php#download。

图 1 - 1　SCIP 下载官网

下载完成后是可执行文件，双击就可以进行安装了，注意选择 Add SCIPOptSuite to the system PATH for all users，这可以确保在当前电脑上顺畅地调用 SCIP 求解引擎。

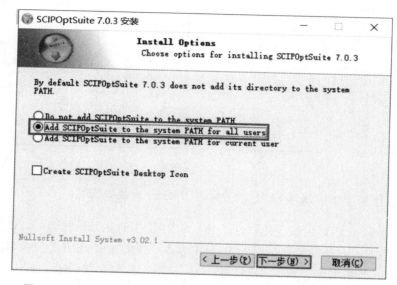

图 1－2 选中 Add SCIPOptSuite to the system PATH for all users

将 SCIPOptSuite 安装在一个方便识别的位置，这里将它装在 D 盘根目录的 SCIPOpt-Suite 文件夹下。

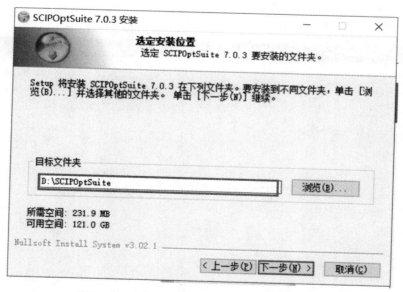

图 1－3 安装路径设置在 D：\ SCIPOptSuite

安装完成后，还需要在"系统"—"高级系统设置"—"环境变量"里，把"D：\ SCIPOptSuite \ bin"添加到 Path 变量的值中，这样才能够真正确保整个电脑都能直接调用到该处理引擎。

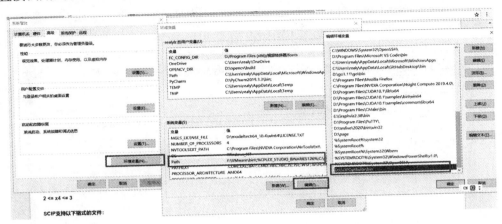

图 1 - 4　设置环境变量 Path，添加 SCIPOptSuite 信息

同时，还是在环境变量界面新加一个变量，命名：SCIPOPTDIR，其变量值为 D：\ SCIPOptSuite。

图 1 - 5　新增环境变量 SCIPOPTDIR

（2）安装和配置 Visual C＋＋ 2019 部署环境。

从以下网址可以下载 Visual Studio 的最新版安装工具 Visual Studio Installer：https：//visualstudio. microsoft. com/zh－hant/thank－you－downloading－visual－studio/? sku＝BuildTools&rel＝16#。可以全部选择安装，如果硬盘空间不大，也可以选择只把 SCIP 依赖的 C＋＋相关库安装上，如图 1－6 所示。

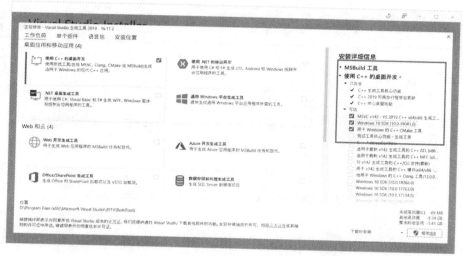

图 1－6　选择使用 C＋＋桌面开发的较少核心工具包

（3）为 Anaconda 安装和配置 Pyscipopt 库。

有初步 Python 开发经验的人都知道 Anaconda 是一个非常优秀的增强功能包，安装上 Anaconda，就等于安装了 Python ＋各种功能库。Anaconda 的下载网址是 https：//repo. anaconda. com/archive/。默认读者具有一定的 Python 开发基础，所以对 Anaconda 的具体安装使用过程不多做介绍，本书使用的是 Anaconda 2021.05 版本，对应 Python 3.8.8。安装好 Anaconda 后，从程序中找到并打开"Anaconda Prompt（Anaconda3）"，也就是带有 Python 运行环境的控制台窗口（后文简称"Python 控制台"），在其中直接输入下列命令就可以安装完成 SCIP 的 Python 运行库。成功安装后会显示 "Successfully installed pyscipopt"。

python －m pip install pyscipopt －i https：//mirrors. aliyun. com/pypi/simple

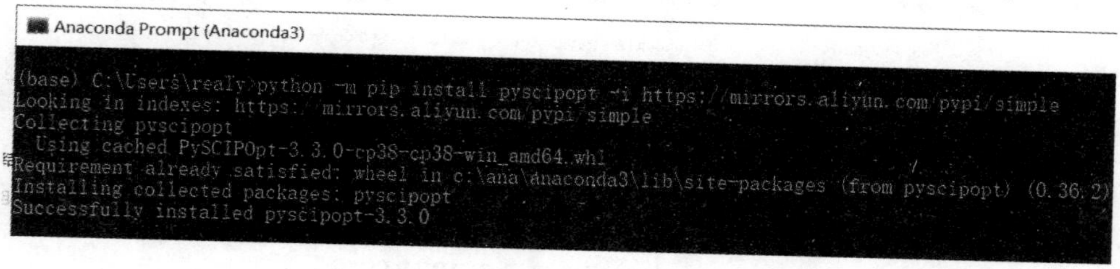

图 1－7　成功安装 Pyscipopt 的界面效果

附录 2：SCIP + Pyscipopt 解线性规划问题示例

求解下式[61]：

$$\max z = 5x_1 + 4x_2$$

$$\text{s. t.} \begin{cases} 6x_1 + 4x_2 \leqslant 24 \\ x_1 + 2x_2 \leqslant 6 \\ -x_1 + x_2 \leqslant 1 \\ x_2 \leqslant 2 \\ x_1, \ x_2 \geqslant 0 \end{cases}$$

［解答］

创建文本文档，并将扩展名由 . txt 改为 . lp，起名为 ex11. lp，在该文档中写入以下内容：

```
Maximize
    obj：5x1 + 4x2
Subject To
    c1：6x1 + 4x2 < = 24
    c2：x1 + 2x2 < = 6
    c3：- x1 + x2 < = 1
    c4：x2 < = 2
Bounds
    0 < = x1
    0 < = x2
End
```

注：LP 文件格式首先是随 IBM CPLEX 平台提出的一种规划求解模型定义标准，因其语义表示便于理解而著称，上式非常好理解，不多做解释，读者可以跟随本书各章案例加深对这种模型声明格式的认识。另外，LP 格式并不是规划求解模型的唯一标准，如业界工业标准是 MPS 格式，只是入门有点难度。LP 和 MPS 格式的相关标准解读，可以查看本书参考文献［62 – 64］。

在 ex11. lp 的同一个文件夹中创建 python 源代码文件 ex11. py，文件结构类似如下效果：

```
▼ 📁 chapter01
      📄 ex11.lp
      📄 ex11.py
```

编写 ex11. py 的源代码内容如下：

```
01          from pyscipopt import Model
02          model = Model("ex11","maximize")
03          model. readProblem("ex11. lp")
04          print(" - " * 25,"running status"," - " * 25)
05          model. optimize( )
06          print(" - " * 25,"best solution"," - " * 25)
07          solutions = model. getBestSol( )
08          for var in model. getVars( ):
09              print("{} : {}". format(var,solutions[var]))
10          print(" - " * 25,"best result"," - " * 25)
11          print("best solution：{}". format(model. getPrimalbound( )))
```

01 行表示从 Pyscipopt 库导入 Model 模型类；02 行表示新建一个 Model 对象 model，并命名和界定求最大值；03 行表示读入同目录下的 ex11. lp 模型定义文件；04 行输出一个间隔行；05 行表示模型求最优解；06 行输出一个间隔行；07 行将模型求出的最优解赋值给变量 solutions；08 行、09 行表示把最优解中的各个变量和求解输出来；10 行输出一个间隔行；11 行输出最优解。运行该文件，运行结果如图 1-8 所示，通过三轮运算（round 1 到 round 3）求出了最优解 21，此时的 x1 = 3，x2 = 1.5。

```
original problem has 2 variables (0 bin, 0 int, 0 impl, 2 cont) and 4 constraints
----------------------- running status -----------------------
feasible solution found by trivial heuristic after 0.0 seconds, objective value 0.000000e+00
presolving:
(round 1, fast)     0 del vars, 1 del conss, 0 add conss, 4 chg bounds, 0 chg sides, 0 chg coeffs, 0 upgd conss, 0 impls, 0 clqs
(round 2, fast)     0 del vars, 1 del conss, 0 add conss, 5 chg bounds, 0 chg sides, 0 chg coeffs, 0 upgd conss, 0 impls, 0 clqs
(round 3, fast)     0 del vars, 2 del conss, 0 add conss, 5 chg bounds, 0 chg sides, 0 chg coeffs, 0 upgd conss, 0 impls, 0 clqs
   (0.0s) running MILP presolver
   (0.0s) MILP presolver found nothing
presolving (4 rounds: 4 fast, 1 medium, 1 exhaustive):
 0 deleted vars, 2 deleted constraints, 0 added constraints, 5 tightened bounds, 0 added holes, 0 changed sides, 0 changed coefficients
 0 implications, 0 cliques
presolved problem has 2 variables (0 bin, 0 int, 0 impl, 2 cont) and 2 constraints
      2 constraints of type <linear>
Presolving Time: 0.00

 time | node  | left  |LP iter|LP it/n|mem/heur|mdpt |vars |cons |rows |cuts |sepa|confs|strbr|  dualbound   | primalbound  |  gap   | compl.
t 0.0s|     1 |     0 |     0 |     - | trivial|   0 |   2 |   2 |   0 |   0 |  0 |   0 |   0 | 2.800000e+01 | 1.000000e+01 | 180.00%| unknown
* 0.0s|     1 |     0 |     2 |     - |   LP   |   0 |   2 |   2 |   2 |   0 |  0 |   0 |   0 | 2.100000e+01 | 2.100000e+01 |   0.00%| unknown
  0.0s|     1 |     0 |     2 |     - |   567k |   0 |   2 |   2 |   2 |   0 |  0 |   0 |   0 | 2.100000e+01 | 2.100000e+01 |   0.00%| unknown

SCIP Status        : problem is solved [optimal solution found]
Solving Time (sec) : 0.00
Solving Nodes      : 1
Primal Bound       : +2.10000000000000e+01 (3 solutions)
Dual Bound         : +2.10000000000000e+01
Gap                : 0.00 %
----------------------- best solution -----------------------
x1 : 3.0
x2 : 1.5
----------------------- best result -----------------------
best solution: 21.0
```

图 1-8　程序运行结果

第2章

对偶理论与灵敏度分析

2.1 用改进单纯形法求解以下线性规划问题。

（1） max $z = 6x_1 - 2x_2 + 3x_3$

s. t. $\begin{cases} 2x_1 - x_2 + 3x_3 \leqslant 2 \\ x_1 + 4x_3 \leqslant 4 \\ x_1, \ x_2, \ x_3 \geqslant 0 \end{cases}$

（2） min $z = 2x_1 + x_2$

s. t. $\begin{cases} 3x_1 + x_2 = 3 \\ 4x_1 + 3x_2 \geqslant 6 \\ x_1 + 2x_2 \leqslant 3 \\ x_1, \ x_2 \geqslant 0 \end{cases}$

2.2 已知某线性规划问题，用单纯形法计算得到的中间某两步的计算表如表 2 - 1 所示，试将空白处数字填上。

表 2 - 1

	c_j		3	5	4	0	0	0
C_B	X_B	b	x_1	x_2	x_3	x_4	x_5	x_6
5	x_2	8/3	2/3	1	0	1/3	0	0
0	x_5	14/3	-4/3	0	5	-2/3	1	0
0	x_6	20/3	5/3	0	4	-2/3	0	1
	$c_j - z_j$		-1/3	0	4	-5/3	0	0
			...					
	x_2					15/41	8/41	-10/41
	x_3					-6/41	5/41	4/41
	x_1					-2/41	-12/41	15/41
	$c_j - z_j$							

2.3 写出下列线性规划问题的对偶问题。

（1） $\min z = 2x_1 + 2x_2 + 4x_3$

$$\text{s. t.} \begin{cases} 2x_1 + 3x_2 + 5x_3 \geqslant 2 \\ 3x_1 + x_2 + 7x_3 \leqslant 3 \\ x_1 + 4x_2 + 6x_3 \leqslant 5 \\ x_1, \ x_2, \ x_3 \geqslant 0 \end{cases}$$

（2） $\max z = x_1 + 2x_2 + 3x_3 + 4x_4$

$$\text{s. t.} \begin{cases} -x_1 + x_2 - x_3 - 3x_4 = 5 \\ 6x_1 + 7x_2 + 3x_3 - 5x_4 \geqslant 8 \\ 12x_1 - 9x_2 - 9x_3 + 9x_4 \leqslant 20 \\ x_1, \ x_2 \geqslant 0; \ x_3 \leqslant 0; \ x_4 \text{ 无约束} \end{cases}$$

（3） $\min z = \sum\limits_{i=1}^{m} \sum\limits_{j=1}^{n} c_{ij} x_{ij}$

$$\text{s. t.} \begin{cases} \sum\limits_{j=1}^{n} x_{ij} = a_i, \ i = 1, \ \cdots, \ m \\ \sum\limits_{i=1}^{m} x_{ij} = b_j, \ j = 1, \ \cdots, \ n \\ x_{ij} \geqslant 0 \end{cases}$$

（4） $\max z = \sum\limits_{j=1}^{n} c_j x_j$

$$\text{s. t.} \begin{cases} \sum\limits_{j=1}^{n} a_{ij} x_j \leqslant b_i, \ i = 1, \ \cdots, \ m_1 \leqslant m \\ \sum\limits_{j=1}^{n} a_{ij} x_j = b_i, \ i = m_1+1, \ m_1+2, \ \cdots, \ m \\ x_j \geqslant 0, \ \text{当} j = 1, \ \cdots, \ n_1 \leqslant n \text{ 时} \\ x_j \text{ 无约束}, \ \text{当} j = n_1+1, \ \cdots, \ n \text{ 时} \end{cases}$$

2.4 判断下列说法是否正确，并说明原因。

（1）如果线性规划问题的原问题存在可行解，则其对偶问题也一定存在可行解。

（2）如果线性规划的对偶问题无可行解，则原问题也一定无可行解。

（3）如果线性规划问题的原问题和对偶问题都具有可行解，则该线性规划问题一定有有限最优解。

2.5 设线性规划问题（1）是：

$$\max z_1 = \sum\limits_{j=1}^{n} c_j x_j$$

$$\text{s. t.}\begin{cases}\sum_{j=1}^{n} a_{ij}x_j \leqslant b_i, \ i=1, \ 2, \ \cdots, \ m \\ x_j \geqslant 0, \ j=1, \ 2, \ \cdots, \ n\end{cases}$$

$(y_1^*, \ \cdots, \ y_m^*)$ 是其对偶问题的最优解。

又设线性规划问题（2）是：

$$\max \ z_2 = \sum_{j=1}^{n} c_j x_j$$

$$\text{s. t.}\begin{cases}\sum_{j=1}^{n} a_{ij}x_j \leqslant b_i + k_i, \ i=1, \ 2, \ \cdots, \ m \\ x_j \geqslant 0, \ j=1, \ 2, \ \cdots, \ n\end{cases}$$

其中，k_i 是给定的常数，求证：

$$\max \ \ z_2 \leqslant \max \ z_1 + \sum_{i=1}^{m} k_i y_i^*$$

2.6　已知线性规划问题：

$$\max \ z = c_1 x_1 + c_2 x_2 + c_3 x_3$$

$$\text{s. t.}\begin{cases}\begin{bmatrix} a_{11} \\ a_{21} \end{bmatrix} x_1 + \begin{bmatrix} a_{12} \\ a_{22} \end{bmatrix} x_2 + \begin{bmatrix} a_{13} \\ a_{23} \end{bmatrix} x_3 + \begin{bmatrix} 1 \\ 0 \end{bmatrix} x_4 + \begin{bmatrix} 0 \\ 1 \end{bmatrix} x_5 = \begin{bmatrix} b_1 \\ b_2 \end{bmatrix} \\ x_j \geqslant 0, \ j=1, \ \cdots, \ 5\end{cases}$$

用单纯形法求解，得到最终单纯形表如表 2 - 2 所示，要求：

（1）求 a_{11}，a_{12}，a_{13}，a_{21}，a_{22}，a_{23}，b_1，b_2 的值；

（2）求 c_1，c_2，c_3 的值。

表 2 - 2

X_B	b	x_1	x_2	x_3	x_4	x_5
x_3	3/2	1	0	1	1/2	- 1/2
x_2	2	1/2	1	0	- 1	2
$c_j - z_j$		- 3	0	0	0	- 4

2.7　已知线性规划问题：

$$\max \ z = 2x_1 + x_2 + 5x_3 + 6x_4$$

$$\text{s. t.}\begin{cases}2x_1 + x_3 + x_4 \leqslant 8 \\ 2x_1 + 2x_2 + x_3 + 2x_4 \leqslant 12 \\ x_j \geqslant 0, \ j=1, \ \cdots, \ 4\end{cases}$$

对偶变量 y_1，y_2，其对偶问题的最优解是 $y_1^* = 4$，$y_2^* = 1$，试应用对偶问题的性质，求原问题的最优解。

2.8　试应用对偶单纯形法求解下列线性规划问题。

（1）$\min z = x_1 + x_2$

$$\text{s. t.} \begin{cases} 2x_1 + x_2 \geq 4 \\ x_1 + 7x_2 \geq 7 \\ x_1,\ x_2 \geq 0 \end{cases}$$

（2）$\min z = 3x_1 + 2x_2 + x_3 + 4x_4$

$$\text{s. t.} \begin{cases} 2x_1 + 4x_2 + 5x_3 + x_4 \geq 0 \\ 3x_1 - x_2 + 7x_3 - 2x_4 \geq 2 \\ 5x_1 + 2x_2 + x_3 + 10x_4 \geq 15 \\ x_1,\ x_2,\ x_3,\ x_4 \geq 0 \end{cases}$$

2.9　现有线性规划问题：

$$\max z = -5x_1 + 5x_2 + 13x_3$$

$$\text{s. t.} \begin{cases} -x_1 + x_2 + 3x_3 \leq 20 \\ 12x_1 + 4x_2 + 10x_3 \leq 90 \\ x_1,\ x_2,\ x_3 \geq 0 \end{cases}$$

先用单纯形法求出最优解，然后分析在下列各种条件下，最优解分别有什么变化？

（1）约束条件 1 的右端常数由 20 变为 30；

（2）约束条件 2 的右端常数由 90 变为 70；

（3）目标函数中 x_3 的系数变为 8；

（4）x_1 的系数向量变为 $\begin{pmatrix} -1 \\ 12 \end{pmatrix}$；

（5）增加一个约束条件 $2x_1 + 3x_2 + 5x_3 \leq 50$；

（6）将约束条件 2 变为 $10x_1 + 5x_2 + 10x_3 \leq 100$。

2.10　已知某工厂计划生产 Ⅰ、Ⅱ、Ⅲ 三种产品，各产品在 A、B、C 设备上加工，数据如表 2-3 所示。

表 2-3

设备代号	Ⅰ	Ⅱ	Ⅲ	每月设备有效台时
A	8	2	10	300
B	10	5	8	400
C	2	13	10	420
单位产品利润（千元）	3	2	2.9	

（1）如何充分发挥设备能力，使生产盈利最大？

（2）如果为了增加产量，可借用其他工厂的设备 B，每月可借用 60 台时，租金为 1.8 万元，问借用设备是否合算？

（3）若另有两种新产品Ⅳ、Ⅴ，其中Ⅳ为 10 台时，单位产品利润 2.1 千元；新产品Ⅴ需用设备 A 为 4 台时，B 为 4 台时，C 为 12 台时，单位产品盈利 1.87 千元。如 A、B、C 设备台时不增加，分别回答这两种新产品投产在经济上是否划算？

（4）对产品工艺重新进行设计，改进结构，改进后生产每件产品Ⅰ，需要设备 A 为 9 台时，设备 B 为 12 台时，设备 C 为 4 台时，单位产品利润 4.5 千元，问这对原计划有何影响？

2.11　分析下列参数规划中当 t 变化时，最优解的变化情况。

（1）$\max z_{(t)} = (3-6t)\, x_1 + (2-2t)\, x_2 + (5-5t)\, x_3 \quad (t \geqslant 0)$

$$\text{s. t.} \begin{cases} x_1 + 2x_2 + x_3 \leqslant 430 \\ 3x_1 + 2x_3 \leqslant 460 \\ x_1 + 4x_2 \leqslant 420 \\ x_1,\ x_2,\ x_3 \geqslant 0 \end{cases}$$

（2）$\max z_{(t)} = (7+2t)\, x_1 + (12+t)\, x_2 + (10-t)\, x_3 \quad (t \geqslant 0)$

$$\text{s. t.} \begin{cases} x_1 + x_2 + x_3 \leqslant 20 \\ 2x_1 + 2x_2 + x_3 \leqslant 30 \\ x_1,\ x_2,\ x_3 \geqslant 0 \end{cases}$$

（3）$\max z_{(t)} = 2x_1 + x_2 \quad (0 \leqslant t \leqslant 25)$

$$\text{s. t.} \begin{cases} x_1 \leqslant 10 + 2t \\ x_1 + x_2 \leqslant 25 - t \\ x_2 \leqslant 10 + 2t \\ x_1,\ x_2 \geqslant 0 \end{cases}$$

（4）$\max z_{(t)} = 21x_1 + 12x_2 + 18x_3 + 15x_4 \quad (0 \leqslant t \leqslant 59)$

$$\text{s. t.} \begin{cases} 6x_1 + 3x_2 + 6x_3 + 3x_4 \leqslant 30 + t \\ 6x_1 - 3x_2 + 12x_3 + 6x_4 \leqslant 78 - t \\ 9x_1 + 3x_2 - 6x_3 + 9x_4 \leqslant 135 - 2t \\ x_1,\ x_2,\ x_3,\ x_4 \geqslant 0 \end{cases}$$

附录 1：使用 lpp‐py 库将线性规划转为对偶线性规划形式

求解线性规划的对偶问题，可以采用手动方式转换模型，也可以找现成工具，lpp‐py 库可以便捷地将线性规划问题转换为其对偶模型，下面简要介绍使用方法。该项目下载网址：https：//github. com/Leajian/lpp‐py，并下载源代码。

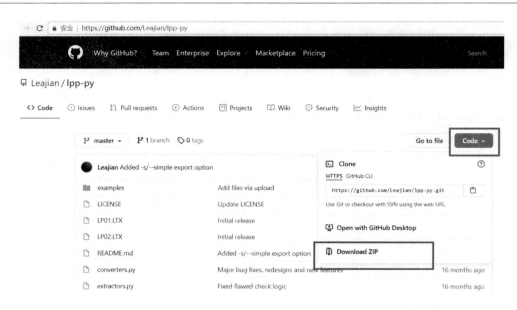

图 2 - 1　下载 lpp - py 项目源代码

该项目能够自动将单纯形问题转换为对偶问题。只需要下载解压缩项目，然后通过 python 控制台运行其中的 lpp. py，具体语法如下：

python3 lpp. py　- i LP01. LTX　- o LP01OUT. LTX　- s　- d

其中主要可选项语义说明：

- i，- - input　　< inputFile >　：声明读入文件

- o，- - output　< outputFile >　：声明写出文件

- s，- - simple　　　　　　　　：按照方便理解的方式显示

- d，- - dual　　　　　　　　　：转换为对偶问题

. LTX 样例文件的格式如下，意义自明：

max　- x1 + x2 - 4x3

s. t　x1 + x2 + 2x3 = 9

　　　x1 - 3x2 - x3 < = 2

　　　- x1 + x2 + 5x3 < = 4

With

　　X1　free

　　X2　< = 0

　end

附录 2：SCIP + Pyscipopt + lpp − py 求解对偶问题

将下列问题[61]转换为对偶模型并求解。

$$\max z = 5x_1 + 4x_2$$

$$\text{s. t.} \begin{cases} 6x_1 + 4x_2 \leqslant 24 \\ x_1 + 2x_2 \leqslant 6 \\ -x_1 + x_2 \leqslant 1 \\ x_2 \leqslant 2 \\ x_1, \ x_2 \geqslant 0 \end{cases}$$

［解答］

创建文本文档，并将扩展名由 . txt 改为 . LTX，起名为 ex21. LTX，在该文档中写入以下内容：

max 5x1 + 4x2

s. t.　6x1 + 4x2 < = 24

　　　x1 + 2x2 < = 6

　　　− x1 + x2 < = 1

　　　x2 < = 2

With

　　0 < = x1

　　0 < = x2

End

从上述模型表达式可见，LTX 文档规范与 LP 文档规范有很多相似之处，主要是保留字略有区别，包括 LP 使用的 maximize、subject to、bounds，而 LTX 替换为 max、s. t. 、with。将该文件放入 lpp 文件夹，文件结构类似如下：

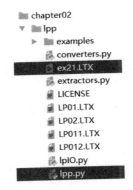

打开 python 控制台，命令导航进入 lpp 文件夹并运行以下命令：

python3 lpp. py − i ex21. LTX − o ex21dual. LTX − s − d

若无错，则生成 ex21dual. LTX 文件，即原问题对偶模型，文件内容如下：

min 24. 0x1 + 6. 0x2 + 1. 0x3 + 2. 0x4

s. t. 6. 0x1 + 1. 0x2 − 1. 0x3 > = 5. 0

    4. 0x1 + 2. 0x2 + 1. 0x3 + 1. 0x4 > = 4. 0

x1 > = 0, x2 > = 0, x3 > = 0, x4 > = 0

根据以上文件，将其稍作修改为 . lp 文件格式，（ex21dual. lp）内容如下：

minimize

    obj：24. 0x1 + 6. 0x2 + 1. 0x3 + 2. 0x4

subject to

    c1：6. 0x1 + 1. 0x2 − 1. 0x3 > = 5. 0

    c2：4. 0x1 + 2. 0x2 + 1. 0x3 + 1. 0x4 > = 4. 0

bounds

    x1 > = 0

    x2 > = 0

    x3 > = 0

    x4 > = 0

end

在 ex21dual. lp 的同一个文件夹中创建 python 源代码文件 ex21. py，文件结构类似如下效果：

```
chapter02
  ▶ lpp
    ex21.py
    ex21dual.lp
```

编写 ex21. py 的源代码，其内容与第 1 章类似，语义不赘述。

```python
from pyscipopt import Model
model  =  Model("ex21dual","minimize")
model. readProblem("ex21dual. lp")
print(" − " * 25,"running status"," − " * 25)
model. optimize()
print(" − " * 25,"best solution"," − " * 25)
solutions = model. getBestSol()
for var in model. getVars():
```

$$\text{print}("\{\} : \{\}".\text{format}(\text{var}, \text{solutions}[\text{var}]))$$

$$\text{print}(" - " * 25, \textbf{"best result"}, " - " * 25)$$

$$\text{print}(\textbf{"best solution}: \{\}".\text{format}(\text{model}.\text{getPrimalbound}()))$$

运行 ex21. py，结果如图 2 - 2 所示。通过三轮运算（round 1 到 round 3）求出了最优解 21，此时的 x1 = 0.75，x2 = 0.5，x3 = 0，x4 = 0。与第 1 章的案例求解对比，对偶问题求出了相同的最优解。

```
presolving:
(round 1, fast)     0 del vars, 0 del conss, 0 add conss, 5 chg bounds, 0 chg sides, 0 chg coeffs, 0 upgd conss, 0 impls, 0 clqs
(round 2, fast)     0 del vars, 0 del conss, 0 add conss, 7 chg bounds, 0 chg sides, 0 chg coeffs, 0 upgd conss, 0 impls, 0 clqs
(round 3, fast)     0 del vars, 0 del conss, 0 add conss, 9 chg bounds, 0 chg sides, 0 chg coeffs, 0 upgd conss, 0 impls, 0 clqs
   (0.0s) running MILP presolver
   (0.0s) MILP presolver found nothing
presolving (4 rounds: 4 fast, 1 medium, 1 exhaustive):
 0 deleted vars, 0 deleted constraints, 0 added constraints, 9 tightened bounds, 0 added holes, 0 changed sides, 0 changed coefficients
 0 implications, 0 cliques
presolved problem has 4 variables (0 bin, 0 int, 0 impl, 4 cont) and 2 constraints
     2 constraints of type <linear>
Presolving Time: 0.00

 time | node  | left |LP iter|LP it/n|mem/heur|mdpt |vars |cons |rows |cuts |sepa|confs|strbr|  dualbound   | primalbound  |  gap   | compl.
t 0.0s|     1 |    0 |     0 |     - | trivial|   0 |   4 |   2 |   0 |   0 |  0 |   0 |   0 | 0.000000e+00 | 1.020000e+02 |    Inf | unknown
t 0.0s|     1 |    0 |     0 |     - | trivial|   0 |   4 |   2 |   0 |   0 |  0 |   0 |   0 | 0.000000e+00 | 1.000000e+02 |    Inf | unknown
* 0.0s|     1 |    0 |     2 |     - |    LP  |   0 |   4 |   2 |   2 |   0 |  0 |   0 |   0 | 2.100000e+01 | 2.100000e+01 |  0.00% | unknown
  0.0s|     1 |    0 |     2 |     - |   575k |   0 |   4 |   2 |   2 |   0 |  0 |   0 |   0 | 2.100000e+01 | 2.100000e+01 |  0.00% | unknown

SCIP Status        : problem is solved [optimal solution found]
Solving Time (sec) : 0.00
Solving Nodes      : 1
Primal Bound       : +2.10000000000000e+01 (5 solutions)
Dual Bound         : +2.10000000000000e+01
Gap                : 0.00 %
------------------------- best solution -------------------------
x1 : 0.75
x2 : 0.5
x3 : 0.0
x4 : 0.0
------------------------- best result -------------------------
best solution: 21.0
```

图 2 - 2　程序运行结果

第3章

运输问题与表上作业法

3.1 分别判断表3-1、表3-2中给出的调运方案能否作为用表上作业法求解时的最初解？为什么？

表3-1

产地 \ 销地	1	2	3	4	产量
1	0	15			15
2			15	10	25
3	5				5
销量	5	15	15	10	

表3-2

产地 \ 销地	1	2	3	4	5	产量
1	150			250		400
2		200	300			500
3			250		50	300
4	90	210				300
5				80	20	100
销量	240	410	550	330	70	

3.2 表3-3和表3-4分别为两个运输问题的产销平衡表和单位运价表，试用伏格尔法直接给出近似最优解。

表 3 - 3

产地＼销地	1	2	3	产量
1	5	1	8	12
2	2	4	1	14
3	3	6	7	4
销量	9	10	11	

表 3 - 4

产地＼销地	1	2	3	4	5	产量
1	10	2	3	15	9	25
2	5	20	15	2	4	30
3	15	5	14	7	15	20
4	20	15	13	M	8	30
销量	20	20	30	10	25	

3.3　用表上作业法分别求出表 3 - 5、表 3 - 6、表 3 - 7、表 3 - 8 所示的四个运输问题的最优解（M 是任意大正数）。

（1）　　　　　　　　　　　　表 3 - 5

产地＼销地	甲	乙	丙	丁	产量
1	3	7	6	4	5
2	2	4	3	2	2
3	4	3	8	5	3
销量	3	3	2	2	

（2）　　　　　　　　　　　　表 3 - 6

产地＼销地	甲	乙	丙	丁	产量
1	10	6	7	12	4
2	16	10	5	9	9
3	5	4	10	10	4
销量	5	2	4	6	

（3）

表 3-7

产地＼销地	甲	乙	丙	丁	戊	产量
1	10	20	5	9	10	5
2	2	10	8	30	6	6
3	1	20	7	10	4	2
4	8	6	3	7	5	9
销量	4	4	6	2	4	

（4）

表 3-8

产地＼销地	甲	乙	丙	丁	戊	产量
1	10	18	29	13	22	100
2	13	M	21	14	16	120
3	0	6	11	3	M	140
4	9	11	23	18	19	80
5	24	28	36	30	34	60
销量	100	120	100	60	80	

3.4　已知运输问题的产销平衡表、单位运价表及最优调运方案如表 3-9、表 3-10 所示。

表 3-9

产地＼销地	B_1	B_2	B_3	B_4	产量
A_1		5		10	15
A_2	0	10	15		25
A_3	5				5
销量	5	15	15	10	

表 3-10

产地＼销地	B_1	B_2	B_3	B_4
A_1	10	1	20	11
A_2	12	7	9	20
A_3	2	14	16	18

（1）A_2 到 B_2 的单位运价 c_{22} 在什么范围变化时，上述最优方案不变？

（2）A_2 到 B_4 的单位运价变为何值时，有无穷多最优调运方案。除表 3-9 中方案外，至少再写出其他两个方案。

3.5　某百货公司去外地采购 A、B、C、D 四种规格的服装，数量分别为：A，1500 套；B，2000 套；C，3000 套；D，3500 套；有三个城市可以供应上述服装，分别为：Ⅰ，2500 套，Ⅱ，2500 套；Ⅲ，5000 套。详见表 3-11，求预期盈利最大的采购方案。

表 3-11

	A	B	C	D
Ⅰ	10	5	6	7
Ⅱ	8	2	7	6
Ⅲ	9	3	4	8

3.6　甲、乙、丙三个城市每年需要煤炭分别为 320 万吨、250 万吨、350 万吨，由 A、B 两处煤矿供应。煤炭供应量分别为：A，400 万吨；B，450 万吨；运价如表 3-12 所示，由于需求大于供应，经研究平衡决定，甲城市供应量可以减少 0~30 万吨，乙城市需要完全供应，丙城市供应不少于 270 万吨。试求将供应量分配完又使总运费最低的调运方案。

表 3-12

	甲	乙	丙
A	15	18	22
B	21	25	16

3.7　某造船厂根据合同要求要从当年起连续三年末各提供三艘规格型号相同的大型客货轮。已知该厂这三年内生产大型客货轮的能力及每艘客货轮成本如表 3-13 所示。

表 3-13

年度	正常生产时间内可完成的客货轮数	加班生产时间内可完成的客货轮数	正常生产时的每艘成本（万元）
1	2	3	500
2	4	2	600
3	1	3	550

已知加班生产时，每艘客货轮的成本比正常生产高出 70 万元，又知造出来的客货

轮如当年不交货，每艘积压一年造成积压损失 40 万元，在签合同时，该厂已经存储了 2 艘客货轮，而该厂希望在第三年末完成合同后还能存储一艘备用，问该厂如何安排每年的生产量，能够在满足上述要求的情况下，总的生产费用加积压损失最少？

附录：SCIP + Pyscipopt 求解运输问题

某产销运输问题[1]，单位运价表和待填的产销平衡表分别如表 3 – 14、表 3 – 15 所示，求在满足各销地需求的前提下，总运费最小的调运方式。

表 3 – 14　单位运价表

加工厂	销地			
	B1	B2	B3	B4
A1	3	11	3	10
A2	1	9	2	8
A3	7	4	10	5

表 3 – 15　产销平衡表（X11，…，X34 待求）

产地	销地				产量
	B1	B2	B3	B4	
A1	X11	X12	X13	X14	7
A2	X21	X22	X23	X24	4
A3	X31	X32	X33	X34	9
销量	3	6	5	6	

根据以上信息可以把运输调度问题转换为线性规划问题，构建 .lp 格式文件，（ex31.lp）内容如下：

minimize

obj: $3x11 + 11x12 + 3x13 + 10x14$

$\quad + 1x21 + 9x22 + 2x23 + 8x24$

$\quad + 7x31 + 4x32 + 10x33 + 5x34$

subject to

$\quad c1: x11 + x12 + x13 + x14 <= 7$

$\quad c2: x21 + x22 + x23 + x24 <= 4$

$\quad c3: x31 + x32 + x33 + x34 <= 9$

$\quad c4: x11 + x21 + x31 >= 3$

$\quad c5: x12 + x22 + x32 >= 6$

c6：x13 + x23 + x33 > = 5

c7：x14 + x24 + x34 > = 6

bounds

x11 > = 0

x12 > = 0

x13 > = 0

x14 > = 0

x21 > = 0

x22 > = 0

x23 > = 0

x24 > = 0

x31 > = 0

x32 > = 0

x33 > = 0

x34 > = 0

end

与 ex31. lp 在同一个文件夹下，创建 python 源代码文件 ex31. py，文件结构类似如下效果：

chapter03
　　ex31.lp
　　ex31.py

编写 ex31. py 的源代码内容如下：

```
from pyscipopt import Model
model = Model("ex31","minimize")
model.readProblem("ex31.lp")
print(" - " * 25,"running status"," - " * 25)
model.optimize()
print(" - " * 25,"best solution"," - " * 25)
solutions = model.getBestSol()
for var in model.getVars():
    print("{} : {}".format(var,solutions[var]))
print(" - " * 25,"best result"," - " * 25)
print("best solution：{}".format(model.getPrimalbound()))
```

运行 ex31. py，运行结果如图 3 - 1 所示。

```
presolving (3 rounds: 3 fast, 1 medium, 1 exhaustive):
 0 deleted vars, 0 deleted constraints, 0 added constraints, 21 tightened bounds, 0 added holes, 0 changed sides, 0 changed coefficients
 0 implications, 0 cliques
presolved problem has 12 variables (0 bin, 0 int, 0 impl, 12 cont) and 7 constraints
     7 constraints of type <linear>
Presolving Time: 0.00

 time | node  | left  |LP iter|LP it/n|mem/heur|mdpt|vars |cons |rows |cuts |sepa|confs|strbr|  dualbound   | primalbound  |  gap  | compl.
* 0.0s|     1 |     0 |     7 |     - |     LP |  0 |  12 |   7 |   7 |   0 |  0 |   0 |   0 | 8.500000e+01 | 8.500000e+01 |  0.00%| unknown
  0.0s|     1 |     0 |     7 |     - |   609k |  0 |  12 |   7 |   7 |   0 |  0 |   0 |   0 | 8.500000e+01 | 8.500000e+01 |  0.00%| unknown

SCIP Status        : problem is solved [optimal solution found]
Solving Time (sec) : 0.00
Solving Nodes      : 1
Primal Bound       : +8.50000000000000e+01 (1 solutions)
Dual Bound         : +8.50000000000000e+01
Gap                : 0.00 %
------------------------- best solution -------------------------
x11 : 2.0
x12 : 0.0
x13 : 5.0
x14 : 0.0
x21 : 1.0
x22 : 0.0
x23 : 0.0
x24 : 3.0
x31 : 0.0
x32 : 6.0
x33 : 0.0
x34 : 3.0
------------------------- best result -------------------------
best solution: 85.0
```

图 3 – 1　程序运行结果

可见，通过三轮运算（round 1 到 round 3）求出了最优解 85，而最优产销平衡表如表 3 – 16 所示。

表 3 – 16　最优产销平衡表

产地	销地				产量
	B1	B2	B3	B4	
A1	2	0	5	0	7
A2	1	0	0	3	4
A3	0	6	0	3	9
销量	3	6	5	6	85

第4章

目标规划

4.1 若用以下表达式作为目标规划的目标函数，试述其逻辑是否正确。

（1）$\max z = d_1^- + d_1^+$

（2）$\max z = d_1^- - d_1^+$

（3）$\min z = d_1^- + d_1^+$

（4）$\min z = d_1^- - d_1^+$

4.2 试用图解法找出以下目标规划的满意解。

（1）$\min z = P_1(d_1^- + d_1^+) + P_2(2d_2^+ + d_3^+)$

$$\text{s. t.} \begin{cases} x_1 - 10x_2 + d_1^- - d_1^+ = 50 \\ 3x_1 + 5x_2 + d_2^- - d_2^+ = 20 \\ 8x_1 + 6x_2 + d_3^- - d_3^+ = 100 \\ x_1,\ x_2,\ d_1^-,\ d_1^+,\ d_2^+,\ d_2^-,\ d_3^-,\ d_3^+ \geqslant 0 \end{cases}$$

（2）$\min z = P_1(d_3^+ + d_4^+) + P_2 d_1^+ + P_3 d_2^- + P_4(d_3^- + 1.5d_4^-)$

$$\text{s. t.} \begin{cases} x_1 + x_2 + d_1^- - d_1^+ = 40 \\ x_1 + x_2 + d_2^+ - d_2^- = 100 \\ x_1 + d_3^- - d_3^+ = 30 \\ x_2 + d_4^- - d_4^+ = 15 \\ x_1,\ x_2,\ d_1^-,\ d_1^+,\ d_2^+,\ d_2^-,\ d_3^-,\ d_3^+,\ d_4^-,\ d_4^+ \geqslant 0 \end{cases}$$

（3）$\min z = P_1(d_1^- + d_1^+) + P_2 d_2^- + P_3 d_3^+$

$$\text{s. t.} \begin{cases} x_1 + x_2 + d_1^- - d_1^+ = 10 \\ 3x_1 + 4x_2 + d_2^- - d_2^+ = 50 \\ 8x_1 + 10x_2 + d_3^- - d_3^+ = 300 \\ x_1,\ x_2,\ d_1^-,\ d_1^+,\ d_2^+,\ d_2^-,\ d_3^-,\ d_3^+ \geqslant 0 \end{cases}$$

4.3 使用单纯形法求解下列目标规划问题。

（1）$\min z = P_1 d_1^- + P_2 d_2^+ + P_3(5d_3^- + 3d_4^-) + P_4 d_1^+$

$$\text{s. t.}\begin{cases} x_1 + x_2 + d_1^- - d_1^+ = 80 \\ x_1 + x_2 + d_2^- - d_2^+ = 90 \\ x_1 + d_3^- - d_3^+ = 70 \\ x_2 + d_4^- - d_4^+ = 45 \\ x_1,\ x_2,\ d_1^-,\ d_1^+,\ d_2^+,\ d_2^-,\ d_3^-,\ d_3^+,\ d_4^-,\ d_4^+ \geqslant 0 \end{cases}$$

（2）$\min z = P_1 d_2^+ + P_1 d_2^- + P_2 d_1^-$

$$\text{s. t.}\begin{cases} x_1 + 2x_2 + d_1^- - d_1^+ = 10 \\ 10x_1 + 12x_2 + d_2^- - d_2^+ = 62.4 \\ x_1 + 2x_2 \leqslant 8 \\ x_1,\ x_2,\ d_1^-,\ d_1^+,\ d_2^+,\ d_2^- \geqslant 0 \end{cases}$$

（3）$\min z = P_1(d_1^- + d_2^+) + P_2 d_3^-$

$$\text{s. t.}\begin{cases} x_1 + x_2 + d_1^- - d_1^+ = 1 \\ 2x_1 + 2x_2 + d_2^- - d_2^+ = 4 \\ 6x_1 - 4x_2 + d_3^- - d_3^+ = 50 \\ x_1,\ x_2,\ d_1^-,\ d_1^+,\ d_2^+,\ d_2^-,\ d_3^-,\ d_3^+ \geqslant 0 \end{cases}$$

4.4　有以下目标规划问题：

$$\min z = P_1 d_1^- + P_2 d_4^+ + P_3(5d_2^- + 3d_3^-) + P_3(5d_3^+ + 3d_2^+)$$

$$\text{s. t.}\begin{cases} x_1 + x_2 + d_1^- - d_1^+ = 80 \\ x_1 + d_2^- - d_2^+ = 70 \\ x_2 + d_3^- - d_3^+ = 45 \\ d_1^+ + d_4^- - d_4^+ = 10 \\ x_1,\ x_2,\ d_1^-,\ d_1^+,\ d_2^+,\ d_2^-,\ d_3^-,\ d_3^+,\ d_4^-,\ d_4^+ \geqslant 0 \end{cases}$$

（1）用单纯形法求解。

（2）若目标函数变成 $\min z = P_1 d_1^- + P_3 d_4^+ + P_2(5d_2^- + 3d_3^-) + P_2(5d_3^+ + 3d_2^+)$，问原问题的解有什么变化?

（3）若第一个目标约束的右端改为120，原满意解有何变化?

4.5　某工厂生产两种产品，产品I每件可获利10元，产品II每件可获利8元。每生产1件产品I需要3小时，每生产1件产品II需要2.5小时，每周的有效时间为120小时，若加班生产，产品I每件利润减少1.5元，产品II每件利润减少1元，决策者希望在允许的工作时间和加班时间内获取最大利润，试建立该问题的目标规划模型，并求解。

4.6　某商标的酒是用三种等级的酒兑制而成。这三种等级的酒每天的供应量和单位成本如表 4 - 1 所示。

表 4 - 1

等级	日供应量（千克）	成本（元/千克）
I	1500	6
II	2000	4.5
III	1000	3

设该种牌号酒有三种商标（红、黄、蓝），各种商标的酒对原料酒的混合比及售价见表 4 - 2。

决策者规定：首先必须严格按规定比例兑制各商标的酒；其次是获利最大；最后是红商标的酒每天至少生产 2000 千克，试列出数学模型。

表 4 - 2

商标	兑制要求	售价（元/千克）
红	III 少于 10%，I 多于 50%	5.5
黄	III 少于 70%，I 多于 20%	5.0
蓝	III 少于 50%，I 多于 10%	4.8

附录 1：多目标规划 PolySCIP 的安装步骤

SCIP 本身不能求解多目标规划，而 SCIP 的应用工具之一 PolySCIP 却可以求解多目标规划，下面讲解 PolySCIP 的安装步骤。

在 . exe 型的 scipoptsuite 安装包中并没有自动带有 PolySCIP，只能从源代码编译。所以，首先从 https：//scipopt. org/index. php#download 下载 scipoptsuite 的源代码 sci-poptsuite - 7. 0. 3. tgz，这是目前的最新版本，下载解压缩，定位目录 scip \ applications \ PolySCIP。在该目录下新建文件夹 build，文件夹结构如下：

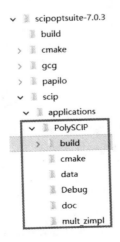

如上，方框中就是 PolySCIP 的源代码，官网指定采用需 cmake 编译 PolySCIP。下面介绍一下 cmake 的用法。

从官网 https：//cmake. org/download/下载 cmake 安装文件，如 win 10 64 位可下载 cmake－3. 21. 2－windows－x86_ 64. msi。安装 cmake 过程中，需要注意选择 Add CMake to the system PATH for all users，如图 4－1 所示。然后默认安装即可。

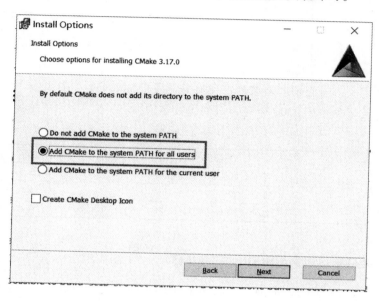

图 4－1　选择 Add CMake to the system PATH for all users

安装好后，从开始菜单中打开 cmake，根据 PolySCIP 和 PolySCIP/build 的绝对路径，配置好 Where is the source code：和 Where to build the binaries：。

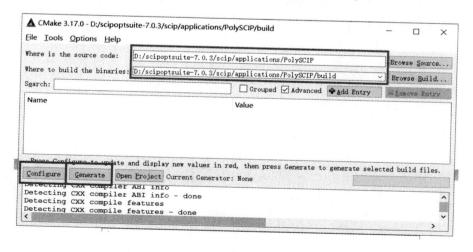

图 4－2　在 cmake 中配置 PolySCIP 路径

如图 4 – 2 所示，点击 Configure，会弹出 Specify the generator... 提示框，如图 4 – 3
所示。因为当前电脑上安装了 Visual Studio 2019，所以选中 Visual Studio 16 2019。然后
回到上一个界面，自动开始配置，配置成功，会显示 Configuring done。

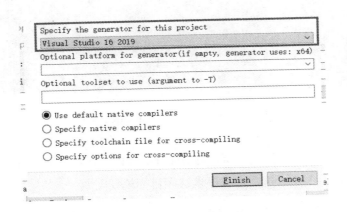

图 4 – 3　配置 cmake 和 visual studio 关联

配置成功后，cmake 界面变成如下效果，不需要改变参数设置，继续点击 Generate，
若显示 Generating done，则表示生成成功。

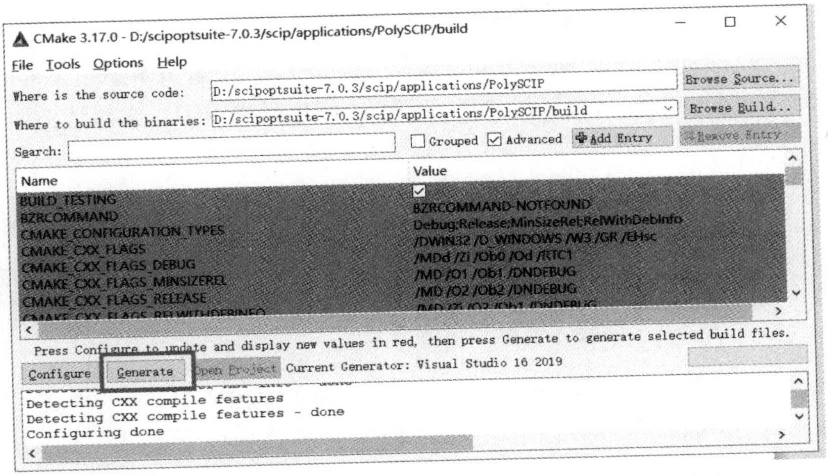

图 4 – 4　Configuring done 的界面效果

如上就完成了 cmake 端的工作，简单说就是为 PolySCIP 准备好了编译环境。下面
打开 python 控制台，导航到 PolySCIP 路径下，输入命令：

cmake – – build build – – target polyscip

如果编译成功，则会显示生成了 polyscip. exe 文件，如图 4 - 5 所示。

图 4 - 5　成功生成 polyscip. exe

此时，在 PolySCIP 文件夹下的 build/Debug 目录中会出现 polyscip. exe 和 poly-scip. pdb 两个文件，主要用这两个程序求解多目标规划问题。

附录 2：PolySCIP 求解多目标规划流程

参照本章附录 1 已经成功生成 PolySCIP 可执行程序，具体求解多目标规划分两步：一是声明模型；二是求解模型。

（1）声明多目标规划模型。

PolySCIP 支持 . mop 格式模型规范，这种格式模型的可读性比较差，为此 PolySCIP 还提供了 . zpl 格式到 . mop 格式的转换工具，位于 PolySCIP 源代码文件夹中的 mult_zimpl 文件夹。将前面下载的 scipoptsuite － 7. 0. 3. tgz，解压缩出来 scip \ applications \ PolySCIP \ mult_ zimpl，然后把该目录拷贝到第 4 章项目目录下，文件结构如下：

```
📁 chapter04
▼ 📁 mult_zimpl
        📄 AP_p-3_n-5.zpl
        📄 mult_zimpl_to_mop.py
        📄 README
        📄 tenfelde_podehl.zpl
```

使用 mult_ zimpl_ to_ mop. py 可以把 . zpl 格式文件转换为 . mop 格式。打开 Ana-conda Prompt，到达 mult_ zimpl 目录，执行如下命令，则生成 tenfelde_ podehl. mop。

python3 mult_ zimpl_ to_ mop. py tenfelde_ podehl. zpl

注： 如果有运行错误提示 "AttributeError：module ′os′ has no attribute ′wait′"，则打开 mult_ zimpl_ to_ mop. py，找到第 89 行附近，将 os. wait（）一句删掉，并替换为如下两行代码，再运行应该就没问题了，time. sleep（1）表示系统暂停 1 秒钟。

import time

time. sleep（1）

针对一个具体的多目标线性规划问题，例如：

max $obj1$：$3x_1 + 2x_2 - 4x_3$

    $obj2$：$3x_1 + x_2 + x_3$

s. t. eqn：$x_1 + x_2 + x_3 = 2$

    $lower$：$x_1 + 0.4x_2 \leqslant 1.5$

with x_1，x_2，$x_3 \geqslant 0$

其 . zpl 格式可表示成如下，大家可以比对上面公式，自行理解语法。

set I ： = {1..3}；

param c1[I] ： = <1> 3，<2> 2，<3> −4；   #coefficients of the first objective

param c2[I] ： = <3> 2 default 1；   #coefficients of the second objective

param low[I] ： = <1> 1，<2> 0.4，<3> 0；   #coefficients of the lower constraint

var x[I] integer > = 0；

maximize Obj1：sum <i> in I：c1[i] * x[i]；

Obj2：sum <i> in I：c2[i] * x[i]；

subto Eqn：sum <i> in I：x[i] = = 2；

subto Lower：sum <i> in I：low[i] * x[i] < = 1.5；

我们在 mult_ zimpl 目录下新建文本文档 test. zpl，文件扩展名由 . txt 改为 . zpl。在该文件中就写入上面的语句。然后通过 mult_ zimpl_ to_ mop. py，转换获得 test. mop，文件内容如下，显然 . zpl 格式要比 . mop 格式具有更好可读性。

```
NAME              ./test. m
OBJSENSE
 MAX
ROWS
 N   Obj1_ 1
 N   Obj2_ 1
 E   Eqn_ 1
 L   Lower_ 1
COLUMNS
     MARK0000   'MARKER'                    'INTORG'
     x#1        Lower_ 1         1
     x#1        Eqn_ 1           1
     x#1        Obj2_ 1          1
     x#1        Obj1_ 1          3
     x#2        Lower_ 1         0.4
     x#2        Eqn_ 1           1
```

x#2	Obj2_ 1	1
x#2	Obj1_ 1	2
x#3	Eqn_ 1	1
x#3	Obj2_ 1	2
x#3	Obj1_ 1	−4
MARK0001	'MARKER'	'INTEND'

RHS
RHS	Eqn_ 1	2
RHS	Lower_ 1	1.5

BOUNDS
LO BOUND	x#1	0
PL BOUND	x#1	
LO BOUND	x#2	0
PL BOUND	x#2	
LO BOUND	x#3	0
PL BOUND	x#3	

ENDATA

（2）求解多目标规划模型。

针对上面的案例问题，把编译好的 PolySCIP 程序拷贝过来，即打开 build/Debug 目录，把其中的 polyscip.exe 和 polyscip.pdb 拷贝到 chapter04。

▼ 📁 chapter04
　▶ 📁 mult_zimpl
　　📄 polyscip.exe
　　📄 polyscip.pdb

从 Python 控制台中重新导航至 chapter04 目录，已知在 mult_ zimpl 文件夹下有 test. mop 文件，则输入以下命令就可以求解该多目标线性规划了。

polyscip. exe mult_ zimpl/test. mop − w

提示求出了最优解，默认输出结果文档为 solutions_ test. txt，内容如下：

［ 5 2 ］x#2 = 1 x#1 = 1

［ −8 4 ］x#3 = 2

［ −1 3 ］x#1 = 1 x#3 = 1

回顾原题的两个目标：①max $obj1$：$3x_1 + 2x_2 - 4x_3$；②$obj2$：$x_1 + x_2 + 2x_3$，即 x2 = 1，x1 = 1，x3 = 0 时，obj1 = 5，obj2 = 2。当 x2 = 0，x1 = 0，x3 = 2 时，obj1 = − 8，obj2 = 4。当 x2 = 0，x1 = 1，x3 = 1 时，obj1 = − 1，obj2 = 3。如果 obj1 为优先目标，则应选取 x2 = 1，x1 = 1，x3 = 0，获取两目标最优解[52]。

附录 3：PolySCIP 求解多目标规划案例

求解多目标规划问题：某工厂生产 A、B 两种产品，基础数据如表 4 – 3 所示[1]。设计如下 4 个子目标。P1：产品 A 的产量不大于 B。P2：超过计划供应的原材料，需高价采购，会大大增加成本。P3：尽可能地利用设备台时，避免加班。P4：尽可能使利润指标不低于 56 元。试求获利最大生产方案。

表 4 – 3　基础数据

	A	B	拥有量
原材料（千克）	2	1	11
设备生产能力（小时）	1	2	10
利润/（元/件）	8	10	

根据以上信息可定义多目标规划模型：

$$\min P_1 \cdot d_1^+ + P_2 \cdot d_2^+ + P_3 \cdot (d_3^- + d_3^+) + P_4 \cdot d_4^-$$

$$\text{s. t.} \begin{cases} x_1 - x_2 + d_1^- - d_1^+ = 0 \\ 2 \cdot x_1 + x_2 + d_2^- - d_2^+ = 11 \\ x_1 + 2 \cdot x_2 + d_3^- - d_3^+ = 10 \\ 8 \cdot x_1 + 10 \cdot x_2 + d_4^- - d_4^+ = 56 \\ x_1, x_2, d_i^-, d_i^+ \geqslant 0, i = 1, 2, 3, 4 \end{cases}$$

为方便转换为 .zpl 格式，对当前模型的变量统一形式，如下：

$$\min P_1 \cdot x_4 + P_2 \cdot x_6 + P_3 \cdot (x_7 + x_8) + P_4 \cdot x_9$$

$$\text{s. t.} \begin{cases} x_1 - x_2 + x_3 - x_4 = 0 \\ 2 \cdot x_1 + x_2 + x_5 - x_6 = 11 \\ x_1 + 2 \cdot x_2 + x_7 - x_8 = 10 \\ 8 \cdot x_1 + 10 \cdot x_2 + x_9 - x_{10} = 56 \\ x_i \geqslant 0, i = 1, 2, \cdots, 10 \end{cases}$$

对以上模型按照 .zpl 格式转换，编写 ex41. zpl 文件内容如下：

```
set I : = {1..10};
param c1[I] : = <4> 1 default 0;
param c2[I] : = <6> 1 default 0;
param c3[I] : = <7> 1, <8> 1 default 0;
param c4[I] : = <9> 1 default 0;
param st1[I] : = <2> -1, <4> -1, <1> 1, <3> 1 default 0;
```

param st2[I] : = <1> 2，<6> −1，<2> 1，<5> 1 default 0；

param st3[I] : = <1> 1，<2> 2，<7> 1，<8> −1 default 0；

param st4[I] : = <1> 8，<2> 10，<9> 1，<10> −1 default 0；

var x[I] > = 0；

minimize Obj1：sum <i> in I：c1[i] * x[i]；

Obj2：sum <i> in I：c2[i] * x[i]；

Obj3：sum <i> in I：c3[i] * x[i]；

Obj4：sum <i> in I：c4[i] * x[i]；

subto s1：sum <i> in I：st1[i] * x[i] = = 0；

subto s2：sum <i> in I：st2[i] * x[i] = = 11；

subto s3：sum <i> in I：st3[i] * x[i] = = 10；

subto s4：sum <i> in I：st4[i] * x[i] = = 56。

参照本章附录 2，调用命令"python mult_ zimpl_ to_ mop. py ex41. zpl"，生成 ex41. mop 文件，内容如下：

```
NAME            . ／ex41. m
OBJSENSE
  MIN
ROWS
  N   Obj1_1
  N   Obj2_1
  N   Obj3_1
  N   Obj4_1
  E   s1_1
  E   s2_1
  E   s3_1
  E   s4_1
COLUMNS
    MARK0000    'MARKER'                    'INTORG'
    MARK0001    'MARKER'                    'INTEND'
    x#1         s4_1                        8
    x#1         s3_1                        1
    x#1         s2_1                        2
    x#1         s1_1                        1
    x#2         s4_1                        10
    x#2         s3_1                        2
```

x#2	s2_1	1
x#2	s1_1	− 1
x#3	s1_1	1
x#4	s1_1	− 1
x#4	Obj1_1	1
x#5	s2_1	1
x#6	s2_1	− 1
x#6	Obj2_1	1
x#7	s3_1	1
x#7	Obj3_1	1
x#8	s3_1	− 1
x#8	Obj3_1	1
x#9	s4_1	1
x#9	Obj4_1	1
x#10	s4_1	− 1

RHS

RHS	s2_1	11
RHS	s3_1	10
RHS	s4_1	56

BOUNDS

LO BOUND	x#1	0
PL BOUND	x#1	
LO BOUND	x#2	0
PL BOUND	x#2	
LO BOUND	x#3	0
PL BOUND	x#3	
LO BOUND	x#4	0
PL BOUND	x#4	
LO BOUND	x#5	0
PL BOUND	x#5	
LO BOUND	x#6	0
PL BOUND	x#6	
LO BOUND	x#7	0
PL BOUND	x#7	
LO BOUND	x#8	0

PL BOUND	x#8	
LO BOUND	x#9	0
PL BOUND	x#9	
LO BOUND	x#10	0
PL BOUND	x#10	

ENDATA

参照本章附录2，调用 polyscip. exe，执行以下命令，会得到最优解文件 solutions_ ex41. txt。

polyscip. exe　mult_ zimpl/ex41. mop　－w

solutions_ ex41. txt 的内容如下，即 A、B 产品的产量均为 3.33333 时，为同时满足 4 个目标的最优解，此时的总利润为 60。

［0 0 0 0］x#1 =3.33333 x#2 =3.33333 x#5 =1 x#10 =4

第 5 章
整数规划

5.1 对下列整数规划问题，用先解相应的线性规划，再凑整的办法，能否求到最优整数解？

（1） $\max z = 3x_1 + 2x_2$

$$\text{s. t.} \begin{cases} 2x_1 + 3x_2 \leqslant 14.5 \\ 4x_1 + x_2 \leqslant 16.5 \\ x_1, \ x_2 \geqslant 0 \ \text{且为整数} \end{cases}$$

（2） $\max z = 3x_1 + 2x_2$

$$\text{s. t.} \begin{cases} 2x_1 + 3x_2 \leqslant 14 \\ 2x_1 + x_2 \leqslant 9 \\ x_1, \ x_2 \geqslant 0 \ \text{且为整数} \end{cases}$$

5.2 用分支定界法解如下问题：

$$\max z = x_1 + x_2$$

$$\text{s. t.} \begin{cases} 2x_1 + 9x_2/14 \leqslant 51/14 \\ -2x_1 + x_2 \leqslant 1/3 \\ x_1, \ x_2 \geqslant 0 \ \text{且为整数} \end{cases}$$

5.3 用 Gomory 切割法解如下问题：

（1） $\max z = x_1 + x_2$

$$\text{s. t.} \begin{cases} 2x_1 + x_2 \leqslant 6 \\ 4x_1 + 5x_2 \leqslant 20 \\ x_1, \ x_2 \geqslant 0 \ \text{且为整数} \end{cases}$$

（2） $\max z = 3x_1 - x_2$

$$\text{s. t.} \begin{cases} 3x_1 - 2x_2 \leqslant 3 \\ -5x_1 - 4x_2 \leqslant -10 \\ 2x_1 + x_2 \leqslant 5 \\ x_1, \ x_2 \geqslant 0 \ \text{且为整数} \end{cases}$$

5.4　某城市消防总部将全市划分为 11 个防火区，设有 4 个消防（救火）站。图 5-1 表示各防火区域与消防站的位置，其中①②③④表示消防站，1，2，…，11 表示防火区域。根据历史的资料证实，各消防站可在事先规定的允许时间内对所有负责的地区的火灾予以消灭。图中虚线即表示各地区由那个消防站负责（没有虚线连接，就表示不负责）。现在总部提出：可否减少消防站的数目，仍能同样负责各地区的防火任务？如果约束条件可以，应当关闭哪个？

提示：对每个消防站定义一个 0-1 变量 x_i，令

$$x_j = \begin{cases} 1, & \text{当某防火区域可由第 } j \text{ 消防站负责时} \\ 0, & \text{当某防火区域不由第 } j \text{ 消防站负责时} \end{cases}$$

$j = 1，2，3，4$

然后对每个防火区域列一个约束条件。

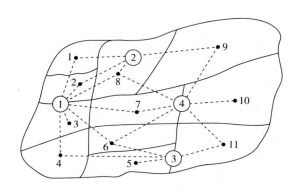

图 5-1

5.5　在有相互排斥的约束条件的问题中，如果约束条件是 ≤ 型的，我们将 $y_i M$（y_i 是 0-1 变量，M 是很大的常数）的方法统一在一个问题中。如果是 ≥ 型的，我们将如何利用 y_i 和 M 呢？

5.6　解 0-1 规划：

（1）$\max z = 4x_1 + 3x_2 + 2x_3$

$$\text{s. t.} \begin{cases} 2x_1 - 5x_2 + 3x_3 \leqslant 4 \\ 4x_1 + x_2 + 3x_5 \geqslant 3 \\ x_2 + x_3 \geqslant 1 \\ x_1，x_2，x_3 = 0 \text{ 或 } 1 \end{cases}$$

（2）$\min z = 2x_1 + 5x_2 + 3x_3 + 4x_4$

$$\text{s. t.}\begin{cases} -4x_1 + x_2 + x_3 + x_4 \geqslant 0 \\ -2x_1 + 4x_2 + 2x_3 + x_4 \geqslant 4 \\ x_1 + x_2 - x_3 + x_4 \geqslant 1 \\ x_1,\ x_2,\ x_3,\ x_4 = 0\ \text{或}\ 1 \end{cases}$$

5.7　有四个工人，指派他们完成四种工作，每人做各种工作所消耗的时间如表 5 - 1 所示，问指派哪个人去完成哪种工作，可以使得总耗时最小？

表 5 - 1

人员 \ 任务	A	B	C	D
甲	15	18	21	24
乙	19	23	22	18
丙	26	17	16	19
丁	19	21	23	17

附录：SCIP + Pyscipopt 求解整数规划

整数规划要求解必须为整数，只需要在 . lp 中加入整数类型的说明即可。

整数规划案例：在一个规划中，有 5 个备选项目，根据表 5 - 2 的收益统计[61]，帮助物主确定这个 3 年规划周期应该选择具体哪些项目。

表 5 - 2　备选项目信息

项目	每年支出			收益
	1	2	3	
1	5	1	8	20
2	4	7	10	40
3	3	9	2	20
4	7	4	1	15
5	8	6	10	30
可用资金	25	25	25	

问题可以化成一个对项目选择的"是—否"决策，引入二元变量 x_i，当 $x_i = 1$ 时，表示选择项目 i；当 $x_i = 0$ 时，表示未选择项目 i。则 0 - 1 整数规划模型如下：

$$\max z = 20x_1 + 40x_1 + 20x_3 + 15x_4 + 30x_5$$

$$\text{s. t.}\begin{cases}5x_1+4x_2+3x_3+7x_4+8x_5\leqslant25\\x_1+7x_2+9x_3+4x_4+6x_5\leqslant25\\8x_1+10x_2+2x_3+x_4+10x_5\leqslant25\\x_1,\ x_2,\ x_3,\ x_4,\ x_{10}=(0,\ 1)\end{cases}$$

对应编写 .lp 文件，命名 ex51. lp，如下：

Maximize

　　Obj：20x1 + 40x2 + 20x3 + 15x4 + 3x5

Subject to

　　C1：5x1 + 4x2 + 3x3 + 7x4 + 8x5 < = 25

　　C2：x1 + 7x2 + 9x3 + 4x4 + 6x5 < = 25

　　C3：8x1 + 10x2 + 2x3 + x4 + 10x5 < = 25

Bounds

　　1 > = x1 > = 0

　　1 > = x2 > = 0

　　1 > = x3 > = 0

　　1 > = x4 > = 0

　　1 > = x5 > = 0

General

　　x1

　　x2

　　x3

　　x4

　　x5

end

上式中 General 区域表示数据取值为整数。如果 x 取值为 0 – 1，还可以把 Bounds 区域删掉，然后把 General 替换为 Binary 即可。

和 ex51. lp 同文件夹下对应编写 ex51. py，内容如下：

```
from pyscipopt import Model
model = Model("ex51","maximize")
model. readProblem("ex51. lp")
print(" – " * 25,"running status"," – " * 25)
model. optimize( )
print(" – " * 25,"best solution"," – " * 25)
solutions = model. getBestSol( )
for var in model. getVars( ):
```

$$\text{print}("\{\} : \{\}".\text{format}(\text{var}, \text{solutions}[\text{var}]))$$

$$\text{print}(" - " * 25, \textbf{"best result"}, " - " * 25)$$

$$\text{print}(\textbf{"best solution}: \{\}".\text{format}(\text{model}.\text{getPrimalbound}()))$$

下面是运行结果截图（见图 5 - 2），可见，最优方案为实施项目 1 到项目 4，放弃项目 5。由此，三年后能够达到最大回报 95。

```
(round 1, fast)      0 del vars, 0 del conss, 0 add conss, 0 chg bounds, 15 chg sides, 12 chg coeffs, 0 upgd conss, 0 impls, 0 clqs
  (0.0s) running MILP presolver
  (1.0s) MILP presolver found nothing
(round 2, exhaustive) 0 del vars, 0 del conss, 0 add conss, 0 chg bounds, 15 chg sides, 12 chg coeffs, 3 upgd conss, 0 impls, 0 clqs
(round 3, exhaustive) 0 del vars, 1 del conss, 0 add conss, 0 chg bounds, 15 chg sides, 12 chg coeffs, 3 upgd conss, 0 impls, 0 clqs
(round 4, fast)      1 del vars, 1 del conss, 0 add conss, 0 chg bounds, 15 chg sides, 12 chg coeffs, 3 upgd conss, 0 impls, 0 clqs
(round 5, fast)      2 del vars, 1 del conss, 0 add conss, 0 chg bounds, 15 chg sides, 13 chg coeffs, 3 upgd conss, 0 impls, 0 clqs
(round 6, fast)      2 del vars, 1 del conss, 0 add conss, 0 chg bounds, 15 chg sides, 14 chg coeffs, 3 upgd conss, 0 impls, 1 clqs
  (1.0s) running MILP presolver
  (1.0s) MILP presolver (2 rounds): 0 aggregations, 3 fixings, 0 bound changes
presolving (7 rounds: 7 fast, 3 medium, 3 exhaustive):
 5 deleted vars, 3 deleted constraints, 0 added constraints, 0 tightened bounds, 0 added holes, 15 changed sides, 14 changed coefficients
 0 implications, 0 cliques
transformed 1/2 original solutions to the transformed problem space
Presolving Time: 1.00

SCIP Status        : problem is solved [optimal solution found]
Solving Time (sec) : 1.00
Solving Nodes      : 0
Primal Bound       : +9.50000000000000e+01 (2 solutions)
Dual Bound         : +9.50000000000000e+01
Gap                : 0.00 %
------------------------ best solution ------------------------
x1 : 1.0
x2 : 1.0
x3 : 1.0
x4 : 1.0
x5 : -0.0
------------------------ best result ------------------------
best solution: 95.0
```

图 5 - 2 程序运行结果

第6章
无约束问题

6.1 某厂生产一种混合物，它由原料 A 和原料 B 组成，估计生产量是 $3.6x_1 - 0.4x_1^2 - 1.6x_2 - 0.2x_2^2$，其中 x_1 和 x_2 分别为原料 A 和原料 B 的使用量（吨）。该厂拥有资金 5 万元，A 种原料每吨的单价为 1 万元，B 种为 0.5 万元。试写出生产量最大化的数学模型。

6.2 某电视机厂要制定下年度的生产计划。受该厂生产能力和仓库的限制，它的月生产量不能超过 b 台，存储量不能大于 c 台。按照合同约定，该厂第 i 月份底需要交付供货商的电视机台数为 d_i。现在 x_i 和 y_i 分别表示该厂第 i 月份电视机的生产台数和存储台数，其月生产费用和存储费用分别是 $f_i(x_i)$ 和 $g_i(y_i)$。假定本年度结束时的存储量为零。试确定下年度费用（包括生产费用和存储费用）最低的生产计划，请写出上述问题的数学模型。

6.3 试计算以下函数的梯度和海赛矩阵。

（1） $f(x) = x_1^2 + x_2^2 + x_3^2$

（2） $f(x) = \ln(x_1^2 + x_1 x_2 + x_2^2)$

6.4 试确定下列矩阵是正定、负定、半正定、半负定或不定。

（1） $H = \begin{bmatrix} 2 & 1 & 2 \\ 1 & 3 & 0 \\ 2 & 0 & 5 \end{bmatrix}$

（2） $H = \begin{bmatrix} 1 & 1 & 0 \\ 1 & 1 & 0 \\ 0 & 0 & 1 \end{bmatrix}$

6.5 利用极值条件求解下列问题：

$$\min f(x) = \frac{1}{3}x_1^3 + \frac{1}{3}x_2^3 - 2x_2^2 - 4x_1$$

6.6 试求函数 $f(x) = 4x_1^2 - 4x_1 x_2 + 6x_1 x_3 + 5x_2^2 - 10x_2 x_3 + 8x_3^2$ 的驻点，并判定它们是极大点、极小点还是鞍点。

6.7　试判断以下函数的凹凸性：

（1）$f(x) = (4-x)^3\,(x \leqslant 4)$

（2）$f(x) = x_1^2 + 2x_1x_2 + 3x_2^2$

（3）$f(x) = \dfrac{1}{x}\,(x < 0)$

（4）$f(x) = x_1x_2$

6.8　（1）求 $f(x) = x^2 - 6x + 2$ 的极小值点。

用黄金分割法求解（要求缩短后的区间长度不大于原区间 $[0,10]$ 的 3%）。

（2）用牛顿法求解 $f(x) = x^3 - 6x + 3\,(x > 0)$，给定初始点为 $x_0 = 1$，误差小于 0.01。

6.9　利用斐波那契法求函数 $f(x) = x^3 - 7x^2 + 8x + 4$ 在 $[0,3]$ 内的极大值点（要求确定后的区间长度不大于原区间的 5%）。

6.10　用抛物线逼迫法求 $f(x) = e^x - 5x$ 在区间 $[1,2]$ 上的极小点，给定初始点 $x_1 = 1$，初始步长 $h_1 = 0.1$。只迭代两次。

6.11　求函数极值问题：$\min f(x) = x_1 - x_2 + 2x_1^2 + 2x_1x_2 + x_2^2$，利用梯度法、共轭梯度法分别计算。初始点取 $x^{(1)} = (0,0)^T$（只迭代两次）。

6.12　求 $f(x) = x_1^2 + 2x_2^2 - 4x_1 - 2x_1x_2$ 的极小值点，给定初始点为 $x^{(1)} = (1,1)^T$。分别利用牛顿法、变换尺度法求解。

6.13　在某一试验中变更条件 x_i 四次，测得相应的结果 y_i 如表 6-1 所示，试为这一试验拟合一条直线，使其在最小二乘意义上最好反映这项实验结果（仅要求写出数学模型）。

表 6-1

x_i	2	4	6	8
y_i	1	3	5	6

6.14　有一线性方程组如下：

$$\begin{cases} x_1 - 2x_2 + 3x_3 = 2 \\ 3x_1 - 2x_2 + x_3 = 7 \\ x_1 + x_2 - x_3 = 1 \end{cases}$$

现欲用无约束极小化法求解，试建立数学模型并说明数学原理。

6.15　试判定下述非线性规划是否为凸规划：

（1）$\begin{cases} \min f(X) = x_1^2 + x_2^2 + 8 \\ x_1^2 - x_2 \geqslant 0 \\ -x_1 - x_2^2 + 2 = 0 \\ x_1,\ x_2 \geqslant 0 \end{cases}$　　（2）$\begin{cases} \min f(X) = 2x_1^2 + x_2^2 + x_3^2 - x_1x_2 \\ x_1^2 + x_2^2 \leqslant 4 \\ 5x_1^2 + x_3 = 10 \\ x_1,\ x_2,\ x_3 \geqslant 0 \end{cases}$

6.16　试用最速下降法求解：

$$\min f(X) = x_1^2 + x_2^2 + x_3^2$$

取初始点 $X^{(1)} = (2, -2, 1)^T$。

6.17　试用最速下降法求函数 $f(X) = -(x_1 - 2)^2 - 2x_2^2$ 的极大值。先以 $X^{(1)} = (0, 0)^T$ 为初始点进行计算，求出极大点；再以 $X^{(1)} = (0, 1)^T$ 为初始点进行两次迭代。最后比较从上述两个不同初始点出发的寻优过程。

6.18　试用牛顿法求解：

$$\max f(X) = \frac{1}{x_1^2 + x_2^2 + 2}$$

取初始点 $X^{(1)} = (4, 0)^T$，用最佳步长进行。然后采用固定步长 $\lambda = 1$，观察迭代情况，并加以分析说明。

6.19　试用共轭梯度法求解二次函数 $f(X) = \frac{1}{2} X^T A X$ 的极小点，此处 $A = \begin{pmatrix} 1 & 1 \\ 1 & 2 \end{pmatrix}$ （取初始点为 $X^{(1)} = (1, 0)^T$）。

6.20　试用变换尺度法求解：

$$\min f(X) = (x_1 - 2)^3 + (x_1 - 2x_2)^2$$

取初始点 $X^{(1)} = (0.00, 3.00)^T$。

附录：SCIP + Pyscipopt 解无约束极值问题

本章和第 7 章都是关于非线性规划的讲解，同样可以构造 .lp 格式文件，再用合适的专业工具解决。SCIP 虽然以解决线性规划为优势，但也能解决二次非线性规划，.lp 格式对二次非线性规划也有支持。

求解案例：求下式的最小值[1]。

$$\min 4(x_1 - 5)^2 + (x_2 - 6)^2$$

新建 ex61. lp 文件，内容如下。需要注意的是按照 .lp 格式规范要求，上式需要展开，从而将二次项隔离出来，用 [ ] 包起来，并且需写成 […] /2 的格式，次方符号用 $\wedge$，变量相乘符号用 ＊。

Minimize

　　obj：[8x1^2 + 2x2^2]/2 - 40x1 - 12x2 + 136

bounds

　　x1 free

　　x2 free

end

新建 ex61. py 文件，内容如下：

from pyscipopt import Model

```
model = Model("ex61","minimize")
model. readProblem("ex61. lp")
print(" - " * 25,"running status"," - " * 25)
model. optimize()
print(" - " * 25,"best solution"," - " * 25)
solutions = model. getBestSol()
for var in model. getVars():
    print("{} : {}". format(var,solutions[var]))
print(" - " * 25,"best result"," - " * 25)
print("best solution: {}". format(model. getPrimalbound()))
```

运行结果截图如图 6 - 1 所示，可见最优结果时，x1 = 5，x2 = 6，最小值为 0。

```
0 deleted vars, 0 deleted constraints, 0 added constraints, 1 tightened bounds, 0 added holes, 0 changed sides, 0 changed coefficients
0 implications, 0 cliques
presolved problem has 3 variables (0 bin, 0 int, 0 impl, 3 cont) and 1 constraints
      1 constraints of type <quadratic>
Presolving Time: 0.00
transformed 2/2 original solutions to the transformed problem space

*************************************************************************
This program contains Ipopt, a library for large-scale nonlinear optimization.
Ipopt is released as open source code under the Eclipse Public License (EPL).
        For more information visit http://projects.coin-or.org/Ipopt
*************************************************************************

 time | node | left |LP iter|LP it/n|mem/heur|mdpt |vars |cons |rows |cuts |sepa|confs|strbr|  dualbound   | primalbound  |  gap   | compl.
t 0.0s|    1 |    0 |     8 |     - | trivial|   0 |   3 |   1 |   4 |   0 |  0 |   0 |   0 |      --      |-4.999001e-08 |    Inf | unknown
t 0.0s|    1 |    0 |     8 |     - |        |   0 |   3 |   1 |   5 |   0 |  0 |   0 |   0 |-6.644000e+03 |-4.999001e-08 |  Large | unknown
  0.0s|    1 |    0 |     9 |     - | 598k   |   0 |   3 |   1 |   5 |   1 |  0 |   0 |   0 |-4.999001e-08 |-4.999001e-08 |  0.00% | unknown
  0.0s|    1 |    0 |    10 |     - | 600k   |   0 |   3 |   1 |   6 |   2 |  1 |   0 |   0 |-4.999001e-08 |-4.999001e-08 |  0.00% | unknown
  0.0s|    1 |    0 |    10 |     - | 600k   |   0 |   3 |   1 |   6 |   2 |  1 |   0 |   0 |-4.999001e-08 |-4.999001e-08 |  0.00% | unknown

SCIP Status        : problem is solved [optimal solution found]
Solving Time (sec) : 0.00
Solving Nodes      : 1
Primal Bound       : -4.99900868007264e-08 (3 solutions)
Dual Bound         : -4.99900868007264e-08
Gap                : 0.00 %
------------------------- best solution -------------------------
x1 : 5.000000000000366
x2 : 6.000000000000442
quadobjvar : 135.9999995002995
------------------------- best result -------------------------
best solution: -4.9990086800726405e-08
```

图 6 - 1　程序运行结果

第7章

约束极值问题

7.1　在某一试验中变更条件 x_i 四次，测得相应的结果 y_i 如表 7 - 1 所示，试为这一试验拟合一条直线，使在最小二乘意义上最好地反映这项试验的结果（仅要求写出数学模型）。

表 7 - 1

x_i	2	4	6	8
y_i	1	3	5	6

7.2　有一线性方程组如下：

$$\begin{cases} x_1 - 2x_2 + 3x_3 = 2 \\ 3x_1 - 2x_2 + x_3 = 7 \\ x_1 + x_2 - x_3 = 1 \end{cases}$$

现欲用无约束极小化方法求解，试建立数学模型并说明计算原理。

7.3　试判定下述非线性规划是否为凸规划：

$$(1)\begin{cases} \min f(X) = x_1^2 + x_2^2 + 8 \\ x_1^2 - x_2 \geqslant 0 \\ -x_1 - x_2^2 + 2 = 0 \\ x_1, \ x_2 \geqslant 0 \end{cases} \qquad (2)\begin{cases} \min f(X) = 2x_1^2 + x_2^2 + x_3^2 - x_1 x_2 \\ x_1^2 + x_2^2 \leqslant 4 \\ 5x_1^2 + x_3 = 10 \\ x_1, \ x_2, \ x_3 \geqslant 0 \end{cases}$$

7.4　使用斐波那契法求函数 $f(x) = x^2 - 6x + 2$ 在区间 $[0, 10]$ 上的极小点，要求缩短后的区间长度不大于原区间长度的 8%。

7.5　试用 0.618 法重做习题 7.4，并将计算结果与习题 7.4 用斐波那契法所得计算结果进行比较。

7.6　试用最速下降法求解：

$$\min f(X) = x_1^2 + x_2^2 + x_3^2$$

选初点 $X^{(0)} = (2, -2, 1)^T$，要求做三次迭代，并验证相邻两步的搜索方向正交。

$$\nabla f = \left(\frac{\partial f}{\partial x_1}, \ \frac{\partial f}{\partial x_2}, \ \frac{\partial f}{\partial x_3} \right)^T = (2x_1, \ 2x_2, \ 2x_3)^T$$

7.7　使用最速下降法求函数 $f(X) = -(x_1 - 2)^2 - 2x_2^2$ 的极大点。先以 $X^{(0)} = (0, 0)^T$ 为初始点进行计算，求出极大点；再以 $X^{(0)} = (0, 1)^T$ 为初始点进行两次迭代。最后比较从上述两个不同初始点出发的寻优过程。

7.8　试用牛顿法重解习题 7.6。

7.9　试用牛顿法求解：

$$\max f(X) = \frac{1}{x_1^2 + x_2^2 + 2}$$

取初始点 $X^{(0)} = (4, 0)^T$，用最佳步长进行。然后采用固定步长 $\lambda = 1$，并观察迭代情况。

7.10　试用共轭梯度法求二次函数 $f(X) = \frac{1}{2} X^T A X$ 的极小点，此处 $A = \begin{pmatrix} 1 & 1 \\ 1 & 2 \end{pmatrix}$。

7.11　令 $X^{(i)}(i = 1, 2, \cdots, n)$ 为一组 A 共轭向量（假定为列向量），A 为 $n \times n$ 对称正定矩阵，试证：

$$A^{-1} = \sum_{i=1}^{n} \frac{X^{(i)} (X^{(i)})^T}{(X^{(i)})^T A X^{(i)}}$$

7.12　试用变尺度法求解：

$$\min f(X) = (x_1 - 2)^3 + (x_1 - 2x_2)^2$$

取初始点 $X^{(0)} = (0.00, 3.00)^T$，要求近似极小点处梯度的模不大于 0.5。

7.13　试以 $X^{(0)} = (0, 0)^T$ 为初始点，分别使用：（1）最速下降法（迭代四次）；（2）牛顿法；（3）变换尺度法求解无约束极值问题 $\min f(X) = 2x_1^2 + x_2^2 + 2x_1 x_2 + x_1 - x_2$，并绘图表示使用上述各方法的寻优过程。

7.14　试用步长加速法（模矢法）求函数 $\min f(X) = x_1^2 + 2x_2^2 - 4x_1 - 2x_1 x_2$ 的极小点，初始点 $X^{(0)} = (3, 1)^T$，步长 $\Delta_1 = \begin{pmatrix} 0.5 \\ 0 \end{pmatrix}$，$\Delta_2 = \begin{pmatrix} 0 \\ 0.5 \end{pmatrix}$，并绘图表示整个迭代过程。

7.15　分析非线性规划 $\begin{cases} \min f(X) = (x_1 - 2)^2 + (x_2 - 3)^2 \\ x_1^2 + (x_2 - 2)^2 \geqslant 4 \\ x^2 \leqslant 2 \end{cases}$ 在以下各点的可行下降方向：

（1）$X^{(1)} = (0, 0)^T$

（2）$X^{(2)} = (2, 2)^T$

（3）$X^{(3)} = (3, 2)^T$

7.16　试写出下述二次规划的 Kuhn – Tucker 条件：

$$\begin{cases} \max f(X) = C^T X + X^T H X \\ AX \leqslant b \\ X \geqslant 0 \end{cases}$$

其中：A 为 $m \times n$ 矩阵，H 为 $n \times n$ 矩阵，C 为 n 维列向量，b 为 m 维列向量，变量 X 为 n 维列向量。

7.17　试写出下述非线性规划问题的 Kuhn – Tucker 条件并进行求解：

（1）$\begin{cases} \max f(x) = (x - 3)^2 \\ 1 \leqslant x \leqslant 5 \end{cases}$

（2）$\begin{cases} \min f(x) = (x - 3)^2 \\ 1 \leqslant x \leqslant 5 \end{cases}$

7.18　试找出非线性规划 $\begin{cases} \max f(X) = x_1 \\ x_2 - 2 + (x_1 - 1)^3 \leqslant 0 \\ (x_1 - 1)^3 - x_2 + 2 \leqslant 0 \\ x_1, \ x_2 \geqslant 0 \end{cases}$ 的极大点，然后写出其 Kuhn – Tuck-

er 条件，所求出的极大点满足 Kuhn – Tucker 条件吗？试加以说明。

7.19　试解二次规划：

$$\begin{cases} \min f(X) = 2x_1^2 - 4x_1 x_2 + 4x_2^2 - 6x_1 - 3x_2 \\ x_1 + x_2 \leqslant 3 \\ 4x_1 + x_2 \leqslant 9 \\ x_1, \ x_2 \geqslant 0 \end{cases}$$

7.20　试用可行方向法求解：

$$\begin{cases} \min f(X) = 2x_1^2 + 2x_2^2 - 2x_1 x_2 - 4x_1 - 6x_2 \\ x_1 + x_2 \leqslant 2 \\ x_1 + 5x_2 \leqslant 5 \\ x_1, \ x_2 \geqslant 0 \end{cases}$$

7.21　试用 SUMT 外点法求解：

$$\begin{cases} \min f(X) = x_1^2 + x_2^2 \\ x_2 = 1 \end{cases}$$

并求出当罚因子等于 1 和 10 时的近似解。

7.22　试用 SUMT 外点法求解：

$$\begin{cases} \max f(X) = x_1 \\ (x_2 - 2) + (x_1 - 1)^3 \leqslant 0 \\ (x_1 - 1)^3 - (x_2 - 2) \leqslant 0 \\ x_1, \ x_2 \geqslant 0 \end{cases}$$

7.23　试用 SUMT 内点法求解：

$$\begin{cases} \max f(x) = (x+1)^2 \\ x \geqslant 0 \end{cases}$$

7.24　试用 SUMT 内点法求解：

$$\begin{cases} \min f(x) = x \\ 0 \leqslant x \leqslant 1 \end{cases}$$

附录：SCIP + Pyscipopt 解约束极值问题示例

求解案例：求下式的最大值[1]。

$$\max 8x_1 + 10x_2 - x_1^2 - x_2^2$$

$$\text{s. t.} \begin{cases} 3x_1 + 2x_2 \leqslant 6 \\ x_1, \ x_2 \geqslant 0 \end{cases}$$

新建 ex71. lp 文件，内容如下。需要注意的是按照 . lp 格式规范要求，上式需要展开，从而将二次项隔离出来，用［ ］包起来，并且需写成［…］/2 的格式，次方符号用 ∧，变量相乘符号用 ∗。再者，二次式［…］/2 前面需要变为" + "，而不能是" - "，所以把" - "要放在［ ］里面。

```
Maximize
    obj： 8x1 + 10x2 + [ -2x1^2 - 2x2^2]/2
Subject to
    C1：3x1 + 2x2 < =6
bounds
    x1 > =0
    x2 > =0
end
```

新建 ex71. py 文件，内容如下：

```
from pyscipopt import Model
model = Model("ex71","minimize")
model. readProblem("ex71. lp")
print(" - " * 25,"running status"," - " * 25)
model. optimize()
print(" - " * 25,"best solution"," - " * 25)
solutions = model. getBestSol()
for var in model. getVars():
    print("{} : {}". format(var,solutions[var]))
print(" - " * 25,"best result"," - " * 25)
```

print(**"best solution**：｛｝". format(model. getPrimalbound( )))

运行结果截图如图 7 - 1 所示，可见最优结果时，x1 = 0.30769，x2 = 2.53846，最大值为 21.30769。

```
presolved problem has 3 variables (0 bin, 0 int, 0 impl, 3 cont) and 2 constraints
      1 constraints of type <linear>
      1 constraints of type <quadratic>
Presolving Time: 0.00
transformed 1/2 original solutions to the transformed problem space

 time | node  | left |LP iter|LP it/n|mem/heur|mdpt |vars |cons |rows |cuts |sepa|confs|strbr|  dualbound   | primalbound  |  gap   | compl.
 0.0s|    1 |    0 |    3 |    - | 579k |   0 |   3 |   2 |   6 |   0 |  0 |   0 |   0 | 2.377000e+01 | 0.000000e+00 |    Inf | unknown

***********************************************************************
This program contains Ipopt, a library for large-scale nonlinear optimization.
 Ipopt is released as open source code under the Eclipse Public License (EPL).
       For more information visit http://projects.coin-or.org/Ipopt
***********************************************************************

L 0.0s|    1 |    0 |    3 |    - | subnlp|   0 |   3 |   2 |   6 |   0 |  0 |   0 |   0 | 2.377000e+01 | 2.130769e+01 | 11.56%| unknown
 0.0s|    1 |    0 |    4 |    - | 581k |   0 |   3 |   2 |   7 |   1 |  1 |   0 |   0 | 2.130769e+01 | 2.130769e+01 |  0.00%| unknown
 0.0s|    1 |    0 |    4 |    - | 581k |   0 |   3 |   2 |   7 |   1 |  1 |   0 |   0 | 2.130769e+01 | 2.130769e+01 |  0.00%| unknown

SCIP Status        : problem is solved [optimal solution found]
Solving Time (sec) : 0.00
Solving Nodes      : 1
Primal Bound       : +2.1307693096134le+01 (4 solutions)
Dual Bound         : +2.1307693096134le+01
Gap                : 0.00 %
----------------------- best solution ------------------------
x1 : 0.30769237692944534
x2 : 2.5384615846037923
quadobjvar : -6.538461765339349
----------------------- best result ------------------------
best solution: 21.307693096134138
```

图 7 - 1　程序运行结果

第8章
动态规划的基本理论

8.1 写出下面问题的动态规划的基本方程:

(1) $\max z = \sum_{i=1}^{n} g_i(x_i)$

     s. t. $\begin{cases} \sum_{i=1}^{n} a_i x_i \leqslant b \\ 0 \leqslant x_i \leqslant c_i, i = 1, 2, 3, \cdots, n \end{cases}$

(2) $\max z = \sum_{j=1}^{n} g_j(x_i)$

     s. t. $\begin{cases} \sum_{j=1}^{n} a_{ij} x_j \leqslant b_j, i = 1, 2, \cdots, m \\ 0 \leqslant x_j \leqslant c_j, j = 1, 2, \cdots, n \end{cases}$

8.2 用动态规划方法求解下列问题:

(1) $\max z = x_1^2 x_2 x_3^3$

     s. t. $\begin{cases} x_1 + x_2 + x_3 \leqslant 6 \\ x_i \geqslant 0, \ i = 1, \ 2, \ 3 \end{cases}$

(2) $\max z = 5x_1 - x_1^2 + 9x_2 - 2x_2^2$

     s. t. $\begin{cases} x_1 + x_2 \leqslant 5 \\ x_i \geqslant 0, \ i = 1, \ 2 \end{cases}$

(3) $\min z = 3x_1^2 + 4x_2^2 + x_3^2$

     s. t. $\begin{cases} x_1 x_2 x_3 \geqslant 9 \\ x_i \geqslant 0, \ i = 1, \ 2, \ 3 \end{cases}$

(4) $\max z = 7x_1^2 + 6x_1 + 5x_2^2$

     s. t. $\begin{cases} x_1 + 2x_2 \leqslant 10 \\ x_1 - 3x_2 \leqslant 9 \\ x_1, \ x_2 \geqslant 0 \end{cases}$

（5）$\max z = 8x_1^2 + 4x_2^2 + x_3^3$

$$\text{s. t.} \begin{cases} 2x_1 + x_2 + 10x_3 = b \\ x_i \geqslant 0, \ i = 1, \ 2, \ 3 \\ b \ \text{为正数} \end{cases}$$

（6）$\max z = ax_1^2 + x_2x_3 + x_2x_4$

$$\text{s. t.} \begin{cases} x_1 + x_2 + x_3 + x_4 = 10 \\ x_i \geqslant 0, \ i = 1, \ 2, \ 3, \ 4 \\ a \ \text{为实数} \end{cases}$$

8.3　利用动态规划方法证明以下不等式：

（1）平均值不等式。

设 $x_i > 0$，$i = 1, \ 2, \ \cdots, \ n$

则有 $\dfrac{x_1 + x_2 + \cdots + x_n}{n} \geqslant (x_1 x_2 \cdots x_n)^{1/n}$

（2）比值不等式。

设 $x_i > 0$，$y_i > 0$，$i = 1, \ 2, \ \cdots, \ n$

则有 $\min\limits_{1 \leqslant i \leqslant n} \left\{ \dfrac{x_i}{y_i} \right\} \leqslant \dfrac{\sum\limits_{i=1}^{n} x_i}{\sum\limits_{i=1}^{n} y_i} \leqslant \max\limits_{1 \leqslant i \leqslant n} \left\{ \dfrac{x_i}{y_i} \right\}$

8.4　某人在每年年底要决策明年的投资与积累的资金分配。假设开始时，他可利用的资金数为 c，年利率为 α（$\alpha > 1$）。在 i 年里若投资 y，所得到的收益用 $g_i(y_i) = by_i$（b 为常数）来表示。试用逆推解法和顺推解法来建立该问题在 n 年里获得最大收益的动态规划模型。

8.5　已知某指派问题的有关数据（每人完成各项工作的时间）如表 8-1 所示，试对此问题用动态规划方法求解。要求：

（1）列出动态规划的基本方程；

（2）用逆推解法求解。

表 8-1

工作 人	1	2	3	4
1	15	18	21	24
2	19	23	22	18
3	26	18	16	19
4	19	21	23	17

8.6　考虑一个有 m 个产地和 n 个销地的运输问题。设 a_i 为产地 i（$i=1$，$\cdots$，n）可发运的物资数，b_j 为销地 j（$j=1$，$\cdots$，n）所需要的物资数。又知从产地 i 往销地 j 发运 x_{ij} 单位物资所需的费用为 $h_{ij}\,(x_{ij})$，试用此问题建立动态规划的模型。

8.7　某公司去一所大学招聘一名管理专业应届毕业生。从众多应聘学生中，初选 3 名决定依次单独面试。面试规则为：当对第 1 人或第 2 人面试时，如满意（记 3 分），并决定聘用，面试不再继续；如不满意（记 1 分），决定不聘用，找下一人继续面试；如较满意（记 2 分）时，有两种选择，或决定聘用，面试不再继续，或不聘用，面试继续。但对决定不聘用者，面试官不能与其后面面试者进行比较后，再回过头来聘用。故在前两名面试者都决定不聘用时，第三名面试者不论何种情况均需聘用。根据以往经验，面试中满意的占 20%，较满意的占 50%，不满意的占 30%。要求用动态规划方法帮助该公司确定一个最优策略，使聘用到的毕业生期望的分值为最高。

8.8　某工厂购进 100 台机器，准备生产 p_1，p_2 两种产品。若生产产品 p_1，每台机器每年可收入 45 万元，损坏率为 65%；若生产产品 p_2，每台机器每年可收入 35 万元，但损坏率只有 35%。估计三年后有新的机器出现，旧的机器将全部淘汰。试问每年应如何安排生产，使工厂在三年内收入最多？

8.9　设有两种资源，第一种资源有 x 单位，第二种资源有 y 单位，计划分配给 n 个部门。把第一种资源 x_i 单位、第二种资源 y_i 单位分配给部门 i 所得的利润记为 r_i $(x_i,\ y_i)$。设 $x=3$，$y=3$，$n=3$，其利润 r_i $(x,\ y)$ 如表 8 - 2 所示。试问用动态规划方法如何分配这两种资源到 i 个部门，使总的利润最大？

表 8 - 2

x \ y	r_1 $(x,\ y)$				r_2 $(x,\ y)$				r_3 $(x,\ y)$			
	0	1	2	3	0	1	2	3	0	1	2	3
0	0	1	3	6	0	2	4	6	0	3	5	8
1	4	5	6	7	1	4	6	7	2	5	7	9
2	5	6	7	8	4	6	8	9	4	7	9	11
3	6	7	8	9	6	8	10	11	6	9	11	13

8.10　某公司有三个工厂，它们都可以考虑改造扩建。每个工厂都有若干种方案可供选择，各种方案的投资及所能取得的收益如表 8 - 3 所示（单位：千万元）。现公司有资金 5000 万元，问应如何分配投资使公司的总收益最大？

8.11　某工厂根据国家的需要其交货任务如表 8 - 4 所示。表中数字为月底的交货量。该厂的生产能力为每月 400 件，该厂仓库的存货能力为 300 件，已知每 100 件货物的生产费用为 10000 元，在进行生产的月份，工厂要支出经常费用 4000 元，仓库保管费用为每百件货物每月 1000 元。假定开始时及 6 月底交货后无存货。试问应在每个月各生产多少件物品，才能既满足交货任务又使总费用最小？

表 8-3

m_{ij}	工厂 $i=1$		工厂 $i=2$		工厂 $i=3$	
（方案）	C（投资）	R（收益）	C（投资）	R（收益）	C（投资）	R（收益）
1	0	0	0	0	0	0
2	1	5	2	8	1	3
3	2	6	3	9	—	—
4	—	—	4	12	—	—

表 8-4

月份	1	2	3	4	5	6
货物量/百件	1	2	5	3	2	1

8.12 某商店在未来的 4 个月里，准备利用商店里一个仓库来专门经销某种商品，该仓库最多能装这种商品 1000 单位。假定商店每月只能卖出该仓库现有的货。当商店决定在某个月购货时，只有在该月的下个月开始才能得到商品。据估计未来 4 个月这种商品买卖价格如表 8-5 所示。假定商店在 1 月开始经销时，仓库贮存商品有 500 单位。

试问：如何制订这 4 个月的订购与销售计划，使获得利润最大（不考虑仓库的存贮费用）？

表 8-5

月份（k）	买价（c_k）	卖价（p_k）
1	10	12
2	9	9
3	11	13
4	15	17

8.13 某厂准备连续 3 个月生产 A 种产品，每月初开始生产。A 的生产成本为 x^2，其中 x 是 A 产品当月的生产数量。仓库存货成本是每月每单位为 1 元。估计 3 个月的需求量分别为 $d_1 = 100$，$d_2 = 110$，$d_3 = 120$。现设开始时第一个月月初存货 $s_0 = 0$，第三个月月末存货 $s_3 = 0$。试问：每月的生产数量应是多少才能使总的生产和存货费用为最小？

8.14 某鞋店出售橡胶雪靴，热销季节是 10 月 1 日至次年 3 月 31 日，销售部门对这段时间的需求量预测如表 8-6 所示。

表 8-6

月份	10	11	12	1	2	3
需求（双）	40	20	30	40	30	20

每月订货数目只有 10 双、20 双、30 双、40 双、50 双几种可能性，所需费用相应地为 48 元、86 元、118 元、138 元、160 元。每月末的存货不应超过 40 双，存贮费用按月末存靴数计算，每月每双为 0.2 元。因为雪靴季节性强，且式样要变化，希望热销前后存货均为零。假定每月的需求率为常数，贮存费用按月存货量计算，订购一次的费用为 10 元。试求使热销季节的总费用为最小的订货方案。

8.15　设某商店一年分上、下半年两次进货，上、下半年的需求情况是相同的，需求量 y 服从均匀分布，其概率密度函数为：

$$f(y) = \begin{cases} \dfrac{1}{10}, & 20 \leqslant y \leqslant 30 \\ 0, & \text{其他} \end{cases}$$

其进货价格及销售价格在上、下半年中是不同的，分别为 $q_1 = 3$，$q_2 = 2$，$p_1 = 5$，$p_2 = 4$，年底若有剩货时，以单价 $p_3 = 1$ 处理出售，可以清理完剩货。设年初存货为 0，若不考虑存贮费及其他开支，问两次进货各应为多少，才能获得最大的期望利润？

8.16　某工厂生产三种产品，各种产品重量与利润关系如表 8-7 所示。现将此三种产品运往市场出售，运输能力总重量不超过 10 吨，问如何安排运输使总利润最大？

表 8-7

种类	重量（吨/件）	利润（元/件）
1	2	100
2	3	140
3	4	180

8.17　设有一辆载重卡车。现有 4 种货物均可用此车运输。已知这 4 种货物的重量、容积及价值关系如表 8-8 所示。

表 8-8

货物代号	重量（吨）	容积（立方米）	价值（千元）
1	2	2	3
2	3	2	4
3	4	2	5
4	5	3	6

若该卡车的最大载重为 15 吨，最大允许装载容积为 10 立方米，在许可的条件下，每车装载每一种货物的件数不限。问应如何搭配这 4 种货物，才能使每车装载货物的价值最大。

8.18　设某台机床每天可用工时为 5 小时，生产每单位产品 A 或 B 都需要 1 小时，其成本分别为 4 元和 3 元。已知各种单位产品的售价与该产品的产量具有如下线性关系：产品 A：$p_1 = 12 - x_1$；产品 B：$p_2 = 13 - 2x_2$。其中，x_1、x_2 分别为产品 A、B 的产量。问如果要求机床每天必须工作 5 小时，产品 A 和 B 各应生产多少，才能使总的利润最大？

8.19　用动态规划方法求解下列问题：

（1）　$\max z = 5x_1 + 10x_2 + 3x_3 + 6x_4$

$$\text{s. t.} \begin{cases} x_1 + 4x_4 + 5x_3 + 10x_4 \leqslant 11 \\ x_i \geqslant 0，且为正数，i = 1，2，3，4 \end{cases}$$

（2）　$\max z = 3x_1(2 - x_1) + 2x_2(2 - x_2)$

$$\text{s. t.} \begin{cases} x_1 + x_2 \leqslant 3 \\ x_i \geqslant 0，且为整数，i = 1，2 \end{cases}$$

（3）　$\min z = x_1^2 + x_2^2 + x_3^2 + x_4^2$

$$\text{s. t.} \begin{cases} x_1 + x_2 + x_3 + x_4 \geqslant 10 \\ x_i \geqslant 0，且为整数，i = 1，2，3，4 \end{cases}$$

附录：SCIP + Pyscipopt 解动态规划问题示例

本章动态规划的相关一次项题目与前述线性规划模型类似，而二次项题目与约束极值问题类似。

求解案例：求下式的最大值[1]。

$\min 3x_1^2 - 5x_1 + 3x_2^2 - 3x_2 + 2x_3^2 - 7x_3$

$$\text{s. t.} \begin{cases} 2x_1 + 3x_2 + 2x_3 \geqslant 16 \\ x_i \geqslant 0，i = 1，2，3 \end{cases}$$

新建 ex81. lp 文件，内容如下。需要注意的是按照 . lp 格式规范要求，上式需要展开，从而将二次项隔离出来，用［］包起来，并且需写成［…］/2 的格式，次方符号用∧，变量相乘符号用＊。

Minimize

　　obj：［6x1^2 + 6x2^2 + 4x3^2］/2 － 5x1 － 3x2 － 7x3

Subject to

　　C1：2x1 + 3x2 + 2x3 > = 16

bounds

$$x1 > = 0$$
$$x2 > = 0$$
$$x3 > = 0$$
end

新建 ex81. py 文件，内容如下：

```
from pyscipopt import Model
model = Model("ex81","minimize")
model. readProblem("ex81. lp")
print(" - " * 25,"running status"," - " * 25)
model. optimize()
print(" - " * 25,"best solution"," - " * 25)
solutions = model. getBestSol()
for var in model. getVars():
    print("{} : {}". format(var,solutions[var]))
print(" - " * 25,"best result"," - " * 25)
print("best solution：{}". format(model. getPrimalbound()))
```

运行结果截图如图 8 – 1 所示。可见最优结果时，$x1 = 1.81579$，$x2 = 1.97368$，$x3 = 3.22368$，最小值为 4.79605。

```
presolved problem has 4 variables (0 bin, 0 int, 0 impl, 4 cont) and 2 constraints
      1 constraints of type <linear>
      1 constraints of type <quadratic>
Presolving Time: 0.00

time | node | left |LP iter|LP it/n|mem/heur|mdpt |vars |cons |rows |cuts |sepa|confs|strbr|  dualbound  | primalbound | gap | compl.
 0.0s|   1 |   0 |   2 |    - | 587k |  0 |  4 |  2 |  6 |  0 |  0 |  0 |  0 |-7.000000e+03 |    -- |  Inf | unknown

*********************************************************************
This program contains Ipopt, a library for large-scale nonlinear optimization.
Ipopt is released as open source code under the Eclipse Public License (EPL).
      For more information visit http://projects.coin-or.org/Ipopt
*********************************************************************

L 0.0s|   1 |   0 |   2 |    - | subnlp|  0 |  4 |  2 |  6 |  0 |  0 |  0 |  0 |-7.000000e+03 | 4.796050e+00 |  Inf | unknown
  0.0s|   1 |   0 |   4 |    - | 589k |  0 |  4 |  2 |  7 |  1 |  1 |  0 |  0 | 4.796050e+00 | 4.796050e+00 | 0.00%| unknown
  0.0s|   1 |   0 |   4 |    - | 589k |  0 |  4 |  2 |  7 |  1 |  1 |  0 |  0 | 4.796050e+00 | 4.796050e+00 | 0.00%| unknown

SCIP Status       : problem is solved [optimal solution found]
Solving Time (sec) : 0.00
Solving Nodes     : 1
Primal Bound      : +4.79685022370406e+00 (2 solutions)
Dual Bound        : +4.79685022370406e+00
Gap               : 0.00 %
----------------- best solution -----------------
x1 : 1.8157893894743864
x2 : 1.9736840842108234
x3 : 3.2236840842110515
quadobjvar : 42.361838013185825
----------------- best result -----------------
best solution: 4.796050223704064
```

图 8 – 1　程序运行结果

第9章

动态规划方法的应用

9.1　有一部货车每天沿着公路给四个零售店卸下 6 箱货物，如果各零售店出售该货物所得利润如表 9-1 所示。试问在各零售店分别卸下几箱货物，才能使获得总利润最大？其值是多少？

表 9-1

箱数 ＼ 利润 ＼ 零售店	1	2	3	4
0	0	0	0	0
1	4	2	3	4
2	6	4	5	5
3	7	6	7	6
4	7	8	8	6
5	7	9	8	6
6	7	10	8	6

9.2　设有某种肥料共 6 单位重量，准备给四块粮田施用。每块田施肥数量与增产粮食数字关系如表 9-2 所示。试问对每块田施多少单位重量的肥料，才能使总的增产粮食最多？

表 9-2

增肥	粮田			
	1	2	3	4
0	0	0	0	0
1	20	25	18	28

续表

增肥	粮田			
	1	2	3	4
2	42	45	39	47
3	60	57	61	65
4	75	65	78	74
5	85	70	90	80
6	90	73	95	85

9.3　某公司打算向它的三个营业区增设六个销售店，每个营业区至少增设一个。从各区赚取的利润（单位为万元）与增设的销售店个数有关，其数据如表 9 – 3 所示。

表 9 – 3

销售店增加数	A 区利润	B 区利润	C 区利润
0	100	200	150
1	200	210	160
2	280	220	170
3	330	225	180
4	340	230	200

试问各区应分配几个增设的销售店，才能使总利润最大？其值是多少？

9.4　某工厂有 100 台机器，拟分四个周期使用，在每一周期有两种生产任务。据经验，把机器 $x1$ 台投入第一种生产任务，则在一个生产周期中将有 $x1/3$ 台机器作废；余下的机器全部投入第二种生产任务，则有 1/10 台机器作废。如果投入第一种生产任务每台机器可收益 10，投入第二种生产任务每台机器可收益 7。问怎样分配机器，使总收益最大？

9.5　设有三种资源，每单位的成本分别为 a、b、c。给定的利润函数为：

$$r_i(x_i,\ y_i,\ z_i)(i=1,\ 2,\ \cdots,\ n)$$

试问现有资金为 W，应购买各种资源多少单位分配给 n 个行业，才能使总利润最大？试给出动态规划的公式，并写出它的一维递推关系式。

9.6　某厂生产一种产品，估计该产品在未来 4 个月的销售量分别为 400 件、500 件、300 件、200 件。该产品的生产准备费用每批为 500 元，每件的生产费用为 1 元，存储费用每件每月为 1 元。假定 1 月初的存货为 100 件，4 月底的存货为零。试求该厂在这 4 个月内的最优生产计划。

9.7　某电视机厂为生产电视机而需生产喇叭，生产以万只为单位。根据以往记录，一年的四个季度需要喇叭分别是 3 万只、2 万只、3 万只、2 万只。设每万只存放在仓库内一个季度的存储费为 0.2 万元，每生产一批的装配费为 2 万元，每万只的生产成本费为 1 万元。问应该怎样安排四个季度的生产，才能使总的费用最小？

9.8 已知某公司半年里对某产品的需求量和单位订货费用、单位存储费用的数据如表 9 – 4 所示。试问该产品在未来半年内每个月的最佳存储量为多少，以使总费用极小化？

表 9 – 4

月份（k）	1	2	3	4	5	6
需求量（d_k）	50	55	50	45	40	30
单位订货费用（c_k）	825	775	850	850	775	825
单位存储费用（p_k）	40	30	35	20	40	

9.9 某罐头制造公司需要在近五周内采购一批原料，估计在未来五周内价格有波动，其浮动价格和概率如表 9 – 5 所示。试求各周以什么价格购入，使采购价格的数学期望值最小？

表 9 – 5

单价	概率
9	0.4
8	0.3
7	0.3

9.10 求下列问题的最优解：

（1）$\max z = 10x_1 + 22x_2 + 17x_3$

$$\text{s. t.} \begin{cases} 2x_1 + 4x_2 + 3x_3 \leqslant 20 \\ x_i \geqslant 0 \text{ 且为整数}(i = 1,\ 2,\ 3) \end{cases}$$

（2）$\max z = x_1 x_2 x_3 x_4$

$$\text{s. t.} \begin{cases} 2x_1 + 3x_2 + x_3 + 2x_4 = 11 \\ x_i \geqslant 0 \text{ 且为整数}(i = 1,\ 2,\ 3,\ 4) \end{cases}$$

（3）$\max z = 4x_1 + 5x_2 + 8x_3$

$$\text{s. t.} \begin{cases} x_1 + x_2 + x_3 \leqslant 10 \\ x_1 + 3x_2 + 6x_3 \leqslant 13 \\ x_i \geqslant 0 \text{ 且为整数}(i = 1,\ 2,\ 3) \end{cases}$$

（4）　$\max z = g_1(x_1) + g_2(x_2) + g_3(x_3)$

s. t. $\begin{cases} x_1^2 + x_2^2 + x_3^2 \leqslant 20 \\ x_i \geqslant 0 \text{ 且为整数}(i = 1,2,3) \end{cases}$

其中：x_i 与 $g_i(x_i)$ 的关系如表 9 - 6 所示。

表 9 - 6

x_i	0	1	2	3	4	5	6	7	8	9	10
$g_1(x_1)$	2	4	7	11	13	15	18	22	18	15	11
$g_2(x_2)$	5	10	15	20	24	18	12	9	5	3	1
$g_3(x_3)$	8	12	17	22	19	16	14	11	9	7	4

9.11　某工厂生产三种产品，各产品重量与利润关系如表 9 - 7 所示。现将此三种产品运往市场出售，运输能力总重量不超过 6 吨。问应如何安排运输，以使总利润最大？

表 9 - 7

种类	1	2	3
重量（吨）	2	3	4
利润	80	130	180

9.12　某工厂在一年进行了 A、B、C 三种新产品试制，由于资金不足，估计在年内这三种新产品研制不成功的概率分别为 0.40、0.60、0.80，因而都研制不成功的概率为 $0.40 \times 0.60 \times 0.80 = 0.192$，为了促进三种新产品的研制，决定增拨 2 万元的研制费，并要求资金集中使用，以万元为单位进行分配。其增拨研制费与新产品不成功的概率如表 9 - 8 所示。试问如何分配费用，使这三种新产品都研制不成功的概率为最小？

表 9 - 8

研制费 S ＼ 新产品	不成功概率		
	A	B	C
0	0.40	0.60	0.80
1	0.20	0.40	0.50
2	0.15	0.20	0.30

9.13　某一印刷厂有六项加工任务，印刷车间和装订车间所需时间（单位为天）如表 9 - 9 所示，试求最优的加工顺序和总加工天数。

表 9－9

车间 ＼ 任务	J_1	J_2	J_3	J_4	J_5	J_6
印刷车间	3	10	5	2	9	11
装订车间	8	12	9	6	5	2

9.14　试制定五年中的一台机器更新策略，使总收入达到最大。设 $a=1$，$T=2$，有关数据如表 9－10 所示。

表 9－10

项目 ＼ 年序 机龄	第一年					第二年				第三年		
	0	1	2	3	4	0	1	2	3	0	1	2
收入	20	19	18	16	14	25	23	22	20	27	24	22
运行费用	4	4	6	6	8	3	4	6	7	3	3	4
更新费用	25	27	30	32	35	27	29	32	34	29	30	31

项目 ＼ 年序 机龄	第四年		第五年	期前				
	0	1	0	2	3	4	5	6
收入	28	26	30	16	14	14	12	12
运行费用	2	3	2	6	6	7	7	8
更新费用	30	31	32	30	32	34	34	36

9.15　求解六个城市旅行推销员问题。其距离矩阵如表 9－11 所示。设推销员从 1 城出发，经过每个城市一次且仅一次，最后回到 1 城。试问按怎样的路线走，使总的行程最短？

表 9－11

距离 ＼ i ＼ j	1	2	3	4	5	6
1	0	10	20	30	40	50
2	12	0	18	30	25	21
3	23	9	0	5	10	15
4	34	32	4	0	8	16
5	45	27	11	10	0	18
6	56	22	16	20	12	0

附录：SCIP + Pyscipopt 解动态规划应用举例

本章动态规划的相关一次项题目与前述线性规划模型类似，而二次项题目与约束极值问题类似。

求解案例[1]：某车间需要按月在月底供应一定数量的某种部件给总装车间，由于生产条件的变化，该车间在各月份中生产每单位这种部件所需耗费的工时不同，各月份所生产的部件量于当月月底前全部要存入仓库以备后用。已知总装车间的各个月份的需求量以及在加工车间生产该部件每单位数量所需工时数如表 9 – 12 所示。

表 9 – 12

月份	0	1	2	3	4	5	6
需求量	0	8	5	3	2	7	4
单位工时	11	18	13	17	20	10	

设仓库容量限制 $H = 9$，开始库存量为 2，期终库存量为 0，需要制定一个半年的逐月生产计划，既使得满足需要和库容量的限制，又使得生产这种部件的总耗费工时数最少。

根据题意，本题可以构建线性规划模型，其模型思路比较简单，直接新建 ex91. lp 文件，内容如下。其中 x0 到 x5 依次表示 1 到 5 月每个月的产量。

minimize

　　obj：$11x0 + 18x1 + 13x2 + 17x3 + 20x4 + 10x5$

subject to

　　c11：$2 + x0 < = 9$

　　c12：$2 + x0 > = 8$

　　c21：$2 + x0 - 8 + x1 < = 9$

　　c22：$2 + x0 - 8 + x1 > = 5$

　　c31：$2 + x0 - 8 + x1 - 5 + x2 < = 9$

　　c32：$2 + x0 - 8 + x1 - 5 + x2 > = 3$

　　c41：$2 + x0 - 8 + x1 - 5 + x2 - 3 + x3 < = 9$

　　c42：$2 + x0 - 8 + x1 - 5 + x2 - 3 + x3 > = 2$

　　c51：$2 + x0 - 8 + x1 - 5 + x2 - 3 + x3 - 2 + x4 < = 9$

　　c52：$2 + x0 - 8 + x1 - 5 + x2 - 3 + x3 - 2 + x4 > = 7$

　　c61：$2 + x0 - 8 + x1 - 5 + x2 - 3 + x3 - 2 + x4 - 7 + x5 = 4$

bounds

　　$x0 > = 0$

　　$x1 > = 0$

　　$x2 > = 0$

$$x3 > = 0$$

$$x4 > = 0$$

$$x5 > = 0$$

general

    x0

    x1

    x2

    x3

    x4

    x5

end

需要补充说明的是，上述模型并不合规，需要把约束里的常数项进行合并，并移到不等号右端，由此修正后的模型内容为：

minimize

    obj：$11x0 + 18x1 + 13x2 + 17x3 + 20x4 + 10x5$

subject to

    c11：$x0 < = 7$

    c12：$x0 > = 6$

    c21：$x0 + x1 < = 15$

    c22：$x0 + x1 > = 10$

    c31：$x0 + x1 + x2 < = 20$

    c32：$x0 + x1 + x2 > = 14$

    c41：$x0 + x1 + x2 + x3 < = 23$

    c42：$x0 + x1 + x2 + x3 > = 16$

    c51：$x0 + x1 + x2 + x3 + x4 < = 25$

    c52：$x0 + x1 + x2 + x3 + x4 > = 23$

    c61：$x0 + x1 + x2 + x3 + x4 + x5 = 27$

bounds

    $x0 > = 0$

    $x1 > = 0$

    $x2 > = 0$

    $x3 > = 0$

    $x4 > = 0$

    $x5 > = 0$

general

```
x0

x1

x2

x3

x4

x5
```

end

新建 ex91. py 文件，内容如下：

```
from pyscipopt import Model

model = Model("ex91","minimize")

model. readProblem("ex91. lp")

print(" - " * 25,"running status"," - " * 25)

model. optimize( )

print(" - " * 25,"best solution"," - " * 25)

solutions = model. getBestSol( )

for var in model. getVars( ):

    print("{ } : { }". format(var,solutions[var]))

print(" - " * 25,"best result"," - " * 25)

print("best solution: { }". format(model. getPrimalbound( )))
```

运行结果截图如图 9 - 1 所示。可见最优结果时，x0 = 7，x1 = 3，x2 = 10，x3 = 3，x4 = 0，x5 = 4，最小值为 352。

```
(round 10, exhaustive) 4 del vars, 14 del conss, 5 add conss, 17 chg bounds, 1 chg sides, 8 chg coeffs, 2 upgd conss, 2 impls, 0 clqs
   (1.0s) probing cycle finished: starting next cycle
presolving (11 rounds: 11 fast, 5 medium, 4 exhaustive):
 4 deleted vars, 14 deleted constraints, 5 added constraints, 17 tightened bounds, 0 added holes, 1 changed sides, 8 changed coefficients
 2 implications, 0 cliques
presolved problem has 3 variables (0 bin, 3 int, 0 impl, 0 cont) and 2 constraints
      1 constraints of type <varbound>
      1 constraints of type <linear>
transformed objective value is always integral (scale: 1)
Presolving Time: 1.00

 time | node  | left  |LP iter|LP it/n|mem/heur|mdpt |vars |cons |rows |cuts |sepa|confs|strbr|  dualbound   | primalbound  |  gap   | compl.
p 1.0s|     1 |     0 |     0 |     - | vbounds|   0 |   3 |   2 |   2 |   0 |  0 |   0 |   0 | 3.130000e+02 | 3.890000e+02 | 24.28%| unknown
p 1.0s|     1 |     0 |     0 |     - | vbounds|   0 |   3 |   2 |   2 |   0 |  0 |   0 |   0 | 3.130000e+02 | 3.520000e+02 | 12.46%| unknown
  1.0s|     1 |     0 |     1 |     - |   600k |   0 |   3 |   2 |   2 |   0 |  0 |   2 |   0 | 3.520000e+02 | 3.520000e+02 |  0.00%| unknown

SCIP Status        : problem is solved [optimal solution found]
Solving Time (sec) : 1.00
Solving Nodes      : 1
Primal Bound       : +3.52000000000000e+02 (2 solutions)
Dual Bound         : +3.52000000000000e+02
Gap                : 0.00 %
------------------------- best solution -------------------------
x0 : 7.0
x1 : 3.0
x2 : 10.0
x3 : 3.0
x4 : 0.0
x5 : 4.0
------------------------- best result -------------------------
best solution: 352.0
```

图 9 - 1 程序运行结果

第10章

图与网络优化

10.1 证明如下序列不可能是某个简单图的次的序列：

（1）7，6，5，4，3，2

（2）6，6，5，4，3，2，1

（3）6，5，5，4，3，2，1

10.2 已知九个人 v_1，v_2，…，v_9 中，v_1 和两个人握过手，v_2，v_3 各和四个人握过手，v_4，v_5，v_6，v_7 各和五个人握过手，v_8，v_9 各和六个人握过手，证明这九个人中一定可以找出三个人互相握过手。

10.3 有八种化学药品 A、B、C、D、P、R、S、T 要放进储藏室保管。出于安全原因，下列各组药品不能储存在同一室内：A–R、A–C、A–T、R–P、P–S、S–T、T–B、T–D、B–D、D–C、R–S、R–B、P–D、S–C、S–D。问储存这八种药品至少需要多少间储藏室？

10.4 已知有 16 个城市及它们之间的道路联系（见图 10–1）。某旅行者从城市 A 出发，沿途依次经过 J、N、H、K、G、B、M、I、E、P、F、C、L、D、O、C、G、N、H、K、O、D、L、P、E、I、F、B、J、A，最后到达城市 M。由于疏忽，忘了在图上标明各城市的位置，请应用图的基本概念及理论，在图 10–1 中标明各城市 A～P 的位置。

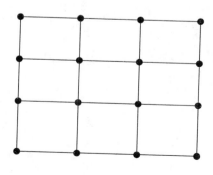

图 10–1

10.5　10 名研究生参加六门课程的考试。由于选修的课程不同，考试门数也不一样。表 10 - 1 给出了每个研究生应参加考试的课程（打 Δ 号的）。规定考试应在三天内结束，每天上午、下午各安排一门。研究生们提出希望每人每天最多考一门，又，课程 A 必须安排在每一天上午考，课程 F 安排在最后一门，课程 B 只能安排在中午考，试列出一张满足各方面要求的考试日程表。

表 10 - 1

研究生　＼　考试课程	A	B	C	D	E	F
1	Δ	Δ		Δ		
2	Δ		Δ			
3	Δ					Δ
4		Δ			Δ	Δ
5	Δ		Δ	Δ		
6			Δ			
7			Δ			Δ
8		Δ		Δ		
9	Δ	Δ				Δ
10	Δ		Δ			Δ

10.6　用破圈法和避圈法找出图 10 - 2 的一个支撑树。

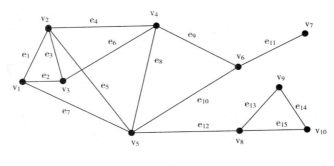

图 10 - 2

10.7　用破圈法和避圈法求图 10 - 3 中各图的最小树。

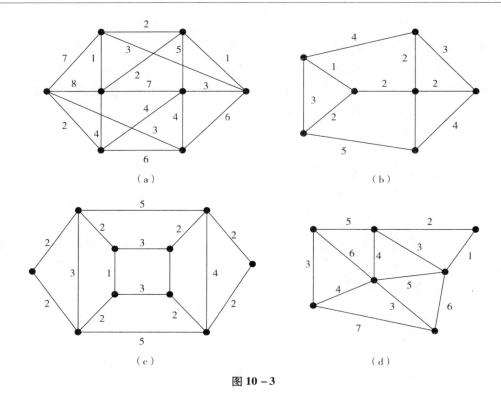

图 10－3

10.8 已知世界六大城市：Pe，N，Pa，L，T，M。试在由表 10－2 所示交通网络的数据中确定最小树。

表 10－2

城市	Pe	T	Pa	M	N	L
Pe	×	13	51	77	68	50
T	13	×	60	70	67	59
Pa	51	60	×	57	36	2
M	77	70	57	×	20	55
N	68	67	36	20	×	34
L	50	59	2	55	34	×

10.9 有九个城市 V_1，V_2，…，V_9，其公路网如图 10－4 所示。弧旁数字是该段公路的长度，有一批货物从 V_1 运到 V_9，问走哪条路最短？

10.10 用标号法求图 10－5 中 V_1 到各点的最短路。

10.11 用 Dijksrea 方法求图 10－6 中 V_1 到各点的最短距离。

10.12 求图 10－7 中从 V_1 到各点的最短路。

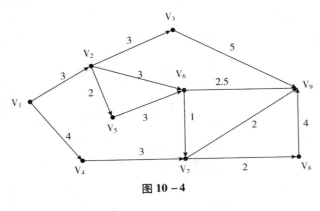

图 10 − 4

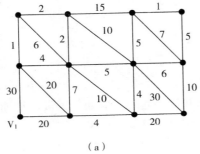

（a）

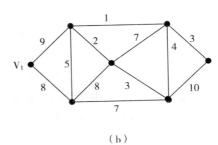

（b）

图 10 − 5

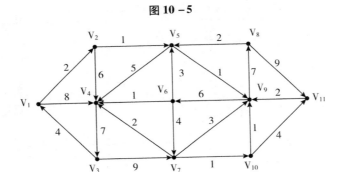

图 10 − 6

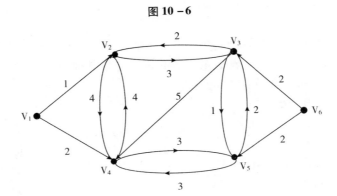

图 10 − 7

10.13 在图 10 - 8 中：

（1）用 Dijkstra 方法求从 V_1 到各点的最短路；

（2）指出对 V_1 来说哪些顶点是不可到达的。

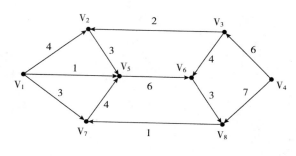

图 10 - 8

10.14 已知八口海上油井相互间距离如表 10 - 3 所示。已知 1 号井离海岸最近，为 5 海里。问从海岸经 1 号井铺设油管将各油井连接起来，应如何铺设使输油管线长度为最短（为便于计算和检修，油管只准在各井位处分叉）。

表 10 - 3 各油井间距离 单位：海里

	2 号	3 号	4 号	5 号	6 号	7 号	8 号
1 号	1.3	2.1	0.9	0.7	1.8	2.0	1.5
2 号		0.9	1.8	1.2	2.6	2.9	1.1
3 号			2.6	1.7	2.5	1.9	1.0
4 号				0.7	1.6	1.5	0.9
5 号					0.9	1.1	0.8
6 号						0.6	1.0
7 号							0.5

10.15 设某公司在六个城市 c_1，$\cdots$，c_6 有分公司，从 c_i 到 c_j 的直达航线票价记在下面矩阵的 (i, j) 位置上（∞ 表明无直达航线，需经其他城市中转）。请帮助该公司设计一张任意两城市的票价最便宜的路线表。

$$\begin{bmatrix} 0 & 50 & \infty & 40 & 25 & 10 \\ 50 & 0 & 15 & 20 & \infty & 25 \\ \infty & 15 & 0 & 10 & 20 & \infty \\ 40 & 20 & 10 & 0 & 10 & 25 \\ 25 & \infty & 20 & 10 & 0 & 55 \\ 10 & 25 & \infty & 25 & 55 & 0 \end{bmatrix}$$

10.16　在如图 10 -9 所示的网格中，每弧旁的数字是 (c_{ij}, f_{ij})。

（1）确定所有的数集；

（2）求最小截集的容量；

（3）证明指出的流是最大流。

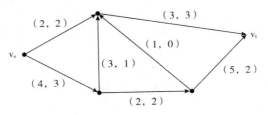

图 10 -9

10.17　求如图 10 -10 所示的网络的最大流，每弧旁的数字是 (c_{ij}, f_{ij})。

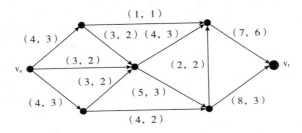

图 10 -10

10.18　用 Ford - Fulkerson 的标号算法求图 10 -11 中所示各容量网络中从 v_s 到 v_t 的最大流，并标出各网络的最小割集。图中各弧旁数字为容量 c_{ij}，括弧中为流量 f_{ij}。

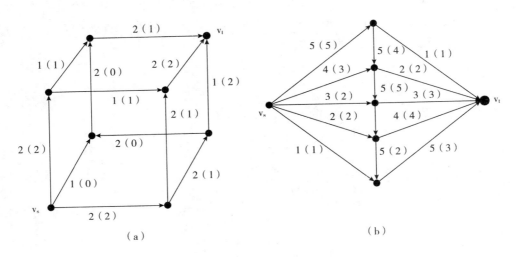

图 10 -11

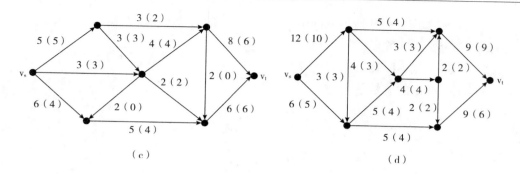

图 10-11（续）

10.19 某单位招聘懂俄、英、日、德、法文的翻译各一人。有 5 人应聘。已知乙懂俄文，甲、乙、丙、丁懂英文，甲、丙、丁懂日文，乙、戊懂德文，戊懂法文。问最多有几人能得到招聘，应分别被聘任从事哪一文种的翻译？

10.20 求图 10-12 中 s→t 的最小费用最大流，各弧旁数字为 (c_{ij}, b_{ij})。

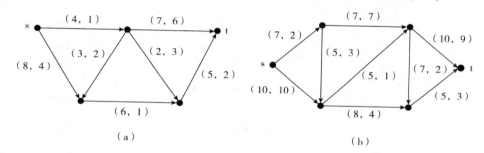

图 10-12

10.21 图 10-13 中，A、B 为出发点，分别有 50 单位和 40 单位物资往外发运，D、E 为收点，分别需要物资 30 单位和 60 单位，C 为中转点，各弧旁数字为 (c_{ij}, b_{ij})。求满足上述收发量要求的最小费用流。

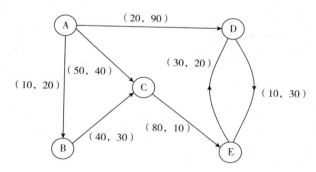

图 10-13

10.22　设 $G = (V, E)$ 是一个简单图，令 $\delta(G) = \min\limits_{v \in V} \{d(v)\}$（称 $\delta(G)$ 为 G 的最小次）。证明：

（1）若 $\delta(G) \geqslant 2$，则 G 必有图；

（2）若 $\delta(G) \geqslant 2$，则 G 必有包含至少 $\delta(G) + 1$ 条边的图。

10.23　设 G 是一个连通图，不含奇点。证明：G 中不含割边。

10.24　给一个连通赋权图 G，类似于求 G 的最小支撑树的 *Kruskal* 方法，给出一个求 G 的最大支撑树的方法。

10.25　下述论断正确与否：可行流 f 的流量为零，即 $v(f) = 0$，当且仅当 f 是零流。

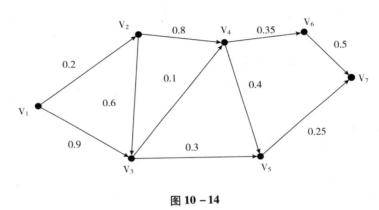

图 10 – 14

附录：SCIP + Pyscipopt 解图与网络优化问题示例

图与网络优化问题是可以先转化为线性规划再进行求解的。

求解案例：网络如图 10 – 15 所示[1]，起点为 s，终点为 t，中间经过节点 1 到 4，图上每条边都有方向，且边上加粗的数字为该条边的最大流。求网络最大流。

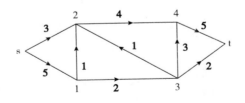

图 10 – 15　网络最大流原始数据

根据题意，该题可以构建线性规划模型，其模型思路比较简单，直接新建 ex10. lp 文件，内容如下。其中模型中的变量都以"cij"形式表示，这里的 i 表示某条连接的起点编号，j 表示某条连接的终点编号。在网络中的中转节点处，其输入流应当等于输出流，由此界定出来约束 a3、a6、a8 和 a12。

maximize

$\quad$ obj：cs2 + cs1

subject to

$\quad$ a1：cs2 < = 3

$\quad$ a2：cs1 < = 5

$\quad$ a3：c21 + c24 − cs2 − c32 = 0

$\quad$ a4：c21 < = 1

$\quad$ a5：c24 < = 4

$\quad$ a6：c13 − cs1 − c21 = 0

$\quad$ a7：c13 < = 2

$\quad$ a8：c3t + c32 + c34 − c13 = 0

$\quad$ a9：c32 < = 1

$\quad$ a10：c34 < = 3

$\quad$ a11：c3t < = 2

$\quad$ a12：c4t − c24 − c34 = 0

$\quad$ a13：c4t < = 5

bounds

$\quad$ cs2 > = 0

$\quad$ cs1 > = 0

$\quad$ c21 > = 0

$\quad$ c24 > = 0

$\quad$ c13 > = 0

$\quad$ c32 > = 0

$\quad$ c34 > = 0

$\quad$ c3t > = 0

$\quad$ c4t > = 0

end

新建 ex10. py 文件，内容如下：

```
from pyscipopt import Model
model = Model("ex10","minimize")
model. readProblem("ex10. lp")
print(" - " * 25,"running status"," - " * 25)
model. optimize()
```

```
print(" - " * 25, "best solution", " - " * 25)
solutions = model. getBestSol( )
for var in model. getVars( ):
    print(" { }  :  { }". format(var, solutions[ var ] ))
print(" - " * 25, "best result", " - " * 25)
print("best solution: { }". format(model. getPrimalbound( )))
```

运行结果截图如图 10 - 16 所示。可见最优结果时，cs2：3，cs1：2，c24：3，c13：2，c3t：2，c4t：3，其他连接流量都为 0。此时最大流为 5。

```
--------------------- running status ---------------------
feasible solution found by trivial heuristic after 0.0 seconds, objective value 0.000000e+00
presolving:
(round 1, fast)      2 del vars, 9 del conss, 0 add conss, 11 chg bounds, 0 chg sides, 0 chg coeffs, 0 upgd conss, 0 impls, 0 clqs
(round 2, fast)      4 del vars, 9 del conss, 0 add conss, 11 chg bounds, 1 chg sides, 0 chg coeffs, 0 upgd conss, 0 impls, 0 clqs
(round 3, fast)      4 del vars, 9 del conss, 0 add conss, 11 chg bounds, 2 chg sides, 0 chg coeffs, 0 upgd conss, 0 impls, 0 clqs
(round 4, fast)      6 del vars, 12 del conss, 0 add conss, 11 chg bounds, 2 chg sides, 0 chg coeffs, 0 upgd conss, 0 impls, 0 clqs
(round 5, fast)      7 del vars, 13 del conss, 0 add conss, 11 chg bounds, 2 chg sides, 0 chg coeffs, 0 upgd conss, 0 impls, 0 clqs
presolving (6 rounds: 6 fast, 1 medium, 1 exhaustive):
 9 deleted vars, 13 deleted constraints, 0 added constraints, 11 tightened bounds, 0 added holes, 2 changed sides, 0 changed coefficients
 0 implications, 0 cliques
transformed 1/2 original solutions to the transformed problem space
Presolving Time: 0.00

SCIP Status        : problem is solved [optimal solution found]
Solving Time (sec) : 0.00
Solving Nodes      : 0
Primal Bound       : +5.00000000000000e+00 (2 solutions)
Dual Bound         : +5.00000000000000e+00
Gap                : 0.00 %
--------------------- best solution ---------------------
cs2 : 3.0
cs1 : 2.0
c21 : 0.0
c24 : 3.0
c32 : -0.0
c13 : 2.0
c3t : 2.0
c34 : 0.0
c4t : 3.0
--------------------- best result ---------------------
best solution: 5.0
```

图 10 - 16　程序运行结果

第11章

网络计划与关键路线法

11.1 根据表11－1给定的条件，绘制 PERT 网络图。

表11－1

(a)		(b)		(c)	
作业代号	紧前作业	作业代号	紧前作业	作业代号	紧前作业
a_1	无	A	无	A	无
a_2	a_2	B	无	B	无
a_3	a_2	D	A，B	D	C
b_1	无	E	B	E	A，D
b_2	b_1	F	B	F	D
b_3	b_2	G	F，C	G	A，D
c_1	a_1，b_1	H	B	H	E
c_2	c_1，a_2，b_2	I	E，H	I	G，H
c_3	c_2，a_3，$b_3 a_1$	J	E，H	J	I
		K	C，D，F，J	K	G
		L	K	L	I，K
		M	L，I，G	M	L

11.2 试根据表11－2给定的条件，绘制 PERT 网络图。

表11－2

作业	紧前作业	作业	紧前作业
A	—	D	C
B	A	E	C
C	A	F	D，E

续表

作业	紧前作业	作业	紧前作业
G	A	N	J
H	E，G	O	M，N
I	E，H	P	J，L
J	F	Q	I
K	J	R	P，Q
L	B	S	O，R
M	K，L		

11.3 分别计算下列 PERT 网络图（见图 11-1（a）、（b））中各作业的最开始与最早结束时间、最迟开始与最迟结束时间、总时差与自由时差、找出关键路线。

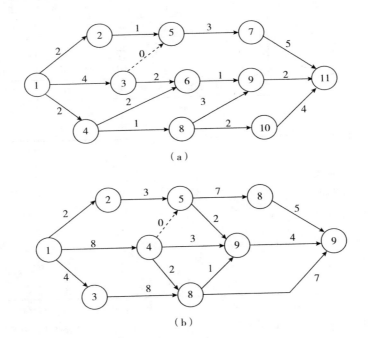

（a）

（b）

图 11-1

11.4 已知如表 11-3 所示的资料。

表 11－3

工序	紧前工序	工序时间	工序	紧前工序	工序时间	工序	紧前工序	工序时间
A	G，M	3	E	C	5	I	A，L	2
B	H	4	F	A，E	5	K	F，I	1
C	—	7	G	B，C	2	L	B，C	7
D	L	3	H	—	5	M	C	3

要求：（1）绘制网络图；

（2）计算各项时间参数（r 除外）；

（3）确定关键路线。

11.5　已知如表 11－4 所示的资料。

表 11－4

工序	紧前工序	工序时间	工序	紧前工序	工序时间	工序	紧前工序	工序时间
a	—	60	g	b，c	7	m	j，k	5
b	a	14	h	e，f	12	n	i，l	15
c	a	20	i	f	60	o	n	2
d	a	30	j	d，g	10	p	m	7
e	a	21	k	h	25	q	O，p	5
f	a	10	l	j，k	10			

要求：（1）绘制图络图；

（2）计算各项时间参数；

（3）确定关键路线。

11.6　已知如表 11－5 所示的资料。

表 11－5

活动	作业时间	紧前活动	正常完成进度的直接费用（百元）	赶进度一天所需费用（百元）	活动	作业时间	紧前活动	正常完成进度的直接费用（百元）	赶进度一天所需费用（百元）
A	4	—	20	5	E	5	A	18	4
B	8	—	30	4	F	7	A	40	7
C	6	B	15	3	G	4	B，D	10	3
D	3	A	5	2	H	3	E，F，G	15	6
合计								153	
工程的间接费用								5 百元/天	

求出这项工程的最低成本日程。

11.7 表 11-6 中给出一个汽车库及引道的施工计划:

表 11-6

作业编号	作业内容	作业时间（天）	紧前作业
1	清理场地，准备施工	10	无
2	备料	8	无
3	车库地面施工	6	1，2
4	墙及房顶桁架预制	16	2
5	车库混凝土地面保养	24	3
6	竖立墙架	4	4，5
7	竖立房顶桁架	4	6
8	装窗及边墙	10	6
9	装门	4	6
10	装天花板	12	7
11	油漆	16	8，9，10
12	引道混凝土施工	8	3
13	引道混凝土保养	24	12
14	清理场地，交工验收	4	11，13

试回答:（1）该项工程从施工开始到全部结束的最短周期;

（2）如果引道混凝土施工工期拖延 10 天，对整个工程进度有何影响;

（3）若天花板施工时间从 12 天缩短到 8 天，对整个工程有何影响;

（4）为保证工程不拖延，装门这项作业最晚应从哪天开工;

（5）如果要求该项工程必须在 75 天内完工，是否应采取什么措施。

11.8 在上题中如果要求该项工程在 70 天内完工，又知各项作业正常完成所需时间、采取加班作业时最短所需要的完成时间，以及加班作业时每缩短一天所需附加费用（见表 11-7）。

表 11-7

作业编号	作业内容	正常作业所需天数（天）	加班作业时所需最短天数（天）	每缩短一天的附加费用（元）
1	清理场地，准备施工	10	6	6
2	备料	8	—	—
3	车库地面施工	6	4	10
4	墙及房顶桁架预制	16	12	7

续表

作业编号	作业内容	正常作业所需天数（天）	加班作业时所需最短天数（天）	每缩短一天的附加费用（元）
5	车库混凝土地面保养	24	—	—
6	竖立墙架	4	2	18
7	竖立房顶桁架	4	2	15
8	装窗及边墙	10	8	5
9	装门	4	3	5
10	装天花板	12	8	6
11	油漆	16	12	7
12	引道混凝土施工	8	6	10
13	引道混凝土保养	24	—	—
14	清理场地，交工验收	4	—	—

试确定保证该项工程 70 天完成而又使全部费用最低的施工方案。

11.9 考虑如图 11 - 2 所示的 PERT 网络图：

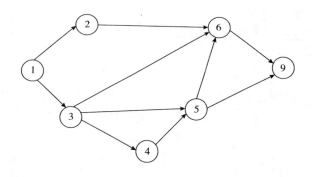

图 11 - 2

已知各项作业的三个估计时间如表 11 - 8 所示：

表 11 - 8

作业	最乐观的估计（a）	最可能的估计（m）	最悲观的估计（b）
(1, 2)	7	8	9
(1, 3)	5	7	8
(2, 6)	6	9	12
(3, 4)	4	4	4

续表

作业	最乐观的估计（a）	最可能的估计（m）	最悲观的估计（b）
(3, 5)	7	8	10
(3, 6)	10	13	19
(4, 5)	3	4	6
(5, 6)	4	5	7
(5, 7)	7	9	11
(6, 7)	3	4	8

（1）确定各项作业的期望完成时间和标准偏差；

（2）根据期望时间找出网络图中的关键路线和总工期。

11.10 一项工程由 A ~ F 共 6 项作业组成，有关数据资料如表 11-9 所示。

表 11-9

作业	紧前作业	需要时间（月）		所需费用（万元）	
		正常	最短	正常时间	最短时间
A	—	3	2	8	16
B	A	2	3	10	22
C	A	2	1	6	15
D	B, C	3	2	6	15
E	B	4	2	10	25
F	D, E	6	4	12	28

要求：

（1）根据各项作业的正常完成时间画出 PERT 网络图，找出关键路线，计算完成工程所需费用；

（2）按（1）计算的工期压缩 3 个月完成，应压缩哪些作业的时间，并重新计算完成工程的所需费用。

第 12 章
排队论与排队系统的最优化

12.1 某工地为了研究发放工具应设置几个窗口，对于请领和发放工具分别作了调查记录：

（1）以 10 分钟为一段，记录了 100 段时间内每段到来请领工具的工人数，如表 12 - 1 所示。

（2）记录了 1000 次发放工具（服务）所用时间（单位：秒），如表 12 - 2 所示。

表 12 - 1

每 10 分钟内领工具人数	次数
5	1
6	0
7	1
8	1
9	1
10	2
11	4
12	6
13	9
14	11
15	12
16	13
17	10
18	9
19	7
20	4
21	3

每10分钟内领工具人数	次数
22	3
23	1
24	1
25	1
	100

表 12 - 2

发放时间（秒）	次数
15	200
30	175
45	140
60	104
75	78
90	69
105	51
120	47
135	38
150	30
165	16
180	12
195	10
210	7
225	9
240	9
255	3
270	3
285	1
	1000

试求：（1）平均到达率和平均服务率（单位：人/分钟）。

（2）利用统计学的方法证明：若假设到来的人数服从参数 $\lambda = 1.6$ 的泊松分布，服务时间服从参数 $\mu = 0.9$ 的负指数分布，这是可以接受的。

（3）这时只设一个服务员是不行的，为什么？试分别就服务员数 $c = 2$，3，4 各情

况计算等待时间 W_q，注意利用表 12－3。

表 12－3　多服务台的 $W_q \cdot \mu$ 数值

$\lambda / c\mu$	服务台数				
	$C=1$	$C=2$	$C=3$	$C=4$	$C=5$
0.1	0.1111	0.0101	0.0014	0.0002	0.0000 *
0.2	0.2500	0.0417	0.0103	0.0030	0.0010
0.3	0.4286	0.0989	0.0333	0.0132	0.0058
0.4	0.6667	0.1905	0.0784	0.0378	0.0199
0.5	1.0000	0.3333	0.1579	0.0870	0.0521
0.6	1.5000	0.5625	0.2956	0.1794	0.1181
0.7	2.3333	0.9608	0.5470	0.3572	0.2519
0.8	4.0000	1.7778	1.0787	0.7455	0.5541
0.9	9.0000	4.2632	2.7235	1.9694	1.5250
0.95	19.0000	9.2564	6.0467	4.4571	3.5112

注：＊表示小于 0.00005。

（4）设请领工具的工人等待的费用损失为每小时 6 元，发放工具的服务员空闲费用损失为每小时 3 元，每天按 8 小时计算，问设几个服务员可使总费用损失最小？

12.2　某修理店只有一个修理工人，来修理的顾客到达次数服从泊松分布，平均每小时 4 人，修理时间服从负指数分布，平均需 6 分钟，求：

（1）修理店空闲时间概率；

（2）店内有 3 个顾客的概率；

（3）店内至少有 1 个顾客的概率；

（4）在店内顾客平均数；

（5）在店内平均逗留时间；

（6）等待服务的顾客平均数；

（7）平均等待修理（服务）时间；

（8）必须在店内消耗 15 分钟以上的概率。

12.3　在某单人理发店顾客到达为泊松流，平均到达间隔为 20 分钟，理发时间服从负指数分布，平均时间为 15 分钟。求：

（1）顾客来理发不必等待的概率；

（2）理发店内顾客平均数；

（3）顾客在理发店内平均逗留时间；

（4）若顾客在店内平均逗留时间超过 1.25 小时，则店主将考虑增加设备及理发员，那么平均到达率提高多少时店主才做这样的考虑呢？

12.4　某医院手术室根据患者来诊和完成手术时间的记录，任意抽查 100 个工作小时，每小时就诊的患者数 n 的出现次数如表 12-4 所示。又任意抽查了 100 个完成手术的病例，所用时间 v（小时）出现的次数如表 12-5 所示。

表 12-4

到达的患者数 n	出现次数 fn
0	10
1	28
2	29
3	16
4	10
5	6
6 及以上	1
合计	100

表 12-5

为患者完成手术时间 v（小时）	出现次数 fv
0.0 ~ 0.2	38
0.2 ~ 0.4	25
0.4 ~ 0.6	17
0.6 ~ 0.8	9
0.8 ~ 1.0	6
1.0 ~ 1.2	5
1.2 及以上	0
合计	100

（1）试求系统中（包括手术室和候诊室）有 0 个，1 个，2 个，3 个，4 个，5 个患者的概率。

（2）设 λ 不变而 μ 是可控制的，证明：若医院管理人员认为使患者在医院平均耗费时间超过 2 小时是不允许的，那么允许平均服务率 μ 达到 2.6（人/小时）以上。

12.5　称顾客为等待所费时间与服务时间之比为顾客损失率，用 R 表示。

（1）试证：对于 M/M/1 模型 $R = \dfrac{\lambda}{\mu - \lambda}$。

（2）在 12.3 题仍设 λ 不变，μ 是可控制的，试确定 μ 使顾客损失率小于 4。

12.6 设 n_s 表示系统中顾客数，n_q 表示队列中等候的顾客数，在单服务台系统有 $n_s = n_q + 1$（n_s，$n_q > 0$）。

（1）试说明它们的期望值 $L_s \neq L_q + 1$，而是 $L_s = L_q + \rho$。

（2）根据该关系式给 ρ 以直观解释。

12.7 某工厂为职工设立了昼夜 24 小时都能看病的医疗室（按单服务台处理）。患者到达的平均时间间隔为 15 分钟，平均看病时间为 12 分钟，且服从负指数分布，因工人看病每小时给工厂造成损失为 30 元。

（1）试求工厂每天损失的期望值；

（2）问平均服务率提高多少，方可使上述损失减少一半？

12.8 对于 M/M/1/∞/∞ 模型，在先到先服务情况下，试证：顾客排队等待时间分布概率密度是：

$$f(\omega_q) = \lambda(1 - \rho)e^{-(\mu - \lambda)\omega_q}, \quad W_q > 0$$

并根据该式求等待时间的期望值 ω_q。

12.9 在 M/M/1/N/∞ 模型中，假设 $\rho = 1$（即 $\lambda = \mu$），试证：

$$\begin{cases} P_0 = \dfrac{1 - \rho}{1 - \rho^{N+1}}, \quad \rho \neq 1 \\ P_n = \dfrac{1 - \rho}{1 - \rho^{N+1}}\rho^n, \quad n \leqslant N \end{cases}$$

因为 $P_0 = P_1 = \cdots = \dfrac{1}{N+1}$

于是 $L_s = N/2$

12.10 对于 M/M/1/N/∞ 模型，试证：$\lambda(1 - P_N) = \mu(1 - P_0)$，并对其给予直观的解释。

12.11 在习题 12.2 中，如果店内已有 3 个顾客，那么后来的顾客即不再排队，其他条件不变，试求：

（1）店内空闲的概率；

（2）各运行指标 L_s，L_q，W_s，W_q。

12.12 在习题 12.2 中，若顾客平均到达率增加到每小时 12 人，仍为泊松流，服务时间不变，这时增加了一个工人。

（1）根据 λ/μ 的值说明增加工人的原因。

（2）增加工人后求店内空闲概率；店内有 2 个或更多顾客（即工人繁忙）的概率。

（3）求 L_s，L_q，W_s，W_q。

12.13 有 M/M/1/5/∞ 模型，平均服务率 $\mu = 10$，就两种到达率：$\lambda = 6$（分钟），$\lambda = 15$（分钟）已计算出相应的概率 P_n，如表 12–6 所示。

表 12 - 6

系统中顾客数 n	$(\lambda = 6)\ P_n$	$(\lambda = 15)\ P$
0	0.42	0.05
1	0.25	0.07
2	0.15	0.11
3	0.09	0.16
4	0.05	0.24
5	0.04	0.37

试就这两种情况计算：

（1）有效到达率和服务台的服务强度；

（2）系统中平均顾客数；

（3）系统的满足率；

（4）服务台应从哪些方面改进工作？理由是什么？

12.14　对于 M/M/1/m/m 模型，试证：

$$L_s = m - \frac{\mu(1 - P_n)}{\lambda}$$

并给予直观解释。

12.15　对于 M/M/c/∞/∞ 模型，μ 是每个服务台的平均服务率，试证：

（1）$L_s - L_q = \lambda/\mu$

（2）$\lambda = \mu\left[c - \sum_{n=0}^{c}(c - n)P_n\right]$

并给予直观解释。

注意：在单服务台情况下，式（1）是很容易解释的。但是 c 个服务台时，其结果仍相同，且与 c 无关，这是引人注意的。

12.16　车间内有 m 台机器，有 c 个修理工（$m > c$）。每台机器发生故障率为 λ，符合 M/M/c/m/m 模型，试证：$\dfrac{W_s}{\dfrac{1}{\lambda} + W_s} = \dfrac{L_s}{m}$。

并说明上式左右两端的概率意义。

12.17　有一售票口处，已知顾客按平均 2 分 30 秒的时间间隔的负指数分布到达。若人工售票，顾客在售票窗口前的服务时间平均为 2 分钟，若使用自助售票机服务，顾客在窗口前的服务时间将减少 20%。服务时间分布的概率密度为：

$$f(z) = \begin{cases} 1.25e^{-1.25z+1}, & z \geqslant 0.8 \\ 0, & z < 0.8 \end{cases}$$

求在使用自助售票机服务的情况下，顾客的逗留时间和等待时间。

12.18　在习题 12.2 中，如服务时间服从正态分布，数学期望值仍是 6 分钟，方差 $\sigma^2 = \dfrac{1}{8}$，求店内顾客数的期望值。

12.19　一个办事员核对登记的申请书时，必须依次检查 8 张表格，核对每份申请书需 1 分钟。顾客到达率为每小时 6 人，服务时间和到达间隔均服从负指数分布，求：

（1）办事员空闲的概率；

（2）L_s，L_q，W_s 和 W_q。

12.20　对于单服务台情形，试证：

（1）定长服务时间 $L_q^{(1)}$ 是负指数服务时间 $L_q^{(2)}$ 的一半；

（2）定长服务时间 $W_q^{(1)}$ 是负指数服务时间 $W_q^{(2)}$ 的一半。

第13章
存储论及存储模型

13.1 若某种产品装配时需要一种外购件。已知年需求量为10000件，单价为100元。又知每组织一次订货需2000元，每件每年的存储费为外购件价值的20%，试求经济订货批量 Q 及每年最小的存储加订购总费用（设订货提前期为零）。

13.2 某厂每月需购进某种零件2000件，每件150元。已知每件的年存储费用为成本的16%，每组织一次订货需1000元，订货提前期为零。

（1）求经济订货批量及最小费用。

（2）如果该零件允许缺货，每短缺一次的损失费用为5元/件·年，求经济订货批量、最小费用及最大允许缺货量。

13.3 某加工制作羽绒服的工厂预测下年度的销售量为15000件，准备在全年300个工作日内均衡生产，假如为加工制作一件羽绒服所需各种原材料费为48元，每件羽绒服所需原材料年存储费用为其成本的22%，又知组织一次订货所需费用为250元，订货提前期为零，求经济订货批量。

13.4 在习题13.3中，若工厂一次订购三个月加工所需原材料，原材料价格上可给予8%的折扣优待（存储费用也相应降低），试问该厂能否接受此优惠条件？

13.5 某电器零售商店预期年电器销售量为350件，且在全年（按300天计）内基本均衡。若该商店每组织一次进货需订购费50元，存储费为每年每件13.75元，当供应短缺时，每短缺一件的机会损失为25元。已知订货提前期为零，求经济订货批量 Q 和最大允许的缺货数量 S。

13.6 某工厂每年需用某种材料1800吨，不需每日供应，但不得缺货。设每吨每月的保管费为60元，每次订购费为200元，求最佳订购量（设提前订货期为零）。

13.7 某公司采用无安全存量的存储策略。每年使用某种零件100000件，每件每年的保管费为30元，每次订购费用为600元，试求：

（1）经济订购批量。

（2）订购次数。

13.8 设某工厂生产某种零件，每年需用量为18000个，该厂每月可生产3000个，每次装配费为 5000 元，每个零件每月的存储费为 1.5 元，不允许出现生产停顿，求每次最佳生产批量。

13.9　某产品每月使用量为 4 件，装配费为 50 元，存储费每件每月 8 元，若生产速度为每月生产 10 件，求该产品每次生产的最佳批量及每月最小费用。

13.10　某企业每月需要某机构零件 2000 件，每件成本为 150 元，每年的存储费用为成本的 16%，每次订购费用为 100 元，求 E.O.Q 及最小费用（假设不允许生产停顿，订货提前期为零）。

13.11　在习题 13.10 中，若允许缺货，设缺货费用为 200 元，试求最大库存量及最大缺货量。

13.12　某制造厂每周购进某种机构零件 50 件，订购费为 40 元，每周保管费为 3.6 元。

（1）求 E.O.Q.。

（2）该厂为了少占用流动资金，希望存储费达到最低限度，决定可使总费用超过最低费用的 4% 作为存储策略，问这时订购批量为多少？

13.13　某公司采用无安全存量的存储策略，每年需电感 5000 个，每次订购费用 500 元，保管费用每年每个 10 元，不允许缺货。若采购少量电感，每个单价 30 元，若一次采购 1500 个以上，则每个单价 18 元，问该公司每次应采购多少个？

（提示：本题属于订货量多、价格有折扣的类型，即订货费为 $C_3 + KQ$，K 为阶梯函数。）

13.14　设某单位每年需零件 A 5000 件，每次订货费用为 49 元。已知该种零件每件购入价为 10 元，每件每年存储费为购入价的 20%，又知当订购批量较大时，可享受折扣优惠，折扣率如表 13-1 所示，试确定零件 A 的订购批量。

表 13-1

订购批量	折扣率（%）
0～999	100
1000～2499	97
≥2500	95

13.15　在习题 13.5 中，若每提出一批订货，所订电器将从订货之日起，按每天 10 件的速率到达，重新求订货批量 Q 及最大允许的短缺数量 S。

13.16　考虑具有约束条件的存储模型，已知有关数据如表 13-2 所示，表中 w_i 为每件物品占用的仓库容积（单位：立方米），已知仓库最大容积为 1400 立方米，试求每种物品最优的订货批量。

表 13 - 2

物品	C_D	D_i	C_{P_i}	w_i （立方米）
1	50	1000	0.4	2
2	75	500	2	8
3	100	2000	1	5

13.17　某工厂的采购情况如表 13 - 3 所示。

表 13 - 3

采购数量	单价（元）
0 ~ 1999	100
2000 以上	80

假设年需求量为 10000 件，每次订货费为 2000 元，存储费率为 20%，则每次应采购多少？

13.18　一个允许缺货的 EOQ 模型的费用绝不会超过一个具有相同存储费、订购费，但不允许缺货的 EOQ 模型的费用，试说明之。

13.19　在订货提前期为零、不允许缺货的存储模型中，计算得到的最优订货批量为 Q^*，若实际执行时按 $0.8Q^*$ 的批量订货，则相应的订货费与存储费之和是最优订货批量费用总和的多少倍？

13.20　某医院从一家医疗供应企业订购体温计，订购价同一次订购数量 Q 有关，当 $Q < 100$ 时，每支 5 元，当 $Q \geqslant 100$ 时，每支 4.8 元，年存储费为订购价的 25%，若分别用 EOQ_1 和 EOQ_2 代表订购价为 5 元和 4.8 元时的最优订购批量，要求：

（1）说明 $EOQ_2 > EOQ_1$；

（2）说明最优订购批量必是以下三者之一：EOQ_1，EOQ_2，100；

（3）若 $EOQ_1 > 100$，则最优订购批量必为 EOQ_2；

（4）若 $EOQ_1 < 100$，$EOQ_2 < 100$，则最优订货批量必为 EOQ_1 或 100；

（5）若 $EOQ_1 < 100$，$EOQ_2 > 100$，则最优订货批量必为 EOQ_2。

13.21　绿岛公司经理一贯采用不允许缺货的经济批量公式确定订货批量，他认为缺货虽然随后可以补上总不是好事。但由于激烈竞争迫使他不得不考虑采用允许缺货的策略。已知对该公司所销产品的需求 $D = 800$ 件/年，每次的订货费用 $C_D = 150$ 元，存贮费 $C_p = 3$ 元/件·年，发生短缺的损失 $C_s = 20$ 元/件·年，试分析：

（1）采用允许缺货策略较之原先不允许缺货能否带来费用上的节约，如是的话，计算每年可节约的费用；

（2）如该公司为保持信誉，自己规定发生的缺货在下批到达时补上的时间不超过 3

周,问这样的规定是否行得通?

13.22 某汽车厂的多品种装配线轮换装配各种牌号汽车。已知某种牌号汽车每天需 10 台,装配能力为每天 50 台。该牌号汽车成本为 15 万元/台,当装配线更换产品时,需准备结束费 200 万元/次,规定不允许缺货,存贮费为 50 元/台·天,试求:

(1) 该装配线最佳装配批量;

(2) 如装配线达到每批 2000 台时,汽车成本可降至 14.8 万元/台(存贮费,准备结束费不变),问该厂能否采用将装配批量扩大至 2000 台的方案?

13.23 求解下述四个时期的确定性存储模型,已知有关数据如表 13-4 所示。又知,若生产费用函数 $C_i (q_i) = \begin{cases} 3q_i, & q_i \leqslant 6 \\ 18 + 2(q_i - 6), & q_i > 6 \end{cases}$,试确定各个时期的最佳订货批量 q_i^*,并使四个时期各项费用总和为最小(设期初库存为零)。

表 13-4

i	d_i	C_{D_i}	C_{P_i}
1	5	5	1
2	7	7	1
3	11	9	1
4	3	11	1

13.24 求解下述五个时期的确定性存储模型,已知有关数据如表 13-5 所示。又知,若生产费用函数 $C_i (q_i) = \begin{cases} 3q_i, & q_i \leqslant 30 \\ 600 + 10(q_i - 30), & q_i > 30 \end{cases}$,试确定各个时期的最佳订货批量 q_i^*,并使五个时期各项费用总和为最小。

表 13-5

i	d_i	C_{D_i}	C_{P_i}
1	50	80	1
2	70	70	1
3	100	60	1
4	30	80	1
5	60	60	1

13.25 一个生产小型游艇的工厂接到了 10 艘游艇的订货,要求分别在次年的四个季度交货 3 艘、2 艘、3 艘、2 艘。工厂拥有在一个季度内完成全部订货的能力,已知

每启动一次游艇生产的准备结束费用为 200 万元，如本季度生产不到 10 艘，下季度生产时将重新启动。每艘游艇在各季度间可变成本无变化，但生产出来如不在当季交货，则每储存一个季度的储存费用为 20 万元。要求用动态存储模型求解。

13.26 某商店准备于年末销售一批挂历，已知每售出 100 本的盈利为 300 元；如挂历在年前销售不完，年后需销价处理，此时每 100 本损失 400 元。根据以往经验，市场需求情况如表 13 - 6 所示。

单位：100 本

表 13 - 6

需求量	4	5	6	7	8	9
$p(x)$	0.5	0.1	0.25	0.35	0.15	0.1

如该商店只进一批货，问应订几百本挂历，使获利的期望值为最大？

13.27 设某食品商店内，每天对面包的需求服从 $\mu = 300$，$\delta = 50$ 的正态分布。已知每个面包的售价为 0.5 元，成本为 0.3 元，当天未售出的处理价为每个 0.2 元。若发生面包供应短缺时，其机会损失及影响商店信誉总计每短缺一个损失 1 元，试问该商店每天应生产多少面包，使预期利润为最大？

13.28 曙光厂有 9 台同型号机床，该机床上有一种零件经常更换。已知对该种零件的需求服从泊松分布，9 台机床每两年需更换 3 件。由于该型机床两年后将淘汰，故生产该型机床的向阳厂决定投入最后一批生产，并征求曙光厂对该零件备件的订货，订货合同规定若立即订货，每件收费 500 元；如最后一批该型机床投产结束后提出临时订货要求，则每件收费 900 元，并需两周订货提前期。又知一台该型机床因缺备件停产时，每周损失 600 元，若订购的备件于 2 年后机床淘汰时未用完，其最后处理价为每件50 元。试帮助决策：曙光厂应立即提出多少件备件的订货，才最经济合理？

13.29 考虑一个多时期的随机存储模型。已知 $C_D = 100$ 元，$C_p = 0.15$ 元/件·年，$D = 10000$ 件/年，$C_s = 1$ 元，提前期内需求量 $x \sim N(1000, 250^2)$，试确定最佳订货点 r^* 及最佳订货批量 Q^*。

13.30 报童每天从邮局订购报纸零售。若对每天报纸的需求为随机变量 x，其概率分布为 $p(x)$。又知每售出一份可盈利 0.08 元，若当天售不出去每份亏损 0.05 元，已知每天销售量 x 的概率分布 $p(x)$ 的值如表 13 - 7 所示，若不考虑订购批量不足时的机会损失，要求确定报童每天订报数量 Q 的最佳值。

表 13 - 7

需求量	31	32	33	34	35	36	37	38	39	40	41	42
$p(x)$	0.05	0.07	0.09	0.10	0.11	0.12	0.11	0.10	0.08	0.06	0.06	0.05

13.31　某厂生产准备车间安装了一台自动下料机,生产速率为 50 件/分钟,由于该机需定期检修,为保证后面生产车间的正常生产,需建立一定数量毛坯储备。据测算,生产车间停工损失为 500 元/分钟,毛坯存储费为 0.05 元/件·分钟。已知该下料机每工作 2 小时需停机检修一次,每次检修时间服从参数为 μ 的负指数分布,$1/\mu = 2$ 分钟。试确定毛坯最佳储量,使总费用为最小。

第 14 章
对策论基础

14.1 甲、乙两个儿童做游戏，双方可分别出拳头（代表石头）、手掌（代表布）、两个手指（代表剪刀），规则是：剪刀赢布，布赢石头，石头赢剪刀，赢者得一分。若双方所出相同，算和局，不得分。试列出儿童甲的赢得矩阵。

14.2 "二指莫拉问题"。甲、乙二人做游戏，每人出一个或两个手指，同时又把猜测对方所出的指数叫出来。如果只有一人猜测正确，则他所应得的数目为二人所出指数之和，否则重新开始，写出该对策中各局中人的策略集合及甲的赢得矩阵，并回答局中人是否存在某种出法比其他出法更为有利。

14.3 求解下列矩阵对策，其中赢得矩阵 A 分别为：

$$(1) \begin{bmatrix} -2 & 12 & -4 \\ 1 & 4 & 8 \\ -5 & 2 & 3 \end{bmatrix} \quad (2) \begin{bmatrix} 2 & 2 & 1 \\ 3 & 4 & 4 \\ 2 & 1 & 6 \end{bmatrix}$$

$$(3) \begin{bmatrix} 2 & 7 & 2 & 1 \\ 2 & 2 & 3 & 4 \\ 3 & 5 & 3 & 6 \end{bmatrix} \quad (4) \begin{bmatrix} 9 & 3 & 1 & 8 & 0 \\ 6 & 5 & 4 & 6 & 7 \\ 2 & 4 & 3 & 3 & 8 \\ 5 & 6 & 2 & 2 & 1 \\ 3 & 2 & 3 & 5 & 4 \end{bmatrix}$$

14.4 证明《运筹学基础》第 14.2.1 节中的性质 1 和性质 2。

14.5 甲、乙两个企业生产同一种电子产品，两个企业都想通过改革管理获取更多的市场销售份额。甲企业的策略措施有：①降低产品价格；②提高产品质量，延长保修年限；③推出新产品。乙企业的策略措施有：①增加广告费用；②增设维修网点，增强维修服务；③改进产品性能。假定市场份额一定，由于各自采取的策略措施不同，通过预测，今后两个企业的市场占有份额变动情况如表 14-1 所示（正值为企业增加的市场份额，负值为减少的市场占有份额）。试通过对策分析，确定两个企业各自的最优策略。

表 14 − 1

甲企业策略	乙企业策略		
	1	2	3
1	10	− 1	3
2	12	10	− 5
3	6	8	5

14.6　证明《运筹学基础》第 14 章中的定理 2。

14.7　证明《运筹学基础》第 14 章中的定理 4。

14.8　证明《运筹学基础》第 14 章中的定理 7、定理 8 和定理 9。

14.9　设 G 为 2×2 对策，且不存在鞍点。证明若 $x^* = (x_1^*, x_2^*)^T$ 和 $y^* = (y_1^*, y_2^*)^T$ 是 G 的解，则：

$$x_i^* > 0, \quad i = 1, 2$$

$$y_j^* > 0, \quad j = 1, 2$$

14.10　证明：矩阵对策 $A = \begin{bmatrix} a_{11} & a_{12} \\ a_{21} & a_{22} \end{bmatrix}$ 的鞍点不存在的充要条件是有一条对角线的每一个元素均大于另一条对角线上的每一个元素。

14.11　推导 2×2 对策的求解公式，并由习题 14.10 的结果证明习题 14.9。

14.12　设 $M \times M$ 对策的矩阵为

$$A = \begin{bmatrix} a_{11} & a_{12} & \cdots & a_{1m} \\ a_{21} & a_{22} & \cdots & a_{2m} \\ \vdots & \vdots & \vdots & \vdots \\ a_{m1} & a_{m2} & \cdots & a_{mm} \end{bmatrix}$$

其中，当 $i \neq j$ 时，$a_{ij} = 1$，当 $i = j$ 时，$a_{ij} = -1$，证明此对策的最优策略为：

$$x^* = y^* = (1/m, 1/m, \cdots, 1/m)^T$$

$$V_G = \frac{m-2}{m}$$

14.13　利用优超原则求解下列矩阵对策：

$$(1)\ A = \begin{bmatrix} 1 & 0 & 3 & 4 \\ -1 & 4 & 0 & 1 \\ 2 & 2 & 2 & 3 \\ 0 & 4 & 1 & 1 \end{bmatrix} \qquad (2)\ A = \begin{bmatrix} 3 & 4 & 0 & 3 & 0 \\ 5 & 0 & 2 & 5 & 9 \\ 7 & 3 & 9 & 5 & 9 \\ 4 & 6 & 8 & 7 & 6 \\ 6 & 0 & 8 & 8 & 3 \end{bmatrix}$$

14.14　利用图解法求解下列矩阵对策，其中 A 为：

（1） $\begin{bmatrix} 2 & 4 \\ 2 & 3 \\ 3 & 2 \\ -2 & 6 \end{bmatrix}$ 　　　　（2） $\begin{bmatrix} 5 & 7 & -6 \\ -6 & 0 & 4 \\ 7 & 8 & 5 \end{bmatrix}$

（3） $\begin{bmatrix} 4 & 2 & 3 & -1 \\ -4 & 0 & -2 & -2 \end{bmatrix}$ 　　（4） $\begin{bmatrix} 1 & 3 & 11 \\ 8 & 5 & 2 \end{bmatrix}$

14.15　已知矩阵对策 $A = \begin{bmatrix} 4 & 0 & 0 \\ 0 & 0 & 8 \\ 0 & 6 & 0 \end{bmatrix}$ 的解为 $x^* = (6/13, 3/13, 4/13)^T$，$y^* =$

$(6/13, 4/13, 3/13)^T$，对策值为 24/13。求下列矩阵对策的解，其赢得矩阵 A 分别为：

（1） $\begin{bmatrix} 6 & 2 & 2 \\ 2 & 2 & 10 \\ 2 & 8 & 2 \end{bmatrix}$ 　（2） $\begin{bmatrix} -2 & -2 & 2 \\ 6 & -2 & -2 \\ -2 & 4 & -2 \end{bmatrix}$ 　（3） $\begin{bmatrix} 32 & 20 & 20 \\ 20 & 20 & 44 \\ 20 & 38 & 20 \end{bmatrix}$

14.16　用线性规划方法求解下列矩阵对策，其中 A 为：

（1） $\begin{bmatrix} 8 & 2 & 4 \\ 2 & 6 & 6 \\ 6 & 4 & 4 \end{bmatrix}$ 　（2） $\begin{bmatrix} 2 & 0 & 2 \\ 0 & 3 & 1 \\ 1 & 2 & 1 \end{bmatrix}$

答 案

第 1 章

线性规划与单纯形法

1.1 解：

（1）（图略）有唯一最优解，$\max z = 14$

（2）（图略）有唯一最优解，$\min z = 9/4$

（3）（图略）无界解

（4）（图略）无可行解

1.2 解：

（1）设 $z = -z'$，$x_4 = x_5 - x_6$，x_5，$x_6 \geqslant 0$

标准型：

$$\max z' = 3x_1 - 4x_2 + 2x_3 - 5\,(x_5 - x_6)\,+ 0x_7 + 0x_8 - Mx_9 - Mx_{10}$$

$$\text{s. t.} \begin{cases} -4x_1 + x_2 - 2x_3 + x_5 - x_6 + x_{10} = 2 \\ x_1 + x_2 + 3x_3 - x_5 + x_6 + x_7 = 14 \\ -2x_1 + 3x_2 - x_3 + 2x_5 - 2x_6 - x_8 + x_9 = 2 \\ x_1,\ x_2,\ x_3,\ x_5,\ x_6,\ x_7,\ x_8,\ x_9,\ x_{10} \geqslant 0 \end{cases}$$

初始单纯形表：

C_B	X_B	b	$c_j \rightarrow$ 3	-4	2	-5	5	0	0	$-M$	$-M$	θ_i
			x_1	x_2	x_3	x_5	x_6	x_7	x_8	x_9	x_{10}	
$-M$	x_{10}	2	-4	1	-2	1	-1	0	0	0	1	2
0	x_7	14	1	1	3	-1	1	1	0	0	0	14
$-M$	x_9	2	-2	[3]	-1	2	-2	0	-1	1	0	2/3
	$-z'$	4M	$3-6M$	$4M-4$	$2-3M$	$3M-5$	$5-3M$	0	$-M$	0	0	

（2）加入人工变量 x_1，x_2，x_3，$\cdots$，x_n，得：

$$\max s = (1/p_k) \sum_{i=1}^{n} \sum_{k=1}^{m} \alpha_{ik} x_{ik} - Mx_1 - Mx_2 - \cdots - Mx_n$$

$$\text{s. t.} \begin{cases} x_i + \sum_{k=1}^{m} x_{ik} = 1 \, (i = 1, \ 2, \ 3, \ \cdots, \ n) \\ x_{ik} \geq 0, \ x_i \geq 0 \, (i = 1, \ 2, \ 3, \ \cdots, \ n; \ k = 1, \ 2, \ \cdots, \ m) \end{cases}$$

M 是任意正的很大的数。

初始单纯形表:

	c_j		$-M$	$-M$	$\cdots$	$-M$	a_{11}/p_k	a_{12}/p_k	$\cdots$	a_{1m}/p_k	$\cdots$	a_{n1}/p_k	a_{n2}/p_k	$\cdots$	a_{mn}/p_k	
C_B	X_B	b	x_1	x_2	$\cdots$	x_n	x_{11}	x_{12}	$\cdots$	x_{1m}	$\cdots$	x_{n1}	x_{n2}	$\cdots$	x_{nm}	θ_i
$-M$	x_1	1	1	0	$\cdots$	0	1	1			$\cdots$		0	0		0	
$-M$	x_2	1	0	1	$\cdots$	0		0			$\cdots$		0	0	$\cdots$	0	
$\cdots$	$\cdots$	$\cdots$	$\cdots$	$\cdots$	$\cdots$	$\cdots$	$\cdots$	$\cdots$		$\cdots$		$\cdots$			$\cdots$	
$-M$	x_n	1	0	0		1	0	0		0	$\cdots$	1	1	$\cdots$	1	
$-s$		M	0	0	$\cdots$	0	a_{11}/p_k+M	a_{12}/p_k+M	$\cdots$	a_{1m}/p_k+M	$\cdots$	a_{n1}/p_k+M	a_{n2}/p_k+M	$\cdots$	a_{mn}/p_k+M	

1.3 解:

(1) 系数矩阵 A 是:

$$\begin{bmatrix} 2 & 3 & -1 & -4 \\ 1 & -2 & 6 & -7 \end{bmatrix}$$

令 $A = (P_1, \ P_2, \ P_3, \ P_4)$

P_1 与 P_2 线性无关,以 $(P_1, \ P_2)$ 为基,x_1, x_2 为基变量。

有 $2x_1 + 3x_2 = 8 + x_3 + 4x_4$

$x_1 - 2x_2 = -3 - 6x_3 + 7x_4$

令非基变量 x_3, $x_4 = 0$

解得: $x_1 = 1$;$x_2 = 2$

基解 $X^{(1)} = (1, \ 2, \ 0, \ 0)^T$ 为可行解,$z_1 = 8$。

同理,以 $(P_1, \ P_3)$ 为基,基解 $X^{(2)} = (45/13, \ 0, \ -14/13, \ 0)^T$ 是非可行解;

以 $(P_1, \ P_4)$ 为基,基解 $X^{(3)} = (34/5, \ 0, \ 0, \ 7/5)^T$ 是可行解,$z_3 = 117/5$;

以 $(P_2, \ P_3)$ 为基,基解 $X^{(4)} = (0, \ 45/16, \ 7/16, \ 0)^T$ 是可行解,$z_4 = 163/16$;

以 $(P_2, \ P_4)$ 为基,基解 $X^{(5)} = (0, \ 68/29, \ 0, \ -7/29)^T$ 是非可行解;

以 $(P_4, \ P_3)$ 为基,基解 $X^{(6)} = (0, \ 0, \ -68/31, \ -45/31)^T$ 是非可行解;

最大值为 $z_3 = 117/5$;最优解 $X^{(3)} = (34/5, \ 0, \ 0, \ 7/5)^T$。

(2) 系数矩阵 A 是:

$$\begin{bmatrix} 1 & 2 & 3 & 4 \\ 2 & 1 & 1 & 2 \end{bmatrix}$$

令 $A = (P_1, P_2, P_3, P_4)$

P_1，P_2 线性无关，以 (P_1, P_2) 为基，有：

$x_1 + 2x_2 = 7 - 3x_3 - 4x_4$

$2x_1 + x_2 = 3 - x_3 - 2x_4$

令 x_3，$x_4 = 0$，得

$x_1 = -1/3$，$x_2 = 11/3$

基解 $X^{(1)} = (-1/3, 11/3, 0, 0)^T$ 为非可行解。

同理，以 (P_1, P_3) 为基，基解 $X^{(2)} = (2/5, 0, 11/5, 0)^T$ 是可行解，$z_2 = 43/5$；

以 (P_1, P_4) 为基，基解 $X^{(3)} = (-1/3, 0, 0, 11/6)^T$ 是非可行解；

以 (P_2, P_3) 为基，基解 $X^{(4)} = (0, 2, 1, 0)^T$ 是可行解，$z_4 = -1$；

以 (P_4, P_3) 为基，基解 $X^{(6)} = (0, 0, 1, 1)^T$ 是 $z_6 = -3$；

最大值为 $z_2 = 43/5$；最优解为 $X^{(2)} = (2/5, 0, 11/5, 0)^T$。

1.4 解：

（1）（图略）

$\max z = 33/4$，最优解是（15/4，3/4）

单纯形法：

标准型是 $\max z = 2x_1 + x_2 + 0x_3 + 0x_4$

s. t. $\begin{cases} 3x_1 + 5x_2 + x_3 = 15 \\ 6x_1 + 2x_2 + x_4 = 24 \\ x_1, x_2, x_3, x_4 \geqslant 0 \end{cases}$

单纯形表计算：

	c_j		2	1	0	0	θ_i
C_B	X_B	b	x_1	x_2	x_3	x_4	
0	x_3	15	3	5	1	0	5
0	x_4	24	[6]	2	0	1	4
	$-z$	0	2	1	0	0	
0	x_3	3	0	[4]	1	$-1/2$	3/4
2	x_1	4	1	1/3	0	1/6	12
	$-z$	-8	0	1/3	0	$-1/3$	
1	x_2	3/4	0	1	1/4	$-1/8$	
2	x_1	15/4	1	0	$-1/12$	5/24	
	$-z$	$-33/4$	0	0	$-1/12$	$-7/24$	

$X^* = (15/4, 3/4, 0, 0)^T$

$\max z = 33/4$

迭代第一步表示原点；第二步表示 C 点 $(4, 0, 3, 0)^T$；第三步表示 B 点 $(15/4, 3/4, 0, 0)^T$。

（2）（图略）

$\max z = 34$，此时坐标点为 $(2, 6)$

单纯形法，标准型是：

$\max z = 2x_1 + 5x_2 + 0x_3 + 0x_4 + 0x_5$

s. t. $\begin{cases} x_1 + x_3 = 4 \\ 2x_2 + x_4 = 12 \\ 3x_1 + 2x_2 + x_5 = 18 \\ x_1, x_2, x_3, x_4, x_5 \geq 0 \end{cases}$

（表略）

$X^* = (2, 6, 2, 0, 0)^T$

$\max z = 34$

迭代第一步得 $X^{(1)} = (0, 0, 4, 12, 18)^T$，表示原点；迭代第二步得 $X^{(2)} = (0, 6, 4, 0, 6)^T$；迭代第三步得到最优解的点 $X^* = (2, 6, 2, 0, 0)^T$。

1.5 解：

目标函数：$\max z = c_1 x_1 + c_2 x_2$

（1）当 $c_2 \neq 0$ 时，$x_2 = -(c_1/c_2) x_1 + z/c_2$，其中，$k = -c_1/c_2$，$k_{AB} = -3/5$，$k_{BC} = -3$。

1）当 $k < k_{BC}$ 时，c_1，c_2 同号。

当 $c_2 > 0$ 时，目标函数在 C 点有最大值；

当 $c_2 < 0$ 时，目标函数在原点有最大值。

2）当 $k_{BC} < k < k_{AB}$ 时，c_1，c_2 同号。

当 $c_2 > 0$ 时，目标函数在 B 点有最大值；

当 $c_2 < 0$ 时，目标函数在原点有最大值。

3）当 $k_{AB} < k < 0$ 时，c_1，c_2 同号。

当 $c_2 > 0$ 时，目标函数在 A 点有最大值；

当 $c_2 < 0$ 时，目标函数在原点有最大值。

4）当 $k > 0$ 时，c_1，c_2 异号。

当 $c_2 > 0$，$c_1 < 0$ 时，目标函数在 A 点有最大值；

当 $c_2 < 0$，$c_1 > 0$ 时，目标函数在 C 点有最大值。

5）当 $k = k_{AB}$ 时，c_1，c_2 同号。

当 $c_2 > 0$ 时，目标函数在 AB 线段上任一点有最大值；

当 $c_2 < 0$ 时，目标函数在原点有最大值。

6）当 $k = k_{AB}$ 时，c_1，c_2 同号。

当 $c_2 > 0$ 时，目标函数在 BC 线段上任一点有最大值；

当 $c_2 < 0$ 时，目标函数在原点有最大值。

7）当 $k = 0$ 时，$c_1 = 0$。

当 $c_2 > 0$ 时，目标函数在 A 点有最大值；

当 $c_2 < 0$ 时，目标函数在 OC 线段上任一点有最大值。

（2）当 $c_2 = 0$ 时，$\max z = c_1 x_1$。

1）当 $c_1 > 0$ 时，目标函数在 C 点有最大值；

2）当 $c_1 < 0$ 时，目标函数在 OA 线段上任一点有最大值；

3）当 $c_1 = 0$ 时，在可行域任何一点取最大值。

1.6　解：

（1）解法一：大 M 法。

化为标准型：

$$\max z = 2x_1 + 3x_2 - 5x_3 - Mx_4 + 0x_5 - Mx_6$$

$$\text{s. t.}\begin{cases} x_1 + x_2 + x_3 + x_4 = 7 \\ 2x_1 - 5x_2 + x_3 - x_5 + x_6 = 10 \\ x_1,\ x_2,\ x_3,\ x_5,\ x_4,\ x_6 \geq 0,\ M \text{ 是任意大正数。} \end{cases}$$

单纯形表：

	c_j		2	3	-5	$-M$	0	$-M$	θ_i
C_B	X_B	b	x_1	x_2	x_3	x_4	x_5	x_6	
$-M$	x_4	7	1	1	1	1	0	0	7
$-M$	x_6	10	[2]	-5	1	0	-1	1	5
	$-z$	17M	3M+2	3−4M	2M−5	0	$-M$	0	
$-M$	x_4	2	0	[7/2]	1/2	1	1/2	$-1/2$	4/7
2	x_1	5	1	$-5/2$	1/2	0	$-1/2$	1/2	—
	$-z$	2M−10	0	(7/2)M+8	0.5M−6	0	0.5M+1	−1.5M−1	
3	x_2	4/7	0	1	1/7	2/7	1/7	$-1/7$	
2	x_1	45/7	1	0	6/7	5/7	$-1/7$	1/7	
	$-z$	$-102/7$	0	0	$-50/7$	$-M-16/7$	$-1/7$	$-M+1/7$	

最优解是：$X^* = (45/7,\ 4/7,\ 0,\ 0,\ 0,\ 0)^T$

目标函数最优值 $\max z = 102/7$

有唯一最优解。

解法二：两阶段法。

第一阶段数学模型为：

$\min w = x_4 + x_6$

$$\text{s. t.} \begin{cases} x_1 + x_2 + x_3 + x_4 = 7 \\ 2x_1 - 5x_2 + x_3 - x_5 + x_6 = 10 \\ x_1, x_2, x_3, x_4, x_5, x_6 \geqslant 0 \end{cases}$$

（单纯形表略）

最优解是：$X^* = (0, 0, 0, 0, 0, 0)^T$

目标函数最优值 $\min w = 0$

第二阶段单纯形表为：

c_j			2	3	-5	0	θ_i
C_B	X_B	b	x_1	x_2	x_3	x_5	
3	x_2	4/7	0	1	1/7	1/7	
2	x_1	45/7	1	0	6/7	$-1/7$	
	$-z$	$-102/7$	0	0	$-50/7$	$-1/7$	

最优解是：$X^* = (45/7, 4/7, 0, 0, 0, 0)^T$

$\max z = 102/7$

（2）解法一：大 M 法。

$z' = -z$，有 $\max z' = -\min (-z') = -\min z$

化成标准型：

$\max z' = -2x_1 - 3x_2 - x_3 + 0x_4 + 0x_5 - Mx_6 - Mx_7$

$$\text{s. t.} \begin{cases} x_1 + 4x_2 + 2x_3 - x_4 + x_6 = 4 \\ 3x_1 + 2x_2 - x_5 + x_7 = 6 \\ x_1, x_2, x_3, x_4, x_5, x_6, x_7 \geqslant 0 \end{cases}$$

（单纯形表计算略）

线性规划最优解是：$X^* = (4/5, 9/5, 0, 0, 0, 0, 0)^T$

目标函数最优值 $\min z = 7$

非基变量 x_3 的检验数 $\sigma_3 = 0$，所以有无穷多最优解。

解法二：两阶段法。

第一阶段最优解 $X^* = (0, 0, 0, 0, 0, 0, 0)^T$ 是基本可行解，$\min w = 0$；

第二阶段最优解 $X^* = (4/5, 9/5, 0, 0, 0, 0, 0)^T$，$\min z = 7$；

非基变量 x_3 的检验数 $\sigma_3 = 0$，所以有无穷多最优解。

（3）解法一：大 M 法

加入人工变量，化成标准型：

$$\max z = 10x_1 + 15x_2 + 12x_3 + 0x_4 + 0x_5 + 0x_6 - Mx_7$$

$$\text{s. t.} \begin{cases} 5x_1 + 3x_2 + x_3 + x_4 = 9 \\ -5x_1 + 6x_2 + 15x_3 + x_5 = 15 \\ 2x_1 + x_2 + x_3 - x_6 + x_7 = 5 \\ x_1,\ x_2,\ x_3,\ x_4,\ x_5,\ x_6,\ x_7 \geqslant 0 \end{cases}$$

（单纯形表计算略）

当所有非基变量为负数时，人工变量 $x_7 = 0.5$，所以原问题无可行解。

解法二：两阶段法（略）。

（4）解法一：大 M 法。

单纯形法，（表略）非基变量 x_4 的检验数大于零，此线性规划问题有无界解。

解法二：两阶段法（略）。

1.7　解：

（1）求 z 的上界。

$$\max z = 3x_1 + 6x_2$$

$$\text{s. t.} \begin{cases} -x_1 + 2x_2 \leqslant 12 \\ 2x_1 + 4x_2 \leqslant 14 \\ x_2,\ x_1 \geqslant 0 \end{cases}$$

加入松弛变量，化成标准型，用单纯形法解得：

最优解为

$$X^* = (0,\ 7/2,\ 5,\ 0)^T$$

目标函数上界为 $z = 21$

存在非基变量检验数等于零，所以有无穷多最优解。

（2）求 z 的下界。

线性规划模型：

$$\max z = x_1 + 4x_2$$

$$\text{s. t.} \begin{cases} 3x_1 + 5x_2 \leqslant 8 \\ 4x_1 + 6x_2 \leqslant 10 \\ x_2,\ x_1 \geqslant 0 \end{cases}$$

加入松弛变量，化成标准型，解得：

最优解为：$X^* = (0,\ 8/5,\ 0,\ 1/5)^T$

目标函数下界是 $z = 32/5$

1.8　解:

(1) 有唯一最优解时, $d \geqslant 0$, $c_1 < 0$, $c_2 < 0$

(2) 存在无穷多最优解时, $d \geqslant 0$, $c_1 \leqslant 0$, $c_2 = 0$ 或 $d \geqslant 0$, $c_1 = 0$, $c_2 \leqslant 0$

(3) 有无界解时, $d \geqslant 0$, $c_1 \leqslant 0$, $c_2 > 0$ 且 $a_1 \leqslant 0$

(4) 此时, 有 $d \geqslant 0$, $c_1 > 0$ 并且 $c_1 \geqslant c_2$, $a_3 > 0$, $3/a_3 < d/4$

1.9　解:

设 $x_k (k = 1, 2, 3, 4, 5, 6)$ 为 x_k 个司机和乘务人员第 k 班次开始上班。

建立模型:

$$\min z = x_1 + x_2 + x_3 + x_4 + x_5 + x_6$$

$$\text{s. t.} \begin{cases} x_1 + x_6 \geqslant 60 \\ x_1 + x_2 \geqslant 70 \\ x_2 + x_3 \geqslant 60 \\ x_3 + x_4 \geqslant 50 \\ x_4 + x_5 \geqslant 20 \\ x_5 + x_6 \geqslant 30 \\ x_1, x_2, x_3, x_4, x_5, x_6 \geqslant 0 \end{cases}$$

1.10　解:

设 x_1、x_2、x_3 是甲糖果中的 A、B、C 成分, x_4、x_5、x_6 是乙糖果的 A、B、C 成分, x_7、x_8、x_9 是丙糖果的 A、B、C 成分。

线性规划模型:

$$\max z = 0.9x_1 + 1.4x_2 + 1.9x_3 + 0.45x_4 + 0.95x_5 + 1.45x_6 - 0.05x_7 + 0.45x_8 + 0.95x_9$$

$$\text{s. t.} \begin{cases} -0.4x_1 + 0.6x_2 + 0.6x_3 \leqslant 0 \\ -0.2x_1 - 0.2x_2 + 0.8x_3 \leqslant 0 \\ -0.85x_4 + 0.15x_5 + 0.15x_6 \leqslant 0 \\ -0.6x_4 - 0.6x_5 + 0.4x_6 \leqslant 0 \\ -0.7x_7 - 0.5x_8 + 0.5x_9 \leqslant 0 \\ x_1 + x_4 + x_7 \leqslant 2000 \\ x_2 + x_5 + x_8 \leqslant 2500 \\ x_3 + x_6 + x_9 \leqslant 1200 \\ x_1, x_2, x_3, x_4, x_5, x_6, x_7, x_8, x_9 \geqslant 0 \end{cases}$$

1.11　解:

产品 I , 设 A_1, A_2 完成 A 工序的产品 x_1, x_2 件; B 工序时, B_1, B_2, B_3 完成 B 工序的 x_3, x_4, x_5 件。产品 II , 设 A_1, A_2 完成 A 工序的产品 x_6, x_7 件; B 工序时, B_1 完

成 B 的产品为 x_8 件。产品 Ⅲ，A_2 完成 A 工序的 x_9 件，B_2 完成 B 工序的 x_9 件；

$$x_1 + x_2 = x_3 + x_4 + x_5$$

$$x_6 + x_7 = x_8$$

建立数学模型：

$\max z = (1.25 - 0.25) \times (x_1 + x_2) + (2 - 0.35) \times (x_6 + x_7) + (2.8 - 0.5)x_9 - (5x_1 + 10x_6)300/6000 - (7x_2 + 9x_7 + 12x_9)321/10000 - (6x_3 + 8x_8)250/4000 - (4x_4 + 11x_9)783/7000 - 7x_5 \times 200/4000$

$$\text{s. t.} \begin{cases} 5x_1 + 10x_6 \leqslant 6000 \\ 7x_2 + 9x_7 + 12x_9 \leqslant 10000 \\ 6x_3 + 8x_8 \leqslant 4000 \\ 4x_4 + 11x_9 \leqslant 7000 \\ 7x_5 \leqslant 4000 \\ x_1 + x_2 = x_3 + x_4 + x_5 \\ x_6 + x_7 = x_8 \\ x_1, \ x_2, \ x_3, \ x_4, \ x_5, \ x_6, \ x_7, \ x_8, \ x_9 \geqslant 0 \end{cases}$$

最优解为 $X^* = (1200, 230, 0, 859, 571, 0, 500, 500, 324)^T$

最优值为 1147。

第2章

对偶理论与灵敏度分析

2.1 解：

（1）先化成标准型：

$$\max z = 6x_1 - 2x_2 + 3x_3 + 0x_4 + 0x_5$$

$$\text{s. t. } \begin{cases} 2x_1 - x_2 + 2x_3 + x_4 = 2 \\ x_1 + 4x_3 + x_5 = 4 \\ x_1, \ x_2, \ x_3, \ x_4, \ x_5 \geqslant 0 \end{cases}$$

令 $B_0 = (P_4, \ P_5) = \begin{pmatrix} 1 & 0 \\ 0 & 1 \end{pmatrix}$, $X_{B_0} = (x_4, \ x_5)^T$, $C_{B_0} = (0, \ 0)$

$N_0 = (P_1, \ P_2, \ P_3) = \begin{pmatrix} 2 & -1 & 2 \\ 1 & 0 & 4 \end{pmatrix}$, $X_{N_0} = (x_1, \ x_2, \ x_3)^T$

$C_{N_0} = (6, \ -2, \ 3)$, $B_0^{-1} = \begin{pmatrix} 1 & 0 \\ 0 & 1 \end{pmatrix}$, $b_0 = \begin{pmatrix} 2 \\ 4 \end{pmatrix}$

非基变量的检验数

$\sigma_{N_0} = C_{N_0} - C_{B_0} B_0^{-1} N_0 = C_{N_0} = (6, \ -2, \ 3)$

因为 x_1 的检验数等于 6，是最大值，所以，x_1 为换入变量。

$B_0^{-1} b_0 = \begin{pmatrix} 2 \\ 4 \end{pmatrix}$; $B_0^{-1} P_1 = \begin{pmatrix} 2 \\ 1 \end{pmatrix}$

由 θ 规则得：

$\theta = 1$

x_4 为换出变量。

$B_1 = (P_4, \ P_5) = \begin{pmatrix} 2 & 0 \\ 1 & 1 \end{pmatrix}$, $X_{B_1} = (x_1, \ x_5)^T$, $C_{B_1} = (6, \ 0)$

$N_1 = (P_4, \ P_2, \ P_3)$, $X_{N_1} = (x_4, \ x_2, \ x_3)^T$

$C_{N_1} = (0, \ -2, \ 3)$, $B_1^{-1} = \begin{pmatrix} 0.5 & 0 \\ -0.5 & 1 \end{pmatrix}$, $b_1 = \begin{pmatrix} 1 \\ 3 \end{pmatrix}$

非基变量的检验数 $\sigma_{N_1} = (-3, 1, -3)$

因为 x_2 的检验数为 1，是正的最大数，所以 x_2 为换入变量。

$$B_0^{-1} P_2 = \begin{pmatrix} -0.5 \\ 0.5 \end{pmatrix}$$

由 θ 规则得：

$\theta = 6$

所以 x_5 是换出变量。

$$B_2 = (P_1, \ P_2) = \begin{pmatrix} 2 & -1 \\ 1 & 0 \end{pmatrix}, \quad X_{B_2} = (x_1, \ x_2)^T, \quad C_{B_2} = (6, \ -2)$$

$$N_2 = (P_4, \ P_5, \ P_3), \quad X_{N_2} = (x_4, \ x_5, \ x_3)^T$$

$$C_{N_2} = (0, \ 0, \ 3), \quad B_2^{-1} = \begin{pmatrix} 0 & 1 \\ -1 & 2 \end{pmatrix}, \quad b_2 = \begin{pmatrix} 4 \\ 6 \end{pmatrix}$$

非基变量的检验数 $\sigma_{N_2} = (-2, \ -2, \ -9)$

非基变量的检验数均为负数，原问题已达最优解。

最优解 $X = \begin{pmatrix} 4 \\ 6 \end{pmatrix}$

即 $X = (4, \ 6, \ 0)^T$

目标函数最优值 $\max z = 12$

（2）$\min z = 2x_1 + x_2 + 0x_3 + Mx_4 + Mx_5 + 0x_6$

$$\text{s. t.} \begin{cases} 3x_1 + x_2 + x_4 = 3 \\ 4x_1 + 3x_2 - x_3 + x_5 = 6 \\ x_1 + 2x_2 + x_6 = 3 \\ x_1, \ x_2, \ x_3, \ x_4, \ x_5, \ x_6 \geqslant 0 \end{cases}$$

M 是任意大的正数。

（非基变量检验数计算省略）

原问题最优解是 $x = (0.6, \ 1.2, \ 0)$

目标函数最优值：$z = 12/5$

2.2　解：

c_j			3	5	4	0	0	0
C_B	X_B	b	x_1	x_2	x_3	x_4	x_5	x_6
5	x_2	8/3						
0	x_5	14/3						

c_j			3	5	4	0	0	0
C_B	X_B	b	x_1	x_2	x_3	x_4	x_5	x_6
0	x_6	20/3						
$c_j - z_j$								

...

5	x_2	80/41	0	1	0	15/41		
4	x_3	50/41	0	0	1	−6/41		
3	x_1	44/41	1	0	0	−2/41		
$c_j - z_j$			0	0	0	−45/41		

2.3　解：

（1）对偶问题：

$$\max w = 2y_1 - 3y_2 - 5y_3$$

$$\text{s. t.} \begin{cases} 2y_1 - 3y_2 - y_3 \leqslant 2 \\ 3y_1 - y_2 - 4y_3 \leqslant 2 \\ 5y_1 - 7y_2 - 6y_3 \leqslant 4 \\ y_1, \ y_2, \ y_3 \geqslant 0 \end{cases}$$

（2）对偶问题：

$$\min w = 5y_1 + 8y_3 + 20y_4$$

$$\text{s. t.} \begin{cases} -y_1 + 6y_3 + 12y_4 \geqslant 1 \\ y_1 + 7y_3 - 9y_4 \geqslant 2 \\ -y_1 + 3y_3 - 9y_4 \leqslant 3 \\ -3y_1 - 5y_3 + 9y_4 = 4 \end{cases}$$

y_1 无约束，$y_3 \leqslant 0$；$y_4 \geqslant 0$

（3）对偶问题：

$$\max w = \sum_{i=1}^{m} a_i y''_i + \sum_{j=1}^{n} b_j y''_{m+j}$$

$$\text{s. t.} \begin{cases} y''_i + y''_{m+j} \leqslant c_{ij} \\ y''_i, \ y''_{m+j} \text{无约束} \quad i = 1, 2, \cdots, m; \ j = 1, 2, \cdots, n \end{cases}$$

（4）$\min w = \sum_{i=1}^{m} b_j y''_i$

$$\text{s. t.}\begin{cases} \sum\limits_{i=1}^{m} a_{ij}y''_i \geq c_j & j=1,\ 2,\ 3,\ \cdots,\ n_1 \\[2mm] \sum\limits_{i=1}^{m} a_{ij}y''_i \geq c_j & j=n_1+1,\ n_1+2,\ \cdots,\ n \\[2mm] y''_i \geq 0 & i=1,\ 2,\ \cdots,\ m_1 \end{cases}$$

y''_i 无约束，$i=m_1+1,\ m_1+2,\ \cdots,\ m$

2.4　解：

（1）错误，原问题有可行解，对偶问题可能存在可行解，也可能不存在；

（2）错误，对偶问题没有可行解，原问题可能有可行解，也可能有无界解；

（3）错误，原问题和对偶问题都有可行解，则可能有有限最优解，也可能有无界解。

2.5　解：

证明：把原问题用矩阵表示：

$\max z_1 = CX$

$$\text{s. t.}\begin{cases} AX \leq b \\ X \geq 0 \\ b = (b_1,\ b_2,\ \cdots,\ b_m)^T \end{cases}$$

设可行解为 X_1，对偶问题的最优解 $Y_1 = (y_1,\ y_2,\ \cdots,\ y_m)$ 已知。

$\max z_2 = CX$

$$\text{s. t.}\begin{cases} AX \leq b+k \\ X \geq 0 \\ k = (k_1,\ k_2,\ \cdots,\ k_m)^T \end{cases}$$

设可行解为 X_2，对偶问题的最优解为 Y_2，对偶问题是：

$\min w = Y(b+k)$

$$\text{s. t.}\begin{cases} YA \geq C \\ Y \geq 0 \end{cases}$$

因为 Y_2 是最优解，所以 $Y_2(b+k) \leq Y_1(b+k)$

X_2 是目标函数 z_2 的可行解，$AX_2 \leq b+k$；$Y_2AX_2 \leq Y_2(b+k) \leq Y_1b+Yk$

原问题和对偶问题的最优函数值相等，所以不等式成立，证毕。

2.6　解：

（1）初始单纯形表的增广矩阵是：

$$A_1 = \begin{bmatrix} a_{11} & a_{12} & a_{13} & 1 & 0 & b_1 \\ a_{21} & a_{22} & a_{23} & 0 & 1 & b_2 \end{bmatrix}$$

最终单纯形表的增广矩阵是：

$$A_2 = \begin{bmatrix} 1 & 0 & 1 & 0.5 & -0.5 & 1.5 \\ 0.5 & 1 & 0 & -1 & 2 & 2 \end{bmatrix}$$

A_2 是 A_1 做初等变换得来的，将 A_2 做初等变换，使得 A_2 的第四列和第五列的矩阵成为 A_2 的单位矩阵。有：

$a_{11} = 9/2$；$a_{12} = 1$；$a_{13} = 4$；$a_{21} = 5/2$；$a_{22} = 1$；$a_{23} = 2$；$b_1 = 9$；$b_2 = 5$

（2）由检验计算得：

$c_1 = -3$；$c_2 = c_3 = 0$

2.7　解：

对偶问题是：

$\min w = 8y_1 + 12y_2$

s. t. $\begin{cases} 2y_1 + 2y_2 \geqslant 2 \\ 2y_2 \geqslant 1 \\ y_1 + y_2 \geqslant 5 \\ y_1 + 2y_2 \geqslant 6 \\ y_1, \ y_2 \geqslant 0 \end{cases}$

由互补松弛性可知，如果 $\hat{X}$，$\hat{Y}$ 是原问题和对偶问题的可行解，那么，$\hat{Y}X_S = 0$ 和 $Y_S\hat{X} = 0$，当且仅当 $\hat{X}$，$\hat{Y}$ 是最优解。

设 X，Y 是原问题和对偶问题的可行解，$Y_S = (y_3, y_4, y_5, y_6)$

有：

$YX_S = 0$；且 $Y_SX = 0$

$x_5 = x_6 = 0$，原问题约束条件取等号，$x_3 = 4$；$x_4 = 4$

最优解：$X^* = (0, 0, 4, 4)^T$

目标函数最优值为 44。

2.8　解：

（1）取 $w = -z$，标准形式：

$\max w = -x_1 - x_2 + 0x_3 + 0x_4$

s. t. $\begin{cases} -2x_1 - x_2 + x_3 = -4 \\ -x_1 - 7x_2 + x_4 = -7 \\ x_1, \ x_2, \ x_3, \ x_4 \geqslant 0 \end{cases}$

用单纯形法求解（略）。

最优解：$X^* = (21/13, 10/13, 0, 0)^T$

目标函数最优值为 31/13。

（2）令：$w = -z$，转化为标准形式：

$\max w = -3x_1 - 2x_2 - x_3 - 4x_4 + 0x_5 + 0x_6 + 0x_7$

$$\text{s. t.}\begin{cases} -2x_1 -4x_2 -5x_3 -x_4 +x_5 =0 \\ -3x_1 +x_2 -7x_3 +2x_4 +x_6 = -2 \\ -5x_1 -2x_2 -x_3 -6x_4 +x_7 = -15 \\ x_1,\ x_2,\ x_3,\ x_4,\ x_5,\ x_6,\ x_7 \geqslant 0 \end{cases}$$

单纯形法略。

原问题最优解：$X^* =(3,\ 0,\ 0,\ 0,\ 6,\ 7,\ 0)^T$

目标函数最优值为 9。

2.9　解：

把原问题化成标准型：

$$\max z = -5x_1 +5x_2 +13x_3 +0x_4 +0x_5$$

$$\text{s. t.}\begin{cases} -x_1 +x_2 +3x_3 +x_5 =20 \\ 12x_1 +4x_2 +10x_3 +x_5 =90 \\ x_1,\ x_2,\ x_3,\ x_4,\ x_5 \geqslant 0 \end{cases}$$

用单纯形法解得：

最优解：$X^* =(0,\ 20,\ 0,\ 0,\ 10)^T$

目标函数最优值为 100。

非基变量 x_1 的检验数等于 0，原线性问题有无穷多最优解。

（1）约束条件 1 的右端常数变为 30，有：

$$\Delta b' = B^{-1}\Delta b$$

因此 $b' = b + \Delta b'$

用单纯形法解得：

最优解：

$$X^* =(0,\ 0,\ 9,\ 3,\ 0)^T$$

目标函数最优值为 117。

（2）约束条件 2 的右端常数变为 70，有：

$$\Delta b' = B^{-1}\Delta b$$

因此 $b' = b + \Delta b'$

用单纯形法解得：

最优解：

$$X^* =(0,\ 5,\ 5,\ 0,\ 0)^T$$

目标函数最优值为 90。

（3）x_3 的系数变成 8，x_3 是非基变量，检验数小于 0，所以最优解不变。

（4）x_1 的系数向量变为 $\begin{pmatrix} 0 \\ 5 \end{pmatrix}$，$x_1$ 是非基变量，检验数等于 -5，所以最优解不变。

（5）加入约束条件 3

用对偶单纯形表计算得：

$X^* = (0,\ 25/2,\ 5/2,\ 0,\ 15,\ 0)^T$

目标函数最优值为 95。

（6）改变约束条件，P_3，P_4，P_5 没有变化，线性规划问题的最优解不变。

2.10　解：

（1）设：三种产品的产量分别为 x_1，x_2，x_3，建立数学模型：

$\max z = 3x_1 + 2x_2 + 2.9x_3$

$$\text{s. t.}\begin{cases} 8x_1 + 2x_2 + 10x_3 \leqslant 300 \\ 10x_1 + 5x_2 + 8x_3 \leqslant 400 \\ 2x_1 + 13x_2 + 10x_3 \leqslant 420 \\ x_1,\ x_2,\ x_3 \geqslant 0 \end{cases}$$

把上述问题化为标准型，用单纯形法解得最优解：

$X^* = (338/15,\ 116/5,\ 22/3,\ 0,\ 0,\ 0)^T$

目标函数最优值为 2029/15。

（2）设备 B 的影子价格为 4/15 千元/台时，借用设备的租金为 0.3 千元/台时。

所以，借用 B 设备不合算。

（3）设备 Ⅳ，Ⅴ 的产量为 x_7，x_8，系数向量分别为：

$P_7 = (12,\ 5,\ 10)^T$

$P_8 = (4,\ 4,\ 12)^T$

检验数 $\sigma_7 = -0.06$，所以生产 Ⅳ 不合算，$\sigma_8 = 37/300$，所以生产 Ⅴ 合算。

用单纯形法计算得最优解：

$X^* = (107/4,\ 31/2,\ 0,\ 0,\ 0,\ 0,\ 55/4)^T$

目标函数最优值为 10957/80。

（4）改进后，检验数 $\sigma'_1 = 253/300$，大于零。

所以，改进技术可以带来更好的效益。

2.11　解：

（1）化成标准形式：

$\max z_{(t)} = (3 - 6t)x_1 + (2 - 2t)x_2 + (5 - 5t)x_3 + 0x_4 + 0x_5 + 0x_6 \ (t \geqslant 0)$

$$\text{s. t.}\begin{cases} x_1 + 2x_2 + x_3 + x_4 = 430 \\ 3x_1 + 2x_3 + x_5 = 460 \\ x_1 + 4x_2 + x_6 = 420 \\ x_1,\ x_2,\ x_3,\ x_4,\ x_5,\ x_6 \geqslant 0 \end{cases}$$

令 $t = 0$，用单纯形表计算：

c_j			$3-6t$	$2-2t$	$5-5t$	0	0	0	θ_i
C_B	X_B	B	x_1	x_2	x_3	x_4	x_5	x_6	
$2-2t$	x_2	100	$-1/4$	1	0	0.5	$-1/4$	0	—
$5-5t$	x_3	230	3/2	0	1	0	1/2	0	460
0	x_6	20	2	0	0	-2	[1]	1	20
	$-z$	$1350t-1350$	$t-4$	0	0	$t-1$	$2t-2$	0	

t 增大，t 大于 1，首先出现 σ_4，σ_5 大于 0，所以当 $0 \leqslant t \leqslant 1$ 时有最优解。

$X = (0, 100, 230, 0, 0, 20)^T$

目标函数最优值为 $1350(t-1)$ $(0 \leqslant t \leqslant 1)$。

$t = 1$ 是第一临界点。

当 t 大于 1 时，x_6 是换出变量。

t 大于 1，最优解是：$X = (0, 0, 0, 430, 460, 420)^T$

目标函数最优值为

$\max z_{(t)} = 0 (t$ 大于 1$)$

（2）先化成标准型，然后令 $t = 0$，用单纯形法解得：

t 开始增大，当 t 大于 8/3 时，首先出现 σ_4 大于 0，所以 $0 \leqslant t \leqslant 8/3$，得最优解。

目标函数最优值 $\max z_{(t)} = 220$ $(0 \leqslant t \leqslant 8/3)$

所以，$t = 8/3$ 为第一临界点。

当 $8/3 < t < 5$ 时，σ_4 为换入变量，由 θ 规则，x_3 为换出变量，使用单纯形法继续迭代，t 继续增大，当 $t > 5$，σ_1 大于 0，$8/3 < t \leqslant 5$ 时，最优解为：

$X = (0, 15, 0, 5)^T$

目标函数最优值为 $180 + 15t$ $(8/3 < t \leqslant 5)$。

所以，$t = 5$ 为第二临界点。

当 $t > 5$ 时，x_1 为换入变量，x_2 为换出变量，用单纯形法计算得：当 t 继续增大时，所有检验数都非正，所以当 $t > 5$ 时，最优解为：

$X = (15, 0, 0, 5)^T$

目标函数最优值为 $105 + 30t$ $(t > 0)$。

（3）化成标准型，令 $t = 0$，用单纯形法计算得：

t 开始增大，当 t 大于 5 时，首先出现 b_2 小于 0，当 $0 \leqslant t \leqslant 5$ 时，最优解为：

$X = (10 + 2t, 0, 10 + 2t, 5 - t, 0)^T$

目标函数最优值为 $6t + 30$ $(0 \leqslant t \leqslant 5)$。

所以 $t = 5$ 是第一临界点。

当 t 大于 5 时，x_4 是换出变量，x_5 是换入变量。用对偶单纯形法计算得：

当 t 大于 5 时，最优解为：

$X = (10 + 2t, \ 15 + t, \ 0, \ 0, \ t - 5)^T$

目标函数最优值为 $35 + 5t$。

（4）先化为标准型，令 $t = 0$，用单纯形法计算，得：

t 开始增大，当 t 大于 6 时，首先出现 b_2 小于 0，当 $0 \leqslant t \leqslant 6$ 时，有最优解：

$X = (0, \ 0, \ 0, \ 10 + t/3, \ 0, \ 18 - 3t, \ 45 - 5t)^T$

目标函数最优值为 $150 + 5t$ （$0 \leqslant t \leqslant 6$）。

当 t 大于 6 时，首先出现 b_2 小于 0，x_6 是换出变量，x_2 是换入变量，使用单纯形法计算得：t 继续增大，当 t 大于 11 时，b_3 首先小于零，x_7 是换出变量，x_3 为换入变量，用对偶单纯形法迭代得：

当 $t \leqslant 59$ 时，有最优解：

$X = (0, \ t/3 - 2, \ t/8 - 11/8, \ 59/4 - t/4, \ 0, \ 0, \ 0)^T$

目标函数最优值为 $5t/2 + 345/2$ （$11 < t \leqslant 59$）。

第3章
运输问题与表上作业法

3.1 解：

表 3 - 1 中，有 5 个数字格，作为初始解，应该有 $m + n - 1 = 3 + 4 - 1 = 6$ 个数字格，所以表 3 - 1 的调运方案不能作为用表上作业法求解时的初始解。

表 3 - 2 中，有 10 个数字格，作为初始解，应该有 $m + n - 1 = 9$ 个数字格，所以表 3 - 2 的调运方案不能作为用表上作业法求解时的初始解。

3.2 解：

（1）在表 3 - 3 中分别计算出各行和各列的次最小运费和最小运费的差额，填入该表的最右列和最下列。得到：

产地＼销地	1	2	3	行差额
1	5	1	8	4
2	2	4	1	1
3	3	6	7	3
列差额	1	3	6	

从行差额或者列差额中找出最大的，选择它所在的行或者列中的最小元素，上表中，第三列是最大差额列，此列中最小元素为 1，由此可以确定产地 2 的产品应先供应给销地 3，得到下表：

产地＼销地	1	2	3	产量
1				12
2			11	14
3				4
销量	9	10	11	

同时将运价表第三列数字划去，得到：

产地＼销地	1	2		产量
1	5	1		12
2	2	4		14
3	3	6		4
销量	9	10		

对上表中的元素，计算各行和各列的次最小运费和最小运费的差额，填入该表的最右列和最下列，重复上面的步骤，直到求出初始解，最终结果是：

产地＼销地	1	2	3	产量
1	2			12
2	3	10	11	14
3	4			4
销量	9	10	11	

（2）由表3－4分别计算出各行和各列的次最小运费和最小运费的差额，填入该表的最右列和最下列。从行差额或者列差额中找出最大的，选择它所在的行或者列中的最小元素。（方法同表3－3）最终得出原问题的初始解：

产地＼销地	1	2	3	4	5	产量
1						25
2	20					30
3						20
4						30
销量	20	20	30	10	25	

3.3　解：

（1）①计算出各行和各列的次最小运费和最小运费的差额，填入该表的最右列和最下列。

②从行差额或者列差额中找出最大的，选择它所在的行或者列中的最小元素，丙列

中的最小元素为 3，由此可以确定产地 2 的产品应先供应丙的需要，而产地 2 的产量等于丙地的销量，故在（2，丙）处填入 0，同时将运价表中的丙列和第二行的数字划去，得到：

产地＼销地	甲	乙	丙	丁	产量
1	3	7		4	5
2					2
3	4	3		5	3
销量	3	3		2	

③对上表中的元素分别计算各行和各列的次最小运费和最小运费的差额，填入该表的最右列和最下行，重复步骤①②，直到求出初始解为止。得到下表：

产地＼销地	甲	乙	丙	丁	产量
1	3			2	5
2			2	0	2
3	0	3			3
销量	3	3	2	2	

使用位势法进行检验：

①上表中，数字格处填入单位运价并增加一行一列，在列中填入 u_i（$i=1$，2，3），在行中填入 v_j（$j=1$，2，3，4），先令 $u_i + v_j = c_{ij}$（i，$j \in B$，B 为基，下同）来确定 u_i 和 v_j，得到下表：

产地＼销地	甲	乙	丙	丁	u_i
1	3			4	0
2			3	2	−2
3	4	3			1
v_j	3	2	5	4	

②由 $\sigma_{ij} = c_{ij} - (u_i + v_j)$（$i$，$j$ 为非基，下同）计算所有空格的检验数，并在每个格的右上角填入单位运价，得到下表：

产地＼销地	甲	乙	丙	丁	u_i
1	3 0	7 5	6 1	4 0	0
2	2 1	4 4	3 0	2 0	−2
3	4 0	3 0	8 2	5 0	1
v_j	3	2	5	4	

由上表可以看出，所有的非基变量检验数 ≥ 0，此问题达到最优解。又因为 $\sigma_{34}=0$，此问题有无穷多最优解。总运费 $\min z = 3\times 3 + 3\times 3 + 2\times 3 + 2\times 4 = 32$。

（2）①计算出各行和各列的次最小运费和最小运费的差额，填入该表的最右列和最下列。

②从行差额或者列差额中找出最大的，选择它所在的行或者列中的最小元素，甲列是最大差额列，甲列的最小元素是 5，所以产地 3 的产品先供应甲的需求，同时将运价表中产地 3 所在行的数字划去。

③对上表中的元素分别计算各行和各列的次最小运费和最小运费的差额，填入该表的最右列和最下行，重复步骤①②，直到求出初始解为止。得到下表：

产地＼销地	甲	乙	丙	丁	产量
1	1	2	1		4
2			3	6	9
3	4				4
销量	5	2	4	6	

使用位势法进行检验：

①上表中，数字格处填入单位运价，并增加一行一列，在列中填入 u_i（$i=1,2,3$），在行中填入 v_j（$j=1,2,3,4$），先令 $u_1=0$，由 $u_i+v_j=c_{ij}$（$i,j\in B$，B 为基，下同）来确定 u_i 和 v_j。

②由 $\sigma_{ij}=c_{ij}-(u_i+v_j)$（$i,j\in N$）计算所有空格的检验数，并在每个格的右上角填入单位运价，得到下表：

产地＼销地	甲	乙	丙	丁	u_i
1	10 ／ 0	6	7	12 ／ 1	0
2	16 ／ 8	10 ／ 6	5 ／ 0	9	−2
3	5 ／ 0	4 ／ 3	10 ／ 8	10 ／ 4	−5
v_j	10	6	7	11	

由上表可以看出，所有的非基变量检验数 ≥0，此问题达到最优解。

此问题有唯一最优解。

总运费 $\min z = 118$。

（3）此问题是一个产销不平衡的问题，产大于销。增加一个假象销售地己，令单位运价为 0，销量为 2。这样就达到了产销平衡。

用伏格尔法求初始解：

①计算出各行和各列的次最小运费和最小运费的差额，填入该表的最右列和最下列。

②从行差额或者列差额中找出最大的，选择它所在的行或者列中的最小元素，产地 1 所在的行是最大差额行，最小元素为 0，所以产地 1 的产品应该优先供应己的需要，同时划掉己列的数字。

③对上表中的元素分别计算各行和各列的次最小运费和最小运费的差额，填入该表的最右列和最下行，重复步骤①②，直到求出初始解为止。得到下表：

产地＼销地	甲	乙	丙	丁	戊	己	产量
1			3			2	5
2	4				2		6
3					2		
4		4	3	2			9
销量	4	4	6	2	4	2	

使用位势法进行检验：

①上表中，数字格处填入单位运价，并增加一行一列，在列中填入 u_i（$i = 1$，2，3，4），在行中填入 v_j（$j = 1$，2，3，4，5，6），先令 $u_1 = 0$，由 $u_i + v_j = c_{ij}$（i，$j \in$ B，

B 为基，下同）来确定 u_i 和 v_j。

②由 $\sigma_{ij}=c_{ij}-(u_i+v_j)$（$i, j \in N$）计算所有空格的检验数，并在每个格的右上角填入单位运价。

由上表可以看出，所有的非基变量检验数 $\geqslant 0$，此问题达到最优解。

又因为 $\sigma_{14}=0$，此问题有无穷多最优解。

总运费 min $z=90$。

（4）此问题是一个产销不平衡的问题，产大于销。增加一个假象销售地己，令单位运价为 0，销量为 40。这样就达到了产销平衡。

用伏格尔法求初始解：

①计算出各行和各列的次最小运费和最小运费的差额，填入该表的最右列和最下行。

②从行差额或者列差额中找出最大的，选择它所在的行或者列中的最小元素，同时划掉所在列或行的元素。

③对上表中的元素分别计算各行和各列的次最小运费和最小运费的差额，填入该表的最右列和最下行，重复步骤①②，直到求出初始解为止。

并用位势法进行检验：

产地＼销地	甲	乙	丙	丁	戊	己	u_i
1	10 2	18 8	29 0	13 6	22 12	0	0
2	13 3	M M－16	21 0	14 1	16 0	0 12	0
3	0 0	6 0	11 0	3 M－6	M 22	0	－10
4	9 4	11 0	23 7	18 10	19 8	0 17	－5
5	24 2	28 0	36 3	30 5	34 6	0	12
v_j	10	16	21	13	16	－12	

由上表可以看出，所有的非基变量检验数 $\geqslant 0$，此问题达到最优解。又因为 $\sigma_{31}=0$，此问题有无穷多最优解。总运费 min $z=5520$。

3.4　解：

（1）①在对应表的数字格处（c_{22} 未知）填入单位运价，并增加一行，在列中填入

u_i $(i=1,2,3)$，在行中填入 v_j $(j=1,2,3,4)$，先令 $u_1=0$，由 $u_i+v_j=c_{ij}$ $(i,j\in$ B）来确定 u_i 和 v_j。

②由 $\sigma_{ij}=c_{ij}-(u_i+v_j)$ $(i,j\in N)$ 计算所有空格的检验数，并在每个格的右上角填入单位运价（c_{22} 未知）。

最优调运方案不变，则所有非基变量的检验数都是非负。所以：

$c_{22}-3\geqslant 0$

$c_{22}+10\geqslant 0$

$10-c_{22}\geqslant 0$

$24-c_{22}\geqslant 0$

$18-c_{22}\geqslant 0$

解得：

$3\leqslant c_{22}\leqslant 10$

单位运价在此区间变化时，最优调运方案不变。

（2）①在对应表的数字格处（c_{22} 未知）填入单位运价，并增加一行，在列中填入 u_i $(i=1,2,3)$，在行中填入 v_j $(j=1,2,3,4)$，先令 $u_1=0$，由 $u_i+v_j=c_{ij}$ $(i,j\in$ B）来确定 u_i 和 v_j。

②由 $\sigma_{ij}=c_{ij}-(u_i+v_j)$ $(i,j\in N)$ 计算所有空格的检验数，并在每个格的右上角填入单位运价（c_{22} 未知）。有无穷多最优方案，则至少有一个非基变量的检验数为0，取 $c_{24}-17=0$，所以单价变为17时，该问题有无穷多最优调运方案。另外的两种调运方案：

①

销地 \ 产地	B_1	B_2	B_3	B_4	产量
A_1		15		0	15
A_2	0		15	10	25
A_3	5				5
销量	5	15	15	10	

②

销地 \ 产地	B_1	B_2	B_3	B_4	产量
A_1		15			15
A_2	0	0	15	10	25
A_3	5				5
销量	5	15	15	10	

3.5　解：

因为利润表中的最大利润是 10，所以令 M = 10，用 M 减去利润表上的数字，此问题变成一个运输问题，见下表：

产地＼销地	A	B	C	D	产量
I	0	5	4	3	2500
II	2	8	3	4	2500
III	1	7	6	2	5000
销量	1500	2000	3000	3500	

使用伏格尔法计算初始解：

①计算出各行和各列的次最小运费和最小运费的差额，填入该表的最右列和最下行。

②从行差额或者列差额中找出最大的，选择它所在的行或者列中的最小元素，同时划掉所在列或行的元素。

③对上表中的元素分别计算各行和各列的次最小运费和最小运费的差额，填入该表的最右列和最下行，重复步骤①②，直到求出初始解为止。

产地＼销地	A	B	C	D	产量
I	1500	500	500		2500
II			2500		2500
III		1500		3500	5000
销量	1500	2000	3000	3500	

使用位势法检验：

①数字格处填入单位运价，并增加一行一列，在列中填入 u_i（$i = 1，2，3$），在行中填入 v_j（$j = 1，2，3，4$），先令 $u_1 = 0$，由 $u_i + v_j = c_{ij}$（$i，j \in B$）来确定 u_i 和 v_j。

②由 $\sigma_{ij} = c_{ij} - (u_i + v_j)$（$i，j \in N$）计算所有空格检验数，并在每个格的右上角填入单位运价。如果没有得到最优解，用闭回路法进行改进。盈利最大方案：

产地＼销地	A	B	C	D	u_i
I	0　0	5　0	4	3　2	0

续表

产地 ＼ 销地	A	B	C	D	u_i
II	2 3	8 4	3 0	4 4	−1
III	1 0	7 1	6 1	2 2	1
v_j	0	5	4	1	

此时，总运费为 28000 元；最大盈利为 72000 元。

3.6　解：

此问题的供应量小于需求量，假设供应地 C 的产量为 70 万吨。

用伏格尔法求解得：

产地 ＼ 销地	甲	甲′	乙	丙	丙′	供应
A	150		250			400
B	140	30		270	10	450
C					70	70
需求	290	30	250	270	80	

使用位势法检验：

①数字格处填入单位运价，并增加一行一列，在列中填入 u_i（$i=1$，2，3），在行中填入 v_j（$j=1$，2，3，4），先令 $u_1=0$，由 $u_i+v_j=c_{ij}$（$i,j\in B$）来确定 u_i 和 v_j。

②由 $\sigma_{ij}=c_{ij}-(u_i+v_j)$（$i,j\in N$）计算所有空格的检验数，并在每个格的右上角填入单位运价。如果没有得到最优解，用闭回路法进行改进。最优解时，最小运费是 14650 万元。

3.7　解：

设 A_1，A_2，A_3 是三年的需求订货量，B_1，B_2，B_3 是三年的正常生产能力；B'_1，B'_2，B'_3 是三年的加班能力，S 是事先积压产生的供货能力。第三年的需求量是 4 艘。此问题产销不平衡，增加设想销地 A_4，运价为 0，销量为 7。使用伏格尔法求初始解，并用位势法检验，此问题有无穷多最优解，总运费 $\min z=4730$ 万元。

销地 产地	A_1	A_2	A_3	A_4	供应量
B_1	500	540			0
B'_1				0	60
B_2		600		0	60
B'_2				0	60
B_3			550		-10
B'_3			620	0	60
S	40				-460
需求量	500	540	560	-60	

第4章

目标规划

4.1 解：

(1) 不正确。

(2) 正确。

(3) 正确。

(4) 正确。

4.2 解：

(1) 满意解是：$(50, 0)$。

(2) 满意解是：$(25, 15)$。

(3) 满意解是：$(10, 0)$。

4.3 解：

(1) 把原问题转化为：

$$\min z = P_1 d_2^+ + P_1 d_2^- + P_2 d_1^-$$

$$\text{s. t.} \begin{cases} x_1 + 2x_2 + d_1^- - d_1^+ = 10 \\ 10x_1 + 12x_2 + d_2^- - d_2^+ = 62.4 \\ 2x_1 + x_2 + x_3 = 8 \\ x_1, \ x_2, \ x_3, \ d_1^-, \ d_1^+, \ d_2^+, \ d_2^- \geq 0 \end{cases}$$

x_3 是松弛变量。

单纯形法计算得：

	c_j		0	0	0	P_2	0	P_1	P_2	θ_i
C_B	X_B	b	x_1	x_2	x_3	d_1^-	d_1^+	d_2^-	d_2^+	
P_2	d_1^-	10	1	(2)	0	1	-1	0	0	5
P_1	d_2^-	62.4	10	12	0	0	0	1	-1	5.2
0	x_3	8	2	1	1	0	0	0	0	8
	P_1		-10	-12	0	0	0	0	2	
	P_2		-1	-2	0	0	1	0	0	

迭代……

得原问题最优解 $x_1 = 0$，$x_2 = 5.2$，非基变量的检验数是 0，所以有多重解。

继续迭代得到：

$x_1 = 0.6$，$x_2 = 4.7$ 也是满意解。

（2）使用单纯形法计算：

$x_1 = 70$，$x_2 = 20$

（3）满意解是：

$x_1 = 1$，$x_2 = 0$

4.4　解：

（1）用单纯形法计算得到：

$x_1 = 70$，$x_2 = 45$ 是满意解。

（2）实际上是对优先因子 P_2，P_3 进行调换，最优解不变。

（3）$\Delta b' = B^{-1} \Delta b = \begin{bmatrix} 0 & 0 & 1 & 0 \\ 0 & 1 & 0 & 0 \\ -1 & 1 & 1 & 0 \\ 0 & 0 & 0 & 1 \end{bmatrix} \begin{bmatrix} 40 \\ 0 \\ 0 \\ 0 \end{bmatrix} = \begin{bmatrix} 0 \\ 0 \\ -40 \\ 0 \end{bmatrix}$

b 列出现负数，d_1^+ 行的系数乘以 -1，重新迭代，$x_1 = 75$，$x_2 = 45$ 是满意解。

4.5　解：条件不足，无法建立模型。

4.6　解：

设 x_{i1}，x_{i2}，x_{i3}（$i = 1$，2，3）表示第 i 种等级的兑制红、黄、蓝三种商标的酒的数量，数学模型：

$\max z = P_1(d_1^- + d_2^+ + d_3^- + d_4^+ + d_5^- + d_6^+) + P_2 d_8^+ + P_3 d_7^+$

$$\text{s. t.} \begin{cases} x_{31} - 0.1(x_{11} + x_{21} + x_{31}) + d_1^- - d_1^+ = 0 \\ x_{11} - 0.5(x_{11} + x_{21} + x_{31}) + d_2^- - d_2^+ = 0 \\ x_{32} - 0.7(x_{12} + x_{22} + x_{32}) + d_3^- - d_3^+ = 0 \\ x_{12} - 0.2(x_{12} + x_{22} + x_{32}) + d_4^- - d_4^+ = 0 \\ x_{33} - 0.5(x_{13} + x_{23} + x_{33}) + d_5^- - d_5^+ = 0 \\ x_{13} - 0.1(x_{13} + x_{23} + x_{33}) + d_6^- - d_6^+ = 0 \\ x_{11} + x_{21} + x_{31} + d_7^- - d_7^+ = 2000 \\ x_{ij} \geq 0 (i = 1, 2, 3; j = 1, 2, 3) \end{cases}$$

其中，

$z = 5.5(x_{11} + x_{21} + x_{31}) + 5(x_{12} + x_{22} + x_{32}) + 4.8(x_{13} + x_{23} + x_{33}) - 6(x_{11} + x_{12} + x_{13}) - 4.5(x_{21} + x_{22} + x_{23}) - 3(x_{31} + x_{32} + x_{33}) + d_8^- - d_8^+$

第 5 章

整数规划

5.1 解：

（1）将上述问题化为：

$$\max z = 3x_1 + 2x_2 + 0x_3 + 0x_4$$

$$\text{s. t.} \begin{cases} 2x_1 + 3x_2 + x_3 = 14.5 \\ 4x_1 + x_2 + x_4 = 16.5 \\ x_1,\ x_2,\ x_3,\ x_4 \geq 0 \\ x_1,\ x_2 \in \mathrm{N} \end{cases}$$

用单纯形法求解：

c_j			3	2	0	0	θ_i
C_B	X_B	b	x_1	x_2	x_3	x_4	
0	x_3	29/2	2	3	1	0	29/4
0	x_4	33/2	(4)	1	0	1	33/8
$-z$		0	3	2	0	0	

（迭代过程略）。

相应的线性规划问题最优解是 $X^* = (7/2,\ 5/2,\ 0,\ 0)^T$，目标函数的最优值 $z = 31/2$。

凑整数时，$X_1 = (4,\ 3,\ 0,\ 0)^T$，是非可行解；

$X_2 = (4,\ 2,\ 0,\ 0)^T$，是非可行解；

$X_3 = (3,\ 3,\ 0,\ 0)^T$，是非可行解；

$X_4 = (3,\ 2,\ 0,\ 0)^T$，是可行解，$z = 13$。

使用分支定界法解整数规划问题。

令 $\bar{z}=31/2$，$x_1=x_2=0$ 是可行解。

所以 $\underline{z}=0$，$0\leqslant z^*\leqslant 31/2$

把原问题分解为两个问题：

①max $z_1=3x_1+2x_2$

s. t. $\begin{cases} 2x_1+3x_2\leqslant 14.5 \\ 4x_1+x_2\leqslant 16.5 \\ 0\leqslant x_1\leqslant 3；x_2\geqslant 0 \end{cases}$

②max $z_2=3x_1+2x_2$

s. t. $\begin{cases} 2x_1+3x_2\leqslant 14.5 \\ 4x_1+x_2\leqslant 16.5 \\ 4\leqslant x_1；x_2\geqslant 0 \end{cases}$

将上述问题化为标准型，使用单纯形法求解：

$x_1=3$，$x_2=2$ 是最优整数解，$z=13$。

（2）使用图解法或者单纯形法求解此问题，线性规划问题最优解是（13/4，5/2），目标函数最优值 max $z=59/4$。

凑整数时，$X_1=（3，2）^T$，是可行解，$z=13$；

$X_2=（3，3）^T$，是非可行解；

$X_3=（4，2）^T$，是非可行解；

$X_4=（4，3）^T$，是非可行解。

使用分支定界法求解原整数规划问题，令

$\bar{z}=59/4$

$x_1=x_2=0$ 是可行解。

所以 $\underline{z}=0$，$0\leqslant z^*\leqslant 59/4$

把原问题分解为两个问题：

①max $z_1=3x_1+2x_2$

s. t. $\begin{cases} 2x_1+3x_2\leqslant 14 \\ 2x_1+x_2\leqslant 9 \\ 0\leqslant x_1\leqslant 3；x_2\geqslant 0 \end{cases}$

②max $z_2=3x_1+2x_2$

s. t. $\begin{cases} 2x_1+3x_2\leqslant 14 \\ 2x_1+x_2\leqslant 9 \\ 4\leqslant x_1；x_2\geqslant 0 \end{cases}$

解得：最优整数解是 $x_1=4$，$x_2=1$；

目标函数是 14。

5.2 解：运用图解法解得：最优解是 B 点（$51/46 + 7/69 - 1/6$，$51/23 + 14/69$）

目标函数最优值为：$58/23 + 51/46 - 1/6$

使用分支定界法求解，令

$\bar{z} = 58/23 + 51/46 - 1/6$，$x_1 = x_2 = 0$ 是可行解；

因此 $\underline{z} = 0$，故 $0 \leqslant z^* \leqslant 58/23 + 51/46 - 1/6$

将原问题分解为下列问题：

①$\max z_1 = x_1 + x_2$

s. t. $\begin{cases} 2x_1 + 9x_2/14 \leqslant 51/14 \\ -2x_1 + x_2 \leqslant 1/3 \\ x_2 \leqslant 1 \\ x_1, \ x_2 \geqslant 0 \end{cases}$

②$\max z_1 = x_1 + x_2$

s. t. $\begin{cases} 2x_1 + 9x_2/14 \leqslant 51/14 \\ -2x_1 + x_2 \leqslant 1/3 \\ x_2 \geqslant 2 \\ x_1, \ x_2 \geqslant 0 \end{cases}$

按照以上步骤，求解最终得到：

最优解是 $X^* = (1, \ 2)^T$

目标函数最优值 $z = 3$。

5.3 解：

（1）将上述问题化成标准型：

$\max z = x_1 + x_2 + 0x_3 + 0x_4$

s. t. $\begin{cases} 2x_1 + x_2 + x_3 = 6 \\ 4x_1 + 5x_2 + x_4 = 20 \\ x_1, \ x_2, \ x_3, \ x_4 \geqslant 0 \end{cases}$，且 $x_1, \ x_2, \ x_3, \ x_4$ 是整数

用单纯形法求得最优解是：$X^* = (5/3, \ 8/3, \ 0, \ 0)^T$，目标函数最优值为 $13/3$。

变量之间的关系：

$x_1 + 5x_3/6 - x_4/6 = 5/3$

$x_2 - 2x_3/3 + x_4/3 = 8/3$

把系数和常数项都分解成为整数和非负真分数之和有：

$2/3 - 5x_3/6 - 5x_4/6 \leqslant 0$

$2/3 - (x_3 + x_4)/3 \leqslant 0$

加入松弛变量 x_5，继续迭代得到最终结果：$X^* = (0, \ 4, \ 2, \ 0, \ 0)^T$，目标函数最优值为 4。

解得：最优整数解是 $x_1 = 0$，$x_2 = 4$；

目标函数是 4。

（2）将原问题化成标准型，并使用单纯形法求解：

最优解为 $X^* = (13/7,\ 9/7,\ 0,\ 31/7,\ 0)^T$，目标函数最优值为 30/7。

从单纯形表可以得到变量间的关系，把系数和常数项都分解成整数和非负分数之和，可以得知：

$$6/7 - (x_3/7 + 2x_5/7) \leqslant 0$$

加入松弛变量 x_7，把新的约束条件加入后，继续迭代，得到最终的结果：

最优解是 $x_1 = 1$，$x_2 = 2$；

目标函数最优值为 1。

5.4　解：

令 $x_i = \begin{cases} 1, & \text{当某个防火区域由第 } i \text{ 个消防站负责时} \\ 0, & \text{否则} \end{cases}$

$i = 1,\ 2,\ 3,\ 4$。

建立数学模型：

$$\min z = \sum_{i=1}^{4} x_i$$

$$\text{s. t.} \begin{cases} x_1 + x_2 \geqslant 1 \\ x_1 \geqslant 1 \\ x_1 + x_3 \geqslant 1 \\ x_3 \geqslant 1 \\ x_1 + x_3 + x_4 \geqslant 1 \\ x_1 + x_4 \geqslant 1 \\ x_1 + x_2 + x_4 \geqslant 1 \\ x_2 + x_4 \geqslant 1 \\ x_4 \geqslant 1 \\ x_3 + x_4 \geqslant 1 \end{cases}$$

由以上约束条件可以解得：

$$x_1 = x_3 = x_4 = 1$$

继续求解：

当 $x_2 = 0$ 时，是可行解，目标函数是 3；

当 $x_2 = 1$ 时，是可行解，目标函数是 4。

比较可以得到，最优解是：$X^* = (1,\ 0,\ 1,\ 1)^T$，目标函数最优值是 3。

所以，可以关闭消防站②。

5.5　解：

在 m 个约束条件右端分别减去 $y_i M$（y_i 是 $0-1$ 变量，M 是很大的常数，$i=1$, 2, …, m）。

并且 $\sum\limits_{i=1}^{m} y_i = m-1$。

5.6　解：

（1）将 (0, 0, 0) (0, 0, 1) (0, 1, 0) (1, 0, 0) (0, 1, 1) (1, 0, 1) (1, 1, 0) (1, 1, 1) 分别代入约束条件中，可以得到：原问题的最优解是 (0, 0, 1)，目标函数最优值是 2。

（2）$X^* = (0, 1, 0, 0)^T$ 是一个可行解，目标函数数值是 4；

所以可以增加约束条件：

$2x_1 + 5x_2 + 3x_3 + 4x_4 \leqslant 4$

把可能的解 (0, 0, 0, 0) (0, 0, 0, 1) … (1, 1, 1, 1) 分别代入约束条件的问题中，得到最优解 $X^* = (0, 1, 0, 0)^T$，目标函数最优值是 4。

5.7　解：

系数矩阵 C 为：

$$\begin{bmatrix} 15 & 18 & 21 & 24 \\ 19 & 23 & 22 & 18 \\ 26 & 17 & 26 & 19 \\ 19 & 21 & 23 & 17 \end{bmatrix}$$

①系数矩阵的每行元素减去该行的最小元素得到矩阵 B。

②B 矩阵的每列元素减去该列的最小元素得到矩阵 A。

此时，系数矩阵 A 的每行每列都有元素 0。

先给 a_{11} 加圈，然后给 a_{24} 加圈，划掉 a_{44}。给 a_{32} 加圈，划掉 a_{33}，得：

$$\begin{bmatrix} 0 & 2 & 6 & 9 \\ 1 & 4 & 4 & 0 \\ 10 & 0 & 0 & 3 \\ 2 & 3 & 6 & 0 \end{bmatrix}$$

此时，画圈的数目是 3，少于 4 个，所以指派不成功，进入下一步；

给第四行打√号，给第四列打√号，给第二行打√号，将第一、第三行画一横线，将第四列画一纵线，变换矩阵得到：

$$\begin{bmatrix} 0 & 2 & 6 & 10 \\ 0 & 3 & 3 & 0 \\ 10 & 0 & 0 & 4 \\ 1 & 2 & 5 & 0 \end{bmatrix}$$

给第一、第四列打√号，给第一、第二、第四行打√号，将第一、第四列画一纵线，将第三行画一横线，变换矩阵得到：

$$
\begin{array}{cccc}
\text{甲} & \text{乙} & \text{丙} & \text{丁}
\end{array}
$$

$$
\begin{bmatrix}
0 & 0 & 4 & 10 \\
0 & 1 & 1 & 1 \\
12 & 0 & 0 & 6 \\
1 & 0 & 3 & 0
\end{bmatrix}
$$

得到最优指派方案为：甲—B；乙—A；丙—C；丁—D。

所消耗的总时间是 70。

第6章
无约束问题

6.1 解：

设 x_1，x_2 分别为原料 A，B 的使用量，则生产消耗的原料成本为 $x_1 + 0.5x_2$，其不能超过总资金，即 $x_1 + 0.5x_2 \leqslant 5$。

生产量函数为 $f(x_1, x_2) = 3.6x_1 - 0.4x_1^2 + 1.6x_2 - 0.2x_2^2$，那么，使生产量最大化的数学模型为：

$$\max f(x) = 3.6x_1 - 0.4x_1^2 + 1.6x_2 - 0.2x_2^2$$

$$\text{s. t. } \begin{cases} x_1 + 0.5x_2 \leqslant 5 \\ x_1, \ x_2 \geqslant 0 \end{cases}$$

6.2 解：

设 x_i，y_i 分别表示该厂第 i 月份电视机的生产数量和存储数量。

（1）生产能力约束：$x_i \leqslant b$（$i = 1, 2, \cdots, 12$）

（2）存储能力限制约束：$y_i \leqslant c$（$i = 1, 2, \cdots, 12$）

（3）交付商业合同要求：$x_i + y_i \geqslant d_i$（$i = 1, 2, \cdots, 12$）

（4）年度结束时库存为零要求：$x_{12} + y_{12} = d_{12}$

（5）生产量、存储量非负约束：$x_i \geqslant 0$，$y_i \geqslant 0$（$i = 1, 2, \cdots, 12$）

（6）生产与存储总费用：

第 i 月份生产和存储费用：$f_i(x_i) + f_i(y_i)$，那么，全年总生产和存储费用为：

$$z = \sum_{i=1}^{12} (f_i(x_i) + f_i(y_i))$$

则：生产存储优化模型：$\min z = \sum_{i=1}^{12} (f_i(x_i) + f_i(y_i))$

$$\text{s. t. } \begin{cases} x_i \leqslant b \\ y_i \leqslant c \\ x_i + y_i \geqslant d_i \\ x_{12} + y_{12} = d_{12} \\ x_i \geqslant 0, \ y_i \geqslant 0 \end{cases}$$

6.3　解:

(1) $f(x) = x_1^2 + x_2^2 + x_3^2$

$$\nabla f(x) = \begin{pmatrix} \dfrac{\partial f(x)}{\partial x_1} \\[2mm] \dfrac{\partial f(x)}{\partial x_2} \\[2mm] \dfrac{\partial f(x)}{\partial x_3} \end{pmatrix} = \begin{pmatrix} 2x_1 \\ 2x_2 \\ 2x_3 \end{pmatrix}$$

$$H = \nabla^2 f(x) = \begin{pmatrix} \dfrac{\partial^2 f(x)}{\partial x_1^2} & \dfrac{\partial^2 f(x)}{\partial x_1 x_2} & \dfrac{\partial^2 f(x)}{\partial x_1 x_3} \\[3mm] \dfrac{\partial^2 f(x)}{\partial x_2 x_1} & \dfrac{\partial^2 f(x)}{\partial x_2^2} & \dfrac{\partial^2 f(x)}{\partial x_2 x_3} \\[3mm] \dfrac{\partial^2 f(x)}{\partial x_3 x_1} & \dfrac{\partial^2 f(x)}{\partial x_3 x_2} & \dfrac{\partial^2 f(x)}{\partial x_3^2} \end{pmatrix}$$

$$= \begin{pmatrix} \dfrac{\partial}{\partial x_1}(2x_1) & \dfrac{\partial}{\partial x_1}(2x_2) & \dfrac{\partial}{\partial x_1}(2x_3) \\[3mm] \dfrac{\partial}{\partial x_2}(2x_1) & \dfrac{\partial}{\partial x_2}(2x_2) & \dfrac{\partial}{\partial x_2}(2x_3) \\[3mm] \dfrac{\partial}{\partial x_3}(2x_1) & \dfrac{\partial}{\partial x_3}(2x_2) & \dfrac{\partial}{\partial x_3}(2x_3) \end{pmatrix}$$

$$= \begin{pmatrix} 2 & 0 & 0 \\ 0 & 2 & 0 \\ 0 & 0 & 2 \end{pmatrix}$$

(2) $f(x) = \ln(x_1^2 + x_1 x_2 + x_2^2)$

$$\frac{\partial f(x)}{\partial x_1} = \frac{1}{x_1^2 + x_1 x_2 + x_2^2} \cdot \frac{\partial}{\partial x_1}(x_1^2 + x_1 x_2 + x_2^2)$$

$$= \frac{2x_1 + x_2}{x_1^2 + x_1 x_2 + x_2^2}$$

$$\frac{\partial f(x)}{\partial x_2} = \frac{x_1 + 2x_2}{x_1^2 + x_1 x_2 + x_2^2}$$

$$\frac{\partial^2 f(x)}{\partial x_1^2} = \frac{\partial}{\partial x_1}\left(\frac{2x_1 + x_2}{x_1^2 + x_1 x_2 + x_2^2}\right) = \frac{2(x_1^2 + x_1 x_2 + x_2^2) - (2x_1 + x_2)^2}{(x_1^2 + x_1 x_2 + x_2^2)^2}$$

$$= \frac{-2x_1^2 - 2x_1 x_2 + x_2^2}{(x_1^2 + x_1 x_2 + x_2^2)^2}$$

$$\frac{\partial^2 f(x)}{\partial x_1 x_2} = \frac{\partial}{\partial x_2}\left(\frac{2x_1 + x_2}{x_1^2 + x_1 x_2 + x_2^2}\right) = \frac{(x_1^2 + x_1 x_2 + x_2^2) - (2x_1 + x_2) \cdot (x_1 + 2x_2)}{(x_1^2 + x_1 x_2 + x_2^2)^2}$$

$$= \frac{-x_1^2 - 4x_1x_2 - x_2^2}{(x_1^2 + x_1x_2 + x_2^2)^2}$$

$$\frac{\partial^2 f(x)}{\partial x_2^2} = \frac{\partial}{\partial x_2}\left(\frac{x_1 + 2x_2}{x_1^2 + x_1x_2 + x_2^2}\right) = \frac{2(x_1^2 + x_1x_2 + x_2^2) - (x_1 + 2x_2)^2}{(x_1^2 + x_1x_2 + x_2^2)^2}$$

$$= \frac{-x_1^2 - 2x_1x_2 - 2x_2^2}{(x_1^2 + x_1x_2 + x_2^2)^2}$$

则：$\nabla f(x) = \left(\frac{\partial f(x)}{\partial x_1}, \frac{\partial f(x)}{\partial x_2}\right)^T = \left(\frac{2x_1 + x_2}{x_1^2 + x_1x_2 + x_2^2}, \frac{x_1 + 2x_2}{x_1^2 + x_1x_2 + x_2^2}\right)^T$

$$H = \nabla^2 f(x) = \begin{pmatrix} \dfrac{\partial^2 f(x)}{\partial x_1^2} & \dfrac{\partial^2 f(x)}{\partial x_1 x_2} \\ \dfrac{\partial^2 f(x)}{\partial x_2 x_1} & \dfrac{\partial^2 f(x)}{\partial x_2^2} \end{pmatrix}$$

$$= \begin{pmatrix} \dfrac{-2x_1^2 - 2x_1x_2 + x_2^2}{(x_1^2 + x_1x_2 + x_2^2)^2} & \dfrac{-x_1^2 - 4x_1x_2 - x_2^2}{(x_1^2 + x_1x_2 + x_2^2)^2} \\ \dfrac{-x_1^2 - 4x_1x_2 - x_2^2}{(x_1^2 + x_1x_2 + x_2^2)^2} & \dfrac{x_1^2 - 2x_1x_2 - 2x_2^2}{(x_1^2 + x_1x_2 + x_2^2)^2} \end{pmatrix}$$

6.4　解：

（1）$H = \begin{pmatrix} 2 & 1 & 2 \\ 1 & 3 & 0 \\ 2 & 0 & 5 \end{pmatrix}$

一阶主子式：$H'_1 = |2| = 2 > 0$

二阶主子式：$H'_2 = \begin{vmatrix} 2 & 1 \\ 1 & 3 \end{vmatrix} = 5 > 0$

三阶主子式：$H'_3 = \begin{vmatrix} 2 & 1 & 2 \\ 1 & 3 & 0 \\ 2 & 0 & 5 \end{vmatrix} = 2\begin{vmatrix} 3 & 0 \\ 0 & 5 \end{vmatrix} - \begin{vmatrix} 1 & 2 \\ 0 & 5 \end{vmatrix} + 2\begin{vmatrix} 1 & 2 \\ 3 & 0 \end{vmatrix} = 13 > 0$

所以 H 为正定主子式。

（2）$H = \begin{pmatrix} 1 & 1 & 0 \\ 1 & 1 & 0 \\ 0 & 0 & 1 \end{pmatrix}$

$H'_1 = 1 > 0$

$H'_2 = \begin{vmatrix} 1 & 1 \\ 1 & 1 \end{vmatrix} = 0$

$H'_3 = \begin{vmatrix} 1 & 1 & 0 \\ 1 & 1 & 0 \\ 0 & 0 & 1 \end{vmatrix} = 0$

所以 H 为半正定的。

6.5 解：

$$f(x) = \frac{1}{3}x_1^3 + \frac{1}{3}x_2^3 - 2x_2^2 - 4x_1$$

$$\frac{\partial f(x)}{\partial x_1} = x_1^2 - 4, \quad \frac{\partial f(x)}{\partial x_2} = x_2^2 - 4x_2$$

令 $\nabla f(x) = 0$，即 $\begin{cases} x_1^2 - 4 = 0 \\ x_2^2 - 4x_2 = 0 \end{cases}$

求解得到驻点：

$$X^{(1)} = \begin{pmatrix} 2 \\ 0 \end{pmatrix}, \quad X^{(2)} = \begin{pmatrix} 2 \\ 4 \end{pmatrix}, \quad X^{(3)} = \begin{pmatrix} -2 \\ 0 \end{pmatrix}, \quad X^{(4)} = \begin{pmatrix} -2 \\ 4 \end{pmatrix}$$

因为 $\nabla^2 f(x) = \begin{pmatrix} 2x_1 & 0 \\ 0 & 2x_2 - 4 \end{pmatrix}$

所以 $\nabla^2 f(X^{(1)}) = \begin{pmatrix} 4 & 0 \\ 0 & -4 \end{pmatrix}$，为不定矩阵；

$\nabla^2 f(X^{(2)}) = \begin{pmatrix} 4 & 0 \\ 0 & 4 \end{pmatrix}$，为正定矩阵；

$\nabla^2 f(X^{(3)}) = \begin{pmatrix} -4 & 0 \\ 0 & -4 \end{pmatrix}$，为负定矩阵；

$\nabla^2 f(X^{(4)}) = \begin{pmatrix} -4 & 0 \\ 0 & 4 \end{pmatrix}$，为不定矩阵。

所以，$X^{(1)}$，$X^{(4)}$ 不是极值点，$X^{(2)}$ 为局部极小值点，$X^{(3)}$ 为局部极大值点。

6.6 解：

因为 $f(x) = 4x_1^2 - 4x_1x_2 + 6x_1x_3 + 5x_2^2 - 10x_2x_3 + 8x_3^2$

$$\frac{\partial f(x)}{\partial x_1} = 2x_1 - 4x_2 + 6x_3, \quad \frac{\partial f(x)}{\partial x_2} = -4x_1 + 10x_2 - 10x_3$$

$$\frac{\partial f(x)}{\partial x_3} = 6x_1 - 10x_2 + 16x_3$$

令 $\nabla f(x) = 0$，即 $\begin{cases} 2x_1 - 4x_2 + 6x_3 = 0 \\ -4x_1 + 10x_2 - 10x_3 = 0 \\ 6x_1 - 10x_2 + 16x_3 = 0 \end{cases}$

求解方程组得驻点，$X = (0, 0, 0)^T$

$$\nabla^2 f(x) = \begin{pmatrix} 2 & -4 & 6 \\ -4 & 10 & -10 \\ 6 & -10 & 16 \end{pmatrix} = H$$

$$H'_1 = |2| = 2 > 0, \quad H'_2 = \begin{vmatrix} 2 & -4 \\ -4 & 10 \end{vmatrix} = 36 > 0$$

$$H'_3 = \begin{vmatrix} 2 & -4 & 6 \\ -4 & 10 & -10 \\ 6 & -10 & 16 \end{vmatrix} = 384 > 0$$

所以 $\nabla^2 f(x)$ 是正定的，则 $X = (0, 0, 0)^T$ 是局部极小值点。

6.7　解：

（1）$f(x) = (4-x)^3 (x \leqslant 4)$

$$f'(x) = \frac{\mathrm{d}}{\mathrm{d}x} [(4-x)^3] = -3(4-x)^2$$

$$f''(x) = \frac{\mathrm{d}}{\mathrm{d}x} [-3(4-x)^2] = 6(4-x)$$

当 $x \leqslant 4$ 时，$f''(x) \geqslant 0$，且当 $x < 4$ 时，$f''(x) > 0$

所以 $f(x) = (4-x)^3 (x \leqslant 4)$ 是严格凸函数。

（2）$f(x) = x_1^2 + 2x_1 x_2 + 3x_2^2$

$$\nabla f(x) = \begin{pmatrix} \dfrac{\partial f(x)}{\partial x_1} \\ \dfrac{\partial f(x)}{\partial x_2} \end{pmatrix} = \begin{pmatrix} 2x_1 + 2x_2 \\ 2x_1 + 6x_2 \end{pmatrix}$$

$$\nabla^2 f(x) = \begin{pmatrix} \dfrac{\partial^2 f(x)}{\partial x_1^2} & \dfrac{\partial^2 f(x)}{\partial x_1 x_2} \\ \dfrac{\partial^2 f(x)}{\partial x_2 x_1} & \dfrac{\partial^2 f(x)}{\partial x_2^2} \end{pmatrix} = \begin{pmatrix} 2 & 2 \\ 2 & 6 \end{pmatrix} = H$$

因为 $H'_1 = |2| = 2 > 0$，$H'_2 = \begin{vmatrix} 2 & 2 \\ 2 & 6 \end{vmatrix} = 8 > 0$

所以 H 为正定矩阵，由凸函数二阶条件得 $f(x) = x_1^2 + 2x_1 x_2 + 3x_2^2$，为严格凸函数。

（3）$f(x) = \dfrac{1}{x} (x < 0)$

$$f'(x) = \frac{\mathrm{d}f(x)}{\mathrm{d}x} = -\frac{1}{x^2}, \quad f''(x) = \frac{\mathrm{d}^2 f(x)}{\mathrm{d}x^2} = \frac{2}{x^3}$$

当 $x < 0$ 时，$f''(x) < 0$，所以 $f(x) = \dfrac{1}{x} (x < 0)$ 为严格凹函数。

（4）$f(x) = x_1 \cdot x_2$

$$\nabla f(x) = \begin{pmatrix} \dfrac{\partial f(x)}{\partial x_1} \\ \dfrac{\partial f(x)}{\partial x_2} \end{pmatrix} = \begin{pmatrix} x_1 \\ x_2 \end{pmatrix}$$

$$\nabla^2 f(x) = \begin{pmatrix} \dfrac{\partial^2 f(x)}{\partial x_1^2} & \dfrac{\partial^2 f(x)}{\partial x_1 x_2} \\ \dfrac{\partial^2 f(x)}{\partial x_2 x_1} & \dfrac{\partial^2 f(x)}{\partial x_2^2} \end{pmatrix} = \begin{pmatrix} 0 & 1 \\ 1 & 0 \end{pmatrix} = H$$

$$H'_1 = |0| = 0, \quad H'_2 = \begin{vmatrix} 0 & 1 \\ 1 & 0 \end{vmatrix} = -1 < 0$$

所以 H 为不定矩阵。

故得到 f （x）$= x_1 \cdot x_2$ 不是凸函数（或凹函数）。

6.8　解：

（1）（用黄金分割法求解）

$f(x) = x^2 - 6x + 2$

原始求解区间 $[a_1, b_1] = [0, 10]$

$x_1 = a_1 + 0.618(b_1 - a_1) = 6.18$, $f(x_1) = 3.112$

$x'_1 = a_1 + 0.382(b_1 - a_1) = 3.82$, $f(x'_1) = -6.328$

因为 $f(x_1) > f(x'_1)$，极小值不可能在 $[x_1, b_1]$ 上，则求解区间缩短为 $[a_1, x_1] = [a_2, b_2] = [0, 6.18]$，继续黄金分割：

$x_2 = x'_1 = 3.82$, $f(x_2) = f(x'_1) = -6.328$

$x'_2 = a_2 + 0.382(b_2 - a_1) = 2.36$, $f(x'_2) = -6.590$

因为 f （x_2）$> f$ （x'_2），极小值不可能在 $[x_2, b_2]$ 上，则缩短区间为 $[a_2, x_2] = [a_3, b_3] = [0, 0.382]$

$x_3 = x'_2 = 2.36$, $f(x_3) = -6.590$

$x'_3 = a_3 + 0.382(b_3 - a_3) = 1.46$, $f(x'_3) = -4.628$

因为 $f(x_3) < f(x'_3)$，极小值不可能在 $[a_3, x'_3]$ 上，则缩短区间为 $[x'_3, b_3] = [a_4, b_4] = [1.46, 3.82]$

$x_4 = a_4 + 0.618(b_4 - a_4) = 2.92$, $f(x_4) = -6.994$

$x'_4 = x_3 = 2.36$, $f(x'_4) = -6.590$

因为 $f(x_4) < f(x'_4)$，则缩短求解区间为 $[x'_4, b_4] = [a_5, b_5] = [2.36, 3.82]$

$x_5 = a_5 + 0.618(b_4 - a_4) = 3.26$, $f(x_5) = -6.932$

$x'_5 = x_4 = 2.92$, $f(x'_5) = -6.994$

因为 $f(x_5) > f(x'_5)$，则 $[a_6, b_6] = [a_5, x_5] = [2.36, 3.26]$

$x_6 = x'_5 = 2.92$, $f(x_6) = -6.994$

$x'_6 = a_6 + 0.382(b_6 - a_6) = 2.70$, $f(x'_6) = -6.934$

因为 $f(x_6) < f(x'_6)$，则 $[a_7, b_7] = [x'_6, b_6] = [2.70, 3.26]$

且 $\dfrac{b_7 - a_7}{b_1 - a_1} = 0.05 > 3\%$，继续求解

$x'_7 = x'_6 = 2.92$，$f(x'_7) = -6.994$

$x_7 = a_7 + 0.382(b_7 - a_7) = 3.05$，$f(x_7) = -6.997$

因为 $f(x_7) < f(x'_7)$，则 $[a_8, b_8] = [x'_7, b_6] = [2.92, 3.26]$，且 $\dfrac{b_8 - a_8}{b_1 - a_1} = 0.04 >$

3%

$x_8 = a_8 + (b_8 - a_8) = 3.13$，$f(x_8) = -6.993$

$x'_8 = x_7 = 3.05$，$f(x'_8) = -6.997$

因为 $f(x_8) > f(x'_8)$，则求解区间缩短为 $[a_9, b_9] = [a_7, x_8] = [2.92, 3.13]$

由于 $\dfrac{b_9 - a_9}{b_1 - a_1} = 0.021 < 3\%$，符合精度要求，停止迭代。

所以 $f(x) = x^6 - 6x + 2$ 的极小值点近似为：$x^* = x'_8 = 3.05$，近似极小值为：$f(x^*) = -6.997$。

（2）（牛顿法求解）

$f(x) = x^3 - 6x + 3(x_1 = 1, x > 0)$

因为 $f'(x) = 3x^2 - 6$，$f''(x) = 6x$

所以 $x_{k+1} = x_k - \dfrac{f'(x_k)}{f''(x_k)} = x_k - \dfrac{3x_k^2 - 6}{6x_k}$

即，牛顿法迭代公式为：$x_{k+1} = x_k - \dfrac{x_k^2 - 2}{2x_k}$

$x_1 = 1$

$x_2 = x_1 - \dfrac{x_1^2 - 2}{2x_1} = 1.5000$，$|x_2 - x_1| = 0.5 > 0.01$，延续

$x_3 = x_2 - \dfrac{x_2^2 - 2}{2x_2} = 1.4167$，$|x_3 - x_2| = 0.0833 > 0.01$，继续

$x_4 = x_3 - \dfrac{x_3^2 - 2}{2x_3} = 1.4142$，$|x_4 - x_3| = 0.0024 < 0.01$，停止迭代

$f(x) = x^6 - 6x + 2(x > 0)$ 的近似极小值点为：$x^* = 1.4142$，极小值近似值为：$f(x^*) = -2.6568$。

6.9 解：（斐波那契法）

$f(x) = x^3 - 7x^2 + 8x + 4$，$x \in [0, 3]$

已知 $[a_0, b_0] = [0, 3]$，精度 $\delta = 0.05$

则 $F_n \geqslant \dfrac{1}{8} = \dfrac{1}{0.05} = 20$，查表知 $n = 7$

$$\begin{cases} x_1 = b_0 + \dfrac{F_6}{F_7}(a_0 - b_0) = 3 + \dfrac{13}{21} \times (-3) = 1.1428 \\ x'_1 = a_0 + \dfrac{F_6}{F_7}(b_0 - a_0) = 0 + \dfrac{13}{21} \times 3 = 1.8571 \end{cases}$$

$f(x_1) = x_1^3 - 7x_1^2 + 8x_1 + 4 = 5.4927$

$f(x'_1) = x_1'^3 - 7x_1'^2 + 8x'_1 + 4 = 1.1195$

由于 $f(x_1) > f(x'_1)$，$f(x)$ 为求极大值点，故取 $[a_1, b_1] = [a_0, x'_1] = [0, 1.8571]$

$$\begin{cases} x_2 = b_1 + \dfrac{F_5}{F_6} \cdot (a_1 - b_1) = 1.8571 + \dfrac{8}{13}(-1.8571) = 0.7143 \\ x'_2 = x_1 = 1.1428 \end{cases}$$

$f(x_2) = 0.7143^3 - 7 \times 0.7143^2 + 8 \times 0.7143 + 4 = 6.5073$

$f(x'_2) = 5.4972$

由于 $f(x_2) > f(x'_2)$，故取 $[a_2, b_2] = [a_1, x'_2] = [0, 1.1428]$

$$\begin{cases} x_3 = b_2 + \dfrac{F_4}{F_5}(a_2 - b_2) = 1.1428 + \dfrac{5}{8} \cdot (-1.1428) = 0.4285 \\ x'_3 = x_2 = 0.7143 \end{cases}$$

$f(x_3) = 0.4285^3 - 7 \times 0.4285^2 + 8 \times 0.4285 + 4 = 6.2215$

$f(x'_3) = 6.5073$

由于 $f(x_3) < f(x'_3)$，故取 $[a_3, b_3] = [x_3, b_2] = [0.4285, 1.1428]$

$$\begin{cases} x_4 = x'_3 = 0.7143 \\ x'_4 = a_3 + \dfrac{F_3}{F_4} \cdot (b_3 - a_3) = 0.8571 \end{cases}$$

$f(x_4) = 6.5073$

$f(x'_4) = 0.8571^3 - 7 \times 0.8571^2 + 8 \times 0.8571 + 4 = 6.3441$

由于 $f(x_4) > f(x'_4)$，故取 $[a_4, b_4] = [a_3, x'_4] = [0.4285, 0.8571]$

$$\begin{cases} x_5 = b_4 + \dfrac{F_2}{F_3} \cdot (a_4 - b_4) = 0.5174 \\ x'_5 = x_4 = 0.7143 \end{cases}$$

$f(x_5) = 0.5174^3 - 7 \times 0.5174^2 + 8 \times 0.5174 + 4 = 6.4722$

$f(x'_5) = 6.5073$

由于 $f(x_5) < f(x'_5)$，故取 $[a_5, b_5] = [x_5, b_4] = [0.5714, 0.8571]$

取 $\varepsilon = 0.001$ $\begin{cases} x_6 = x'_5 = 0.7143 \\ x'_6 = a_5 + \left(\dfrac{1}{2} + \varepsilon\right) \cdot (b_5 - a_5) = 0.7145 \end{cases}$

$f(x_6) = 6.5073$

$f(x'_6) = 6.5072$

由于 $f(x_6) > f(x'_6)$，故取 $[a_6, b_6] = [a_6, x'_6] = [0.5714, 0.7145]$

所以 $x_6 = 6.5073$，为近似极大值。

6.10　解：

$f(x) = e^x - 5x, x \in [1, 2]$

设 $x_1 = 1$，步长 $h_1 = 0.1$

则 $x_2 = x_1 + h_1 = 1.1$，$x_3 = x_1 + 2h_1 = 1.2$

$f(x_1) = -2.2817$，$f(x_2) = -2.4958$，$f(x_3) = -2.6799$

设拟合抛物线为：$Q(x) = a_0 + a_1 x + a_2 x^2$

则 $a_1 = \dfrac{(x_2^2 - x_3^2)f(x_1) + (x_3^2 - x_1^2)f(x_2) + (x_1^2 - x_2^2)f(x_3)}{(x_1 - x_2) \cdot (x_2 - x_3) \cdot (x_3 - x_1)}$

$a_2 = \dfrac{(x_2 - x_3)f(x_1) + (x_3 - x_1)f(x_2) + (x_1 - x_2)f(x_3)}{(x_1 - x_2) \cdot (x_2 - x_3) \cdot (x_3 - x_1)}$

$x^* = \dfrac{a_1}{2a_2} = \dfrac{(x_2^2 - x_3^2)f(x_1) + (x_3^2 - x_1^2)f(x_2) + (x_1^2 - x_2^2)f(x_3)}{(x_2 - x_3)f(x_1) + (x_3 - x_1)f(x_2) + (x_1 - x_2)f(x_3)}$

将 x_1，x_2，x_3，$f(x_1)$，$f(x_2)$，$f(x_3)$ 代入上式，得 $x^* = 1.7621$，$f(x^*) = -2.9857$

当 $x_1 < x_2 < x_3 < x^*$ 时，$f(x^*)$ 为最小，取 x_2，x_3，x^* 为新的逼近起步点，重复上式计算。

即得 $x^* = 1.6201$，$f(x^*) = -3.0469$

所以 $f(x) = e^x - 5x$ 的近似极小值点为 $x^* = 1.6201$，近似极小值为 -3.0496。

6.11　解：

$f(x) = x_1 - x_2 + 2x_1^2 + 2x_1 x_2 + x_2^2$，$X^{(1)} = (0, 0)^T$

（1）（梯度法）

$$\nabla f(x) = \begin{pmatrix} \dfrac{\partial f(x)}{\partial x_1} \\ \dfrac{\partial f(x)}{\partial x_2} \end{pmatrix} = \begin{pmatrix} 1 + 4x_1 + 2x_2 \\ -1 + 2x_1 + 2x_2 \end{pmatrix}$$

在点 $X^{(1)}$ 处，$\nabla f(X^{(1)}) = \begin{pmatrix} -1 \\ 1 \end{pmatrix}$

令 $d^{(1)} = -\nabla f(X^{(1)}) = \begin{pmatrix} 1 \\ -1 \end{pmatrix}$

再从 $X^{(1)}$ 出发，沿 $d^{(1)}$ 方向做一维寻优，令步长为 λ_1，则有

$$X^{(2)} = X^{(1)} + \lambda_1 d^{(1)} = \begin{pmatrix} 0 \\ 0 \end{pmatrix} + \lambda_1 \begin{pmatrix} -1 \\ 1 \end{pmatrix} = \begin{pmatrix} -\lambda_1 \\ \lambda_1 \end{pmatrix}$$

故 $f(X^{(2)}) = f(X^{(1)} + \lambda_1 d^{(1)}) = (-\lambda_1) - \lambda_1 + 2(-\lambda_1)^2 + 2(-\lambda_1) \cdot \lambda_1 + \lambda_1^2$

$\qquad = \lambda_1^2 - 2\lambda_1 = \phi_1(\lambda_1)$

令 $\phi_1'(\lambda_1) = 0$，即 $2\lambda_1 - 2 = 0$，$\lambda_1 = 1$

则 $X^{(2)} = X^{(1)} + \lambda_1 d^{(1)} = \begin{pmatrix} 0 \\ 0 \end{pmatrix} + \begin{pmatrix} -1 \\ 1 \end{pmatrix} = \begin{pmatrix} -1 \\ 1 \end{pmatrix}$

从 $X^{(2)}$ 出发，与上类似迭代

$\nabla f(X^{(2)}) = \begin{pmatrix} -1 \\ -1 \end{pmatrix}$

令 $d^{(2)} = -\nabla f(X^{(2)}) = \begin{pmatrix} 1 \\ 1 \end{pmatrix}$

令步长为 λ_2，则 $X^{(3)} = X^{(2)} + \lambda_2 d^{(2)} = \begin{pmatrix} -1 \\ 1 \end{pmatrix} + \lambda_2 \begin{pmatrix} 1 \\ 1 \end{pmatrix} = \begin{pmatrix} \lambda_2 - 1 \\ \lambda_2 + 1 \end{pmatrix}$

故 $f(X^{(3)}) = f(X^{(2)} + \lambda_2 d^{(2)}) = 5\lambda_2^2 - 2\lambda_2 - 1 = \phi_2(\lambda_2)$

令 $\phi_2'(\lambda_2) = 0$，即 $10\lambda_2 - 2 = 0$，$\lambda_2 = \dfrac{1}{5}$

$X^{(3)} = X^{(2)} + \lambda_2 d^{(2)} = \begin{pmatrix} -1 \\ 1 \end{pmatrix} + \dfrac{1}{5} \begin{pmatrix} 1 \\ 1 \end{pmatrix} = \begin{pmatrix} -0.8 \\ 1.2 \end{pmatrix}$

此时，迭代精度为 $\| \nabla f(X^{(1)}) \| \approx 0.2828$

$f(X^{(3)}) = -1.2$。

（2）（共轭梯度法）

$\nabla f(x) = \begin{pmatrix} 1 + 4x_1 + 2x_2 \\ -1 + 2x_1 + 2x_2 \end{pmatrix}$

因为共轭梯度法第一步与梯度法相同，直接引用梯度法求解结果：

$\delta_1 = \nabla f(X^{(1)}) = \begin{pmatrix} 1 \\ -1 \end{pmatrix}$，$d^{(1)} = \begin{pmatrix} -1 \\ 1 \end{pmatrix}$，$X^{(2)} = \begin{pmatrix} -1 \\ 1 \end{pmatrix}$

下面计算 δ_2 与 $d^{(2)}$：

$f(x)$ 在 $x^{(2)}$ 处，$g_2 = \nabla f(X^{(2)}) = \begin{pmatrix} -1 \\ -1 \end{pmatrix}$，$\beta_1 = \dfrac{\| g_2 \|^2}{\| g_1 \|^2} = 1$

$d^{(2)} = -g_2 + \beta_1 \cdot d^{(1)} = -\begin{pmatrix} -1 \\ -1 \end{pmatrix} + \begin{pmatrix} -1 \\ 1 \end{pmatrix} = \begin{pmatrix} 0 \\ 2 \end{pmatrix}$

从 $X^{(2)}$ 出发，沿 $d^{(2)}$ 方向做一维搜索寻优，求出最优步长为 λ_2：

$\lambda_2 = \dfrac{-(g_2)^T d^{(2)}}{(d^{(2)})^T \cdot A \cdot d^{(2)}}$

因为 $f(x) = x_1 - x_2 + 2x_1^2 + 2x_1 x_2 + x_2^2 = \dfrac{1}{2} X^T A X + B^T X + C$

$$A = \nabla^2 f(x) = \begin{pmatrix} 4 & 2 \\ 2 & 2 \end{pmatrix}$$

$$\lambda_2 = -\frac{(g_2)^T d^{(2)}}{(d^{(2)})^T A d^{(2)}} = -\frac{\begin{pmatrix} -1 \\ -1 \end{pmatrix}^T \cdot \begin{pmatrix} 0 \\ 2 \end{pmatrix}}{\begin{pmatrix} 0 \\ 2 \end{pmatrix}^T \cdot \begin{pmatrix} 4 & 2 \\ 2 & 2 \end{pmatrix} \cdot \begin{pmatrix} 0 \\ 2 \end{pmatrix}} = \frac{1}{4}$$

故 $X^{(3)} = X^{(2)} + \lambda_2 d^{(2)} = \begin{pmatrix} -1 \\ 1 \end{pmatrix} + \frac{1}{4}\begin{pmatrix} 0 \\ 2 \end{pmatrix} = \begin{pmatrix} -1 \\ 1.5 \end{pmatrix}$

因为 $g_3 = \nabla f(X^{(3)}) = \begin{pmatrix} 0 \\ 0 \end{pmatrix}$，所以 $X^{(3)}$ 是极小值点，极小值为 $f(X^{(3)}) = -1.25$。

6.12 解：

$f(x) = x_1^2 + 2x_2^2 - 4x_1 - 2x_1 x_2$，$X^{(1)} = (1, 1)^T$

（1）（牛顿法）

$$\nabla f(x) = \begin{pmatrix} 2x_1 - 4 - 2x_2 \\ 4x_2 - 2x_1 \end{pmatrix}, \quad \nabla^2 f(x) = \begin{pmatrix} 2 & -2 \\ -2 & 4 \end{pmatrix}$$

在 $X^{(1)}$ 处，$\nabla f(X^{(1)}) = \begin{pmatrix} -4 \\ 2 \end{pmatrix}$，$\nabla^2 f(X^{(2)}) = H(X^{(1)}) = \begin{pmatrix} 2 & -2 \\ -2 & 4 \end{pmatrix}$

牛顿方向 $d^{(1)} = -(H(X^{(1)}))^{-1} \cdot \nabla f(X^{(1)})$

$$= -\begin{pmatrix} 2 & -2 \\ -2 & 4 \end{pmatrix}^{-1} \cdot \begin{pmatrix} -4 \\ 2 \end{pmatrix} = -\begin{pmatrix} 1 & \frac{1}{2} \\ \frac{1}{2} & \frac{1}{2} \end{pmatrix} \cdot \begin{pmatrix} -4 \\ 2 \end{pmatrix} = \begin{pmatrix} 3 \\ 1 \end{pmatrix}$$

从 $X^{(1)}$ 出发，沿 $d^{(1)}$ 做一维搜索，令步长为 λ_1，则有

$$X^{(2)} = X^{(1)} + \lambda_1 d^{(1)} = \begin{pmatrix} 1 \\ 1 \end{pmatrix} + \lambda_1 \begin{pmatrix} 3 \\ 1 \end{pmatrix} = \begin{pmatrix} 1 + 3\lambda_1 \\ 1 + \lambda_1 \end{pmatrix}$$

$$\begin{aligned} f(X^{(2)}) &= f(X^{(1)} + \lambda_1 d^{(1)}) \\ &= (1 + 3\lambda_1)^2 + 2(1 + \lambda_1)^2 - 4(1 + 3\lambda_1) - 2(1 + 3\lambda_1) \cdot (1 + \lambda_1) \\ &= 5\lambda_1^2 - 10\lambda_1 - 3 = \phi(\lambda_1) \end{aligned}$$

令 $\phi'(\lambda_1) = 0$，即 $10\lambda_1 - 10 = 0$，$\lambda_1 = 1$

$$X^{(2)} = X^{(1)} + \lambda_1 d^{(1)} = \begin{pmatrix} 1 \\ 1 \end{pmatrix} + \begin{pmatrix} 3 \\ 1 \end{pmatrix} = \begin{pmatrix} 4 \\ 2 \end{pmatrix}$$

因为 $\nabla^2 f(X^{(2)}) = \begin{pmatrix} 2 \times 4 - 4 - 2 \times 2 \\ 4 \times 2 - 2 \times 4 \end{pmatrix} = \begin{pmatrix} 0 \\ 0 \end{pmatrix}$

所以 $X^{(2)}$ 是极小值点，极小值 $f(X^{(2)}) = -8$。

（2）（变换尺度法）

$$\nabla f(x) = \begin{pmatrix} 2x_1 - 4 - 2x_2 \\ 4x_2 - 2x_1 \end{pmatrix}$$

在 $X^{(1)} = \begin{pmatrix} 1 \\ 1 \end{pmatrix}$ 处，$\nabla f(X^{(1)}) = \begin{pmatrix} -4 \\ 2 \end{pmatrix}$

$$g_1 = \nabla f(X^{(1)}) = \begin{pmatrix} -4 \\ 2 \end{pmatrix}, \quad H_1 = \begin{pmatrix} 1 & 0 \\ 0 & 1 \end{pmatrix}$$

$$d^{(1)} = -H_1 \cdot g_1 = \begin{pmatrix} 4 \\ -2 \end{pmatrix}$$

从 $X^{(1)}$ 出发，沿 $d^{(1)}$ 做一维搜索，令最优步长为 λ_1，则有

$$X^{(2)} = X^{(1)} + \lambda_1 d^{(1)} = \begin{pmatrix} 1 \\ 1 \end{pmatrix} + \lambda_1 \cdot \begin{pmatrix} 4 \\ -2 \end{pmatrix} = \begin{pmatrix} 1+4\lambda_1 \\ 1-2\lambda_1 \end{pmatrix}$$

$$\begin{aligned}
f(X^{(2)}) &= f(X^{(1)} + \lambda_1 d^{(1)}) \\
&= (1+4\lambda_1)^2 + 2(1-2\lambda_1)^2 - 4(1+4\lambda_1) - 2(1+4\lambda_1) \cdot (1-2\lambda_1) \\
&= 40\lambda_1^2 - 20\lambda_1 - 2 = \phi(\lambda_1)
\end{aligned}$$

令 $\phi_1'(\lambda_1) = 0$，即 $80\lambda_1 - 20 = 0$，$\lambda_1 = \dfrac{1}{4}$

$$X^{(2)} = \begin{pmatrix} 1 + 4 \times \dfrac{1}{4} \\ 1 - 2 \times \dfrac{1}{4} \end{pmatrix} = \begin{pmatrix} 2 \\ \dfrac{1}{2} \end{pmatrix}$$

计算 $g_2 = \nabla f(X^{(2)}) = \begin{pmatrix} -1 \\ -2 \end{pmatrix}$

$$p^{(1)} = X^{(2)} - X^{(1)} = \begin{pmatrix} 1 \\ -\dfrac{1}{2} \end{pmatrix}$$

$$q^{(1)} = g_2 - g_1 = \begin{pmatrix} 3 \\ -4 \end{pmatrix}$$

$$H_2 = H_1 + \frac{p^{(1)} \cdot (p^{(1)})^T}{(p^{(1)})^T \cdot p^{(1)}} - \frac{H_1 q^{(1)} \cdot (q^{(1)})^T H_1}{(q^{(1)})^T \cdot H_1 \cdot q^{(1)}}$$

$$= \begin{pmatrix} 1 & 0 \\ 0 & 1 \end{pmatrix} + \frac{\begin{pmatrix} 1 \\ -\dfrac{1}{2} \end{pmatrix} \cdot \begin{pmatrix} 1 & -\dfrac{1}{2} \end{pmatrix}}{\begin{pmatrix} 1 & -\dfrac{1}{2} \end{pmatrix} \cdot \begin{pmatrix} 3 \\ -4 \end{pmatrix}} - \frac{\begin{pmatrix} 1 & 0 \\ 0 & 1 \end{pmatrix} \cdot \begin{pmatrix} 3 \\ -4 \end{pmatrix} \cdot \begin{pmatrix} 3 & -4 \end{pmatrix} \cdot \begin{pmatrix} 1 & 0 \\ 0 & 1 \end{pmatrix}}{\begin{pmatrix} 3 & -4 \end{pmatrix} \cdot \begin{pmatrix} 1 & 0 \\ 0 & 1 \end{pmatrix} \cdot \begin{pmatrix} 3 \\ -4 \end{pmatrix}}$$

$$= \begin{pmatrix} 1 & 0 \\ 0 & 1 \end{pmatrix} + \frac{1}{5} \begin{pmatrix} 1 & -\frac{1}{2} \\ -\frac{1}{2} & \frac{1}{4} \end{pmatrix} - \frac{1}{25} \begin{pmatrix} 9 & -12 \\ -12 & 16 \end{pmatrix}$$

$$= \begin{pmatrix} \frac{84}{100} & \frac{38}{100} \\ \frac{38}{100} & \frac{41}{100} \end{pmatrix}$$

$$d^{(2)} = -H_1 \cdot g_2 = -\begin{pmatrix} \frac{84}{100} & \frac{38}{100} \\ \frac{38}{100} & \frac{41}{100} \end{pmatrix} \cdot \begin{pmatrix} -1 \\ -2 \end{pmatrix} = \begin{pmatrix} \frac{8}{5} \\ \frac{6}{5} \end{pmatrix}$$

从 $X^{(2)}$ 出发，沿 $d^{(2)}$ 做一维搜索，令最优步长为 λ_1，则有

$$X^{(3)} = X^{(2)} + \lambda_1 d^{(2)} = \begin{pmatrix} 2 \\ \frac{1}{2} \end{pmatrix} + \lambda_1 \begin{pmatrix} \frac{8}{5} \\ \frac{6}{5} \end{pmatrix} = \begin{pmatrix} 2 + \frac{8}{5}\lambda_1 \\ \frac{1}{2} + \frac{6}{5}\lambda_1 \end{pmatrix}$$

$$\begin{aligned} f(X^{(3)}) &= f(X^{(2)} + \lambda_1 d^{(2)}) \\ &= \left(2 + \frac{8}{5}\lambda_1\right)^2 + 2\left(\frac{1}{2} + \frac{6}{5}\lambda_1\right)^2 - 4\left(2 + \frac{8}{5}\lambda_1\right) - 2\left(2 + \frac{8}{5}\lambda_1\right) \cdot \left(\frac{1}{2} + \frac{6}{5}\lambda_1\right) \\ &= \frac{40}{25}\lambda_1^2 - \frac{20}{5}\lambda_1 - \frac{11}{2} = \phi(\lambda_1) \end{aligned}$$

令 $\phi'(\lambda_1) = 0$，即 $\frac{80}{25}\lambda_1 - \frac{20}{5} = 0$，$\lambda_1 = \frac{5}{4}$

$$X^{(3)} = \begin{pmatrix} 2 + \frac{8}{5} \times \frac{5}{4} \\ \frac{1}{2} + \frac{6}{5} \times \frac{5}{4} \end{pmatrix} = \begin{pmatrix} 4 \\ 2 \end{pmatrix}$$

因为 $\nabla f(X^{(2)}) = \begin{pmatrix} 0 \\ 0 \end{pmatrix}$，所以 $X^{(3)}$ 是极小值点，极小值为 $f(X^{(3)}) = -8$。

6.13　解：

设拟合直线为 $\hat{y}_i = a + bx_i$，则有

i	1	2	3	4
x_i	2	4	6	8
y_i	1	3	5	6
$\hat{y}_i$	$a+2b$	$a+4b$	$a+6b$	$a+8b$

拟合误差平方和（最小二乘意义）为：$\alpha = \sum_{i=1}^{4} (y_i - \hat{y}_i)^2$

$$\min \alpha = (a + 2b - 1)^2 + (a + 4b - 3)^2 + (a + 6b - 5)^2 + (a + 8b - 6)^2$$

6.14　解：

令 $\begin{cases} f_1(x) = x_1 - 2x_2 + 3x_3 - 2 \\ f_2(x) = 3x_1 - 2x_2 + x_3 - 7 \\ f_3(x) = x_1 + x_2 - x_3 - 1 \end{cases}$

求解线性方程组解。

可转化为无约束极小值求解

$$\min f(x) = f_1^2(x) + f_2^2(x) + f_3^2(x)$$

$$\min f(x) = (x_1 - 2x_2 + 3x_3 - 2)^2 + (3x_1 - 2x_2 + x_3 - 7)^2 + (x_1 + x_2 - x_3 - 1)^2$$

转化合理性论证：

$$\frac{\partial f(x)}{\partial x_1} = 0, \quad \frac{\partial f(x)}{\partial x_2} = 0, \quad \frac{\partial f(x)}{\partial x_3} = 0$$

即 $\begin{cases} 2f_1(x) + 3f_2(x) + f_3(x) = 0 \\ -2f_1(x) - 2f_2(x) + f_3(x) = 0, \\ 3f_1(x) + f_2(x) - f_3(x) = 0 \end{cases}$ 简化得 $\begin{cases} f_1(x) = 0 \\ f_2(x) = 0 \\ f_3(x) = 0 \end{cases}$

6.15　解：

（1）$\min f(x) = x_1^2 + x_2^2 + 8$

$$\begin{cases} x_1^2 - x_2 \geq 0 \\ -x_1 - x_2^2 + 2 = 0 \\ x_1, \ x_2 \geq 0 \end{cases}$$

令 $f_1(x) = x_1^2 - x_2$，$f_2(x) = -x_1 - x_2^2 + 2$

因为 $\nabla f(x) = \begin{pmatrix} 2x_1 \\ 2x_2 \end{pmatrix}$，$\nabla^2 f(x) = \begin{pmatrix} 2 & 0 \\ 0 & 2 \end{pmatrix}$ 为正定矩阵

所以 $f(x)$ 为凸函数。

因为 $\nabla f_1(x) = \begin{pmatrix} 2x_1 \\ -1 \end{pmatrix}$，$\nabla^2 f_1(x) = \begin{pmatrix} 2 & 0 \\ 0 & 0 \end{pmatrix}$ 为半正定矩阵

$$\nabla f_2(x) = \begin{pmatrix} -1 \\ -2x_2 \end{pmatrix}, \quad \nabla^2 f_2(x) = \begin{pmatrix} 0 & 0 \\ 0 & -2 \end{pmatrix} 为半正定矩阵$$

所以 $f_1(x)$，$f_2(x)$ 均为凸函数，那么原规划问题为凸规划。

（2）$\min f(x) = 2x_1^2 + x_2^2 + x_3^2 - x_1 x_2$

$$\begin{cases} x_1^2 + x_2^2 \leq 4 \\ 5x_1^2 + x_3 = 10 \\ x_1, \ x_2, \ x_3 \geq 0 \end{cases}$$

令 $f_1(x) = 4 - (x_1^2 + x_2^2)$, $f_2(x) = 5x_1^2 + x_3 - 10$

因为 $\nabla f(x) = \begin{pmatrix} 4x_1 - x_2 \\ 2x_2 - x_1 \\ 2x_3 \end{pmatrix}$, $\nabla^2 f(x) = \begin{pmatrix} 4 & -1 & 0 \\ -1 & 2 & 0 \\ 0 & 0 & 2 \end{pmatrix}$ 为正定矩阵

所以 $f(x)$ 为凸函数。

$\nabla f_1(x) = \begin{pmatrix} -2x_1 \\ -2x_2 \\ 0 \end{pmatrix}$, $\nabla^2 f_1(x) = \begin{pmatrix} -2 & 0 & 0 \\ 0 & -2 & 0 \\ 0 & 0 & 0 \end{pmatrix}$ 为半负定矩阵

$\nabla f_2(x) = \begin{pmatrix} 10x_1 \\ 0 \\ 0 \end{pmatrix}$, $\nabla^2 f_2(x) = \begin{pmatrix} 10 & 0 & 0 \\ 0 & 0 & 0 \\ 0 & 0 & 0 \end{pmatrix}$ 为半正定矩阵

所以 $f_1(x)$ 为凹函数,$f_2(x)$ 为凸函数,那么原规划问题为凸规划。

6.16 解:

$\min f(x) = x_1^2 + x_2^2 + x_3^2$, $X^{(1)} = (2, -2, 1)^T$

$\nabla f(x) = \begin{pmatrix} 2x_1 \\ 2x_2 \\ 2x_3 \end{pmatrix}$, $\nabla f(X^{(1)}) = \begin{pmatrix} 4 \\ -4 \\ 2 \end{pmatrix}$

令搜索方向为 $d^{(1)} = -\nabla f(X^{(1)}) = \begin{pmatrix} -4 \\ 4 \\ -2 \end{pmatrix}$

从 $X^{(1)}$ 出发,沿 $d^{(1)}$ 方向做一维搜索寻优,设步长为 λ,则

$X^{(2)} = X^{(1)} + \lambda d^{(1)} = \begin{pmatrix} 2 \\ -2 \\ 1 \end{pmatrix} + \begin{pmatrix} -4\lambda \\ 4\lambda \\ -2\lambda \end{pmatrix} = \begin{pmatrix} 2 - 4\lambda \\ -2 + 4\lambda \\ 1 - 2\lambda \end{pmatrix}$

$\begin{aligned} f(X^{(2)}) &= f(X^{(1)} + \lambda d^{(1)}) \\ &= (2 - 4\lambda)^2 + (-2 + 4\lambda)^2 + (1 - 2\lambda)^2 \\ &= 36\lambda^2 - 36\lambda + 5 = \phi(\lambda) \end{aligned}$

令 $\phi'(\lambda) = 0$,即 $36 \times 2\lambda - 36 = 0$,$\lambda = \dfrac{1}{2}$

$X^{(2)} = \begin{pmatrix} 0 \\ 0 \\ 0 \end{pmatrix}$

因为 $\nabla f(X^{(2)}) = \begin{pmatrix} 0 \\ 0 \\ 0 \end{pmatrix}$,所以 $X^{(2)}$ 为 $f(x)$ 极小值点,极小值为 $f(X^{(2)}) = 0$。

6.17　解：

$$f(x) = -(x_1 - 2)^2 - 2x_2^2, \quad X^{(1)} = \begin{pmatrix} 0 \\ 0 \end{pmatrix}$$

$$\nabla f(x) = \begin{pmatrix} -2(x_1 - 2) \\ -4x_2 \end{pmatrix}, \quad \nabla f(X^{(1)}) = \begin{pmatrix} 4 \\ 0 \end{pmatrix}$$

令搜索方向 $d^{(1)} = -\nabla f(X^{(1)}) = \begin{pmatrix} -4 \\ 0 \end{pmatrix}$

从 $X^{(1)}$ 出发，沿 $d^{(1)}$ 方向一维寻优，设步长为 λ，则

$$X^{(2)} = X^{(1)} + \lambda d^{(1)} = \begin{pmatrix} 0 \\ 0 \end{pmatrix} + \lambda \begin{pmatrix} -4 \\ 0 \end{pmatrix} = \begin{pmatrix} -4\lambda \\ 0 \end{pmatrix}$$

$$f(X^{(2)}) = -(-4\lambda - 2)^2 = -16\lambda^2 - 16\lambda - 4 = \phi(\lambda)$$

令 $\phi'(\lambda) = 0$，即 $-32\lambda - 16 = 0$，$\lambda = -\dfrac{1}{2}$

$$X^{(2)} = \begin{pmatrix} -4 \times \left(-\dfrac{1}{2} \right) \\ 0 \end{pmatrix} = \begin{pmatrix} 2 \\ 0 \end{pmatrix}$$

因为 $\nabla f(X^{(2)}) = \begin{pmatrix} 0 \\ 0 \end{pmatrix}$，所以 $X^{(2)}$ 为 $f(x)$ 极大值点，极大值为 $f(X^{(2)}) = 0$。

若出发点为 $X^{(1)} = \begin{pmatrix} 0 \\ 1 \end{pmatrix}$

$$\nabla f(X^{(1)}) = \begin{pmatrix} 4 \\ -4 \end{pmatrix}, \quad d^{(1)} = -\nabla f(X^{(1)}) = \begin{pmatrix} -4 \\ 4 \end{pmatrix}$$

$$X^{(2)} = X^{(1)} + \lambda d^{(1)} = \begin{pmatrix} 0 \\ 1 \end{pmatrix} + \lambda \begin{pmatrix} -4 \\ 4 \end{pmatrix} = \begin{pmatrix} -4\lambda \\ 1 + 4\lambda \end{pmatrix}$$

$$f(X^{(2)}) = -(-4\lambda - 2)^2 - 2(1 + 4\lambda)^2$$
$$= -48\lambda^2 - 32\lambda - 6 = \phi(\lambda)$$

令 $\phi'(\lambda) = 0$，即 $-96\lambda - 32 = 0$，$\lambda = -\dfrac{1}{3}$

$$X^{(2)} = \begin{pmatrix} \dfrac{4}{3} \\ -\dfrac{1}{3} \end{pmatrix}, \quad \nabla f(X^{(2)}) = \begin{pmatrix} \dfrac{4}{3} \\ \dfrac{4}{3} \end{pmatrix}$$

$$d^{(2)} = -\nabla f(X^{(2)}) = \begin{pmatrix} -\dfrac{4}{3} \\ -\dfrac{4}{3} \end{pmatrix}, \quad X^{(3)} = X^{(2)} + \lambda d^{(2)} = \begin{pmatrix} \dfrac{4}{3} \\ -\dfrac{1}{3} \end{pmatrix} + \lambda \begin{pmatrix} -\dfrac{4}{3} \\ -\dfrac{4}{3} \end{pmatrix} = \begin{pmatrix} \dfrac{4}{3} - \dfrac{4}{3}\lambda \\ -\dfrac{1}{3} - \dfrac{4}{3}\lambda \end{pmatrix}$$

$$f(X^{(3)}) = -\left(\frac{4}{3} - \frac{4}{3}\lambda\right)^2 - 2\left(-\frac{1}{3} - \frac{4}{3}\lambda\right)^2$$

$$= -\frac{48}{9}\lambda^2 - \frac{32}{9}\lambda - \frac{6}{9} = \phi(\lambda)$$

令 $\phi'(\lambda) = 0$，$-\frac{96}{9}\frac{32}{9}\lambda - \frac{32}{9} = 0$，$\lambda = -\frac{1}{3}$

$$X^{(3)} = \begin{pmatrix} \dfrac{16}{9} \\ \dfrac{1}{9} \end{pmatrix}$$

因为 $\nabla f(X^{(3)}) \neq 0$，所以 $X^{(3)}$ 还不是极大值点。

由上述计算可知，利用最速下降法求函数极大值点，初始点的选择不同，迭代到达极大值点的步数差别比较大，本题从 $X^{(1)} = \begin{pmatrix} 0 \\ 0 \end{pmatrix}$ 出发，一步迭代搜索就达到最优极值点 $\begin{pmatrix} 2 \\ 0 \end{pmatrix}$，而从 $X^{(1)} = \begin{pmatrix} 0 \\ 1 \end{pmatrix}$ 出发，经过两步迭代仍未达到极大值点，只是逐步逼近。

6.18　解：

$$\max f(x) = \frac{1}{x_1^2 + x_2^2 + 2}, \quad X^{(1)} = \begin{pmatrix} 4 \\ 0 \end{pmatrix}$$

$$\nabla f(x) = \begin{pmatrix} \dfrac{2x_1}{(x_1^2 + x_2^2 + 2)^2} \\ \dfrac{2x_2}{(x_1^2 + x_2^2 + 2)^2} \end{pmatrix}$$

$$\nabla^2 f(x) = \begin{pmatrix} \dfrac{-6x_1^2 + 2x_2^2 + 4}{(x_1^2 + x_2^2 + 2)^3} & \dfrac{-8x_1 x_2}{(x_1^2 + x_2^2 + 2)^3} \\ \dfrac{-8x_1 x_2}{(x_1^2 + x_2^2 + 2)^3} & \dfrac{2x_1^2 - 6x_2^2 + 4}{(x_1^2 + x_2^2 + 2)^3} \end{pmatrix}$$

在 $X^{(1)}$ 处

$$\nabla f(X^{(1)}) = \begin{pmatrix} \dfrac{2}{81} \\ 0 \end{pmatrix}, \quad \nabla^2 f(X^{(1)}) = \begin{pmatrix} \dfrac{-23}{18 \times 81} & 0 \\ 0 & \dfrac{1}{18 \times 9} \end{pmatrix} = H(X^{(1)})$$

$$d^{(1)} = -(H(X^{(1)}))^{-1} \cdot \nabla f(X^{(1)}) = -\begin{pmatrix} \dfrac{-23}{18 \times 81} & 0 \\ 0 & \dfrac{1}{18 \times 9} \end{pmatrix}^{-1} \cdot \begin{pmatrix} \dfrac{2}{81} \\ 0 \end{pmatrix}$$

$$= -\begin{pmatrix} \dfrac{18 \times 81}{-23} & 0 \\ 0 & 18 \times 9 \end{pmatrix} \cdot \begin{pmatrix} \dfrac{2}{81} \\ 0 \end{pmatrix} = \begin{pmatrix} \dfrac{-36}{23} \\ 0 \end{pmatrix}$$

$$X^{(2)} = X^{(1)} + \lambda d^{(1)} = \begin{pmatrix} 4 \\ 0 \end{pmatrix} + \lambda \begin{pmatrix} \dfrac{-36}{23} \\ 0 \end{pmatrix} = \begin{pmatrix} 4 - \dfrac{36}{23}\lambda \\ 0 \end{pmatrix}$$

$$f(X^{(2)}) = \frac{1}{\left(4 - \dfrac{36}{23}\lambda\right)^2 + 2} = \phi(\lambda)$$

令 $\phi'(\lambda) = 0$, $\dfrac{2\left(4 - \dfrac{36}{23}\lambda\right)}{\left[\left(4 - \dfrac{36}{23}\lambda\right)^2 + 2\right]^2} = 0$, $\lambda = \dfrac{23}{9}$

$X^{(2)} = \begin{pmatrix} 0 \\ 0 \end{pmatrix}$, 因为 $\nabla f(X^{(2)}) = \begin{pmatrix} 0 \\ 0 \end{pmatrix}$, 所以 $X^{(2)}$ 为极大值点, 极大值为 $f(X^{(2)}) = \dfrac{1}{2}$。

若采用固定步长 $\lambda = 1$, 则

$$X^{(2)} = X^{(1)} + \lambda d^{(1)} = \begin{pmatrix} 4 \\ 0 \end{pmatrix} + \begin{pmatrix} \dfrac{-36}{23} \\ 0 \end{pmatrix} = \begin{pmatrix} \dfrac{56}{23} \\ 0 \end{pmatrix}$$

显然, $\nabla f(X^{(2)}) \neq 0$, $X^{(2)}$ 不是极大值点。所以在搜索寻优过程中, 初始点、搜索方向均相同的情况下, 其搜索步长与搜索逼近的效果差距很大, 最优步长是搜索效果最优。

6.19 解:

$$f(x) = \frac{1}{2} X^T A X, \quad A = \begin{pmatrix} 1 & 1 \\ 1 & 2 \end{pmatrix}$$

$$\nabla f(x) = AX = \begin{pmatrix} 1 & 1 \\ 1 & 2 \end{pmatrix} \cdot \begin{pmatrix} x_1 \\ x_2 \end{pmatrix} = \begin{pmatrix} x_1 + x_2 \\ x_1 + 2x_2 \end{pmatrix}$$

在 $X^{(1)} = \begin{pmatrix} 1 \\ 0 \end{pmatrix}$ 处

$\nabla f(X^{(1)}) = \begin{pmatrix} 1 \\ 1 \end{pmatrix}$, $g_1 = \nabla f(X^{(1)}) = \begin{pmatrix} 1 \\ 1 \end{pmatrix}$, $d^{(1)} = -\nabla f(X^{(1)}) = \begin{pmatrix} -1 \\ -1 \end{pmatrix}$

步长为 λ_1:

$$\lambda_1 = \frac{-g_1^T \cdot d^{(1)}}{(d^{(1)})^T \cdot A \cdot d^{(1)}} = \frac{-(1, 1) \cdot \begin{pmatrix} -1 \\ -1 \end{pmatrix}}{(-1, -1) \cdot \begin{pmatrix} 1 & 1 \\ 1 & 2 \end{pmatrix} \cdot \begin{pmatrix} -1 \\ -1 \end{pmatrix}} = \frac{2}{5}$$

因为 $X^{(2)} = X^{(1)} + \lambda_1 d^{(1)} = \begin{pmatrix} 1 \\ 0 \end{pmatrix} + \frac{2}{5} \begin{pmatrix} -1 \\ -1 \end{pmatrix} = \begin{pmatrix} \dfrac{3}{5} \\ -\dfrac{2}{5} \end{pmatrix}$

在 $X^{(2)}$ 处

$$\nabla f(X^{(2)}) = \begin{pmatrix} \dfrac{1}{5} \\ -\dfrac{1}{5} \end{pmatrix}, \quad g_2 = \nabla f(X^{(2)}) = \begin{pmatrix} \dfrac{1}{5} \\ -\dfrac{1}{5} \end{pmatrix}, \quad \beta_1 = \frac{\| g_1 \|}{\| g_2 \|} = \frac{1}{25}$$

因为 $d^{(2)} = -g_2 + \beta_1 \cdot d^{(1)} = -\begin{pmatrix} \dfrac{1}{5} \\ -\dfrac{1}{5} \end{pmatrix} + \frac{1}{25} \cdot \begin{pmatrix} -1 \\ -1 \end{pmatrix} = \begin{pmatrix} \dfrac{-6}{25} \\ \dfrac{4}{25} \end{pmatrix}$

步长 λ_2：

$$\lambda_2 = \frac{g_2^T \cdot d^{(2)}}{(d^{(2)})^T A d^{(2)}} = \frac{\left(\dfrac{1}{5}, \ -\dfrac{1}{5} \right) \cdot \begin{pmatrix} \dfrac{-6}{25} \\ \dfrac{4}{25} \end{pmatrix}}{\left(\dfrac{-6}{25}, \ \dfrac{4}{25} \right) \cdot \begin{pmatrix} 1 & 1 \\ 1 & 2 \end{pmatrix} \cdot \begin{pmatrix} \dfrac{-6}{25} \\ \dfrac{4}{25} \end{pmatrix}} = \frac{5}{2}$$

则 $X^{(3)} = X^{(2)} + \lambda_2 d^{(2)} = \begin{pmatrix} \dfrac{3}{5} \\ -\dfrac{2}{5} \end{pmatrix} + \frac{5}{2} \begin{pmatrix} \dfrac{-6}{25} \\ \dfrac{4}{25} \end{pmatrix} = \begin{pmatrix} 0 \\ 0 \end{pmatrix}$

因为 $\nabla f(X^{(3)}) = 0$，所以 $X^{(3)} = \begin{pmatrix} 0 \\ 0 \end{pmatrix}$ 为 $f(x)$ 的极小值点。

6.20 解：

$f(x) = (x_1 - 2)^3 + (x_1 - 2x_2)^2$

$X^{(1)} = (0, 3)^T$，取 $H_1 = \begin{pmatrix} 1 & 0 \\ 0 & 1 \end{pmatrix}$，则 $\nabla f(x) = \begin{pmatrix} 3(x_1 - 2)^2 + 2(x_1 - 2x_2) \\ -4(x_1 - 2x_2) \end{pmatrix}$

$\nabla f(x^{(1)}) = \begin{pmatrix} 0 \\ 24 \end{pmatrix}, \quad g_1 = \nabla f(x^{(1)}) = \begin{pmatrix} 0 \\ 24 \end{pmatrix}$

变尺度搜索方向，$d^{(1)} = -H_1 g_1 = -\begin{pmatrix} 1 & 0 \\ 0 & 1 \end{pmatrix} \cdot \begin{pmatrix} 0 \\ 24 \end{pmatrix} = \begin{pmatrix} 0 \\ -24 \end{pmatrix}$

$X^{(2)} = X^{(1)} + \lambda d^{(1)} = \begin{pmatrix} 0 \\ 3 \end{pmatrix} + \lambda \begin{pmatrix} 0 \\ 24 \end{pmatrix} = \begin{pmatrix} 0 \\ 3 - 24\lambda \end{pmatrix}$

$$f(X^{(2)}) = -\delta + (-3 + 24\lambda)^2 = \phi(\lambda)$$

令 $\phi'(\lambda) = 0$，即 $\phi'(\lambda) = 2 \times (-3 + 24\lambda) \times 24 = 0$，$\lambda = \dfrac{1}{8}$

所以 $X^{(2)} = \begin{pmatrix} 0 \\ 0 \end{pmatrix}$，$g_2 = f(X^{(2)}) = \begin{pmatrix} 12 \\ 0 \end{pmatrix}$

$$p^{(1)} = X^{(2)} - X^{(1)} = \begin{pmatrix} 0 \\ 3 \end{pmatrix}, \quad q^{(1)} = g_2 - g_1 = \begin{pmatrix} 12 \\ -24 \end{pmatrix}$$

$$H_2 = H_1 + \frac{p^{(1)} \cdot p^{T(1)}}{p^{T(1)} \cdot q^{(1)}} - \frac{H_1 \cdot q^{(1)} \cdot q^{T(1)} \cdot H_1}{q^{T(1)} \cdot H_1 \cdot q^{(1)}}$$

$$= \begin{pmatrix} 1 & 0 \\ 0 & 1 \end{pmatrix} + \frac{\begin{pmatrix} 0 \\ -3 \end{pmatrix} \cdot (0 \quad -3)}{(0 \quad -3) \cdot \begin{pmatrix} 12 \\ -24 \end{pmatrix}} - \frac{\begin{pmatrix} 1 & 0 \\ 0 & 1 \end{pmatrix} \cdot \begin{pmatrix} 12 \\ -24 \end{pmatrix} \cdot (12 \quad -24) \cdot \begin{pmatrix} 1 & 0 \\ 0 & 1 \end{pmatrix}}{(12 \quad -24) \cdot \begin{pmatrix} 1 & 0 \\ 0 & 1 \end{pmatrix} \cdot \begin{pmatrix} 12 \\ -24 \end{pmatrix}}$$

$$= \begin{pmatrix} 1 & 0 \\ 0 & 1 \end{pmatrix} + \begin{pmatrix} 0 & 0 \\ 0 & \dfrac{1}{8} \end{pmatrix} - \begin{pmatrix} \dfrac{1}{5} & -\dfrac{2}{5} \\ -\dfrac{2}{5} & \dfrac{4}{5} \end{pmatrix} = \begin{pmatrix} \dfrac{4}{5} & \dfrac{2}{5} \\ \dfrac{2}{5} & \dfrac{13}{40} \end{pmatrix}$$

$$d^{(2)} = -H_2 \cdot g_2 = -\begin{pmatrix} \dfrac{4}{5} & \dfrac{2}{5} \\ \dfrac{2}{5} & \dfrac{13}{40} \end{pmatrix} \cdot \begin{pmatrix} 12 \\ 0 \end{pmatrix} = \begin{pmatrix} -\dfrac{48}{5} \\ -\dfrac{24}{5} \end{pmatrix}$$

$$X^{(3)} = X^{(2)} + \lambda d^{(2)} = \begin{pmatrix} 0 \\ 0 \end{pmatrix} + \lambda \begin{pmatrix} -\dfrac{48}{5} \\ -\dfrac{24}{5} \end{pmatrix} = \begin{pmatrix} -\dfrac{48}{5}\lambda \\ -\dfrac{24}{5}\lambda \end{pmatrix}$$

$$f(X^{(3)}) = \left(-\frac{48}{5}\lambda - 2 \right)^3 = \theta(\lambda)$$

令 $\theta'(\lambda) = 3\left(-\dfrac{48}{5}\lambda - 2 \right)^2 \cdot \left(-\dfrac{48}{5} \right) = 0$，$\lambda = -\dfrac{5}{24}$

$$X^{(3)} = \begin{pmatrix} 2 \\ 1 \end{pmatrix}, \quad \nabla f(x^{(3)}) = \begin{pmatrix} 0 \\ 0 \end{pmatrix}$$

因为 $\nabla f(x^{(3)}) = 0$，所以 $X^{(3)}$ 为 $f(x)$ 的极值点，极小值为 $\min f(x) = 0$。

第7章
约束极值问题

7.1 解：

设直线为 $y = a_0 + ax$，则有

$$\min z = (a_0 + 2a - 1)^2 + (a_0 + 4a - 3)^2 + (a_0 + 6a - 5)^2 + (a_0 + 8a - 6)^2$$

$$
\begin{cases}
\dfrac{\partial z}{\partial a_0} = 0 \\[2mm]
\dfrac{\partial z}{\partial a} = 0
\end{cases}
$$

7.2 解：

（1）建立数学模型：

$$\min f(X) = (x_1 - 2x_2 + 3x_3 - 2)^2 + (3x_1 - 2x_2 + x_3 - 7)^2 + (x_1 + x_2 - x_3 - 1)^2$$

（2）计算原理：

1）梯度法（最速下降法）。

①给定初始近似点 $X^{(0)}$ 不妨为 $(0, 0, 0)$，精度 $\varepsilon > 0$，不妨为 $\varepsilon = 0.01$，若

$$\| \nabla f(X^{(0)}) \|^2 \leqslant \varepsilon$$

则 $X^{(0)}$ 即为近似极小点。

②若 $\| \nabla f(X^{(0)}) \|^2 > \varepsilon$，求步长 λ。并计算

$$X^{(1)} = X^{(0)} - \lambda_0 \nabla f(X^{(0)})$$

步长求法用近似最佳步长。

③一般地，若 $\| \nabla f(X^{(0)}) \|^2 \leqslant \varepsilon$，则 $X^{(k)}$ 即为所求的近似解；若

$$\| \nabla f(X^{(0)}) \|^2 > \varepsilon$$

则求步长 λ，并确定下一个近似点

$$X^{(k+1)} = X^{(k)} - \lambda_k \nabla f(X^{(k)})$$

如此继续，直至达到要求的精度为止。

2）近似最佳步长求法。

$$f(\lambda) = f(X^{(k)} - \lambda \nabla f(X^{(k)}))$$

$$=f(X^{(k)})-\nabla f(X^{(k)})^T\lambda\nabla f(X^{(k)})+\frac{1}{2}\lambda\nabla f(X^{(k)})^T H(X^{(k)})\lambda\nabla f(X^{(k)})$$

由 $\dfrac{\mathrm{d}f}{\mathrm{d}\lambda}=0$，求出步长 λ。

7.3　解：

(1) $\begin{cases} \min f(X)=x_1^2+x_2^2+8 \\ g_1(X)=x_1^2-x_2\geqslant0 \\ g_2(X)=-x_1-x_2^2+2=0 \\ x_1,\ x_2\geqslant0 \end{cases}$

$f(X)$，$g_1(X)$，$g_2(X)$ 的海塞矩阵为

$$\nabla f(X)=\begin{bmatrix}\dfrac{\partial^2 f(X)}{\partial x_1^2} & \dfrac{\partial^2 f(X)}{\partial x_1\partial x_2}\\[2mm]\dfrac{\partial^2 f(X)}{\partial x_2\partial x_1} & \dfrac{\partial^2 f(X)}{\partial x_2^2}\end{bmatrix}=\begin{bmatrix}2 & 0\\0 & 2\end{bmatrix}$$

$$\nabla g_1(X)=\begin{bmatrix}2 & 0\\0 & 0\end{bmatrix}$$

$$\nabla g_2(X)=\begin{bmatrix}0 & 0\\0 & -2\end{bmatrix}$$

可知 $f(X)$ 为严格凸函数，$g_1(X)$ 为凸函数，$g_2(X)$ 为凹函数，所以不是一个凸规划问题。

(2) $\begin{cases} \min f(X)=2x_1^2+x_2^2+x_3^2-x_1x_2 \\ g'_1(X)=x_1^2+x_2^2\leqslant4\Leftrightarrow g_1(X)=-(x_1^2+x_2^2)+4\geqslant0 \\ g_2(X)=5x_1^2+x_3=10 \\ x_1,\ x_2,\ x_3\geqslant0 \end{cases}$

$f(X)$，$g_1(X)$，$g_2(X)$ 的海塞矩阵为

$$\nabla^2 f(X)=\begin{bmatrix}\dfrac{\partial^2 f(X)}{\partial x_1^2} & \dfrac{\partial^2 f(X)}{\partial x_1\partial x_2} & \dfrac{\partial^2 f(X)}{\partial x_1\partial x_3}\\[2mm]\dfrac{\partial^2 f(X)}{\partial x_2\partial x_1} & \dfrac{\partial^2 f(X)}{\partial x_2^2} & \dfrac{\partial^2 f(X)}{\partial x_2\partial x_3}\\[2mm]\dfrac{\partial^2 f(X)}{\partial x_3\partial x_1} & \dfrac{\partial^2 f(X)}{\partial x_3\partial x_2} & \dfrac{\partial^2 f(X)}{\partial x_3^2}\end{bmatrix}=\begin{bmatrix}4 & -1 & 0\\-1 & 2 & 0\\0 & 0 & 2\end{bmatrix}$$

$$\nabla^2 g_1(X)=\begin{bmatrix}-2 & 0 & 0\\0 & -2 & 0\\0 & 0 & 0\end{bmatrix}$$

$$\nabla^2 g_2(X) = \begin{bmatrix} 10 & 0 & 0 \\ 0 & 0 & 0 \\ 0 & 0 & 0 \end{bmatrix}$$

则 $f(X)$ 为严格凸函数，$g_1(X)$ 为凹函数，$g_2(X)$ 为凸函数，故上述非线性规划不是凸规划。

7.4 解：

函数求值次数 $n=8$；最终区间为

$[a_7, b_7] = [2.942, 3.236]$

近似极小点为 $t=2.947$

近似极小值为 $f(2.947) = 2.947^2 - 6 \times 2.947 + 2 = -6.997$

由 $\dfrac{\mathrm{d}f}{\mathrm{d}x} = 2x - 6 = 0$

所以 $x = 3$

故精确解为

$t^* = 3$，$f(t^*) = 3^2 - 6 \times 3 + 2 = -7$

7.5 解：

函数求值次数 $n=9$，最终区间为

$[a_8, b_8] = [2.918, 3.131]$

近似极小点为 $t = 3.05$

近似极小值 $f(3.05) = 3.05^2 - 6 \times 3.05 + 2 = -6.998$

7.6 解：

计算结果如下表所示：

迭代次数 k	λ_k	$X^{(k)}$	$\nabla f(X^{(k)})$
0	$\dfrac{3}{8}$	$(2, -2, 1)$	$(4, -4, 4)$
1	$\dfrac{3}{10}$	$\left(\dfrac{1}{2}, -\dfrac{1}{2}, -\dfrac{1}{2}\right)$	$(1, -1, -2)$
2	$\dfrac{3}{8}$	$\left(\dfrac{2}{10}, -\dfrac{2}{10}, -\dfrac{1}{10}\right)$	$\left(\dfrac{4}{10}, -\dfrac{4}{10}, \dfrac{4}{10}\right)$
3		$\left(\dfrac{1}{20}, -\dfrac{1}{20}, -\dfrac{1}{20}\right)$	$\left(\dfrac{1}{10}, -\dfrac{1}{10}, -\dfrac{2}{10}\right)$

由 $(4, -4, 4)$，$(1, -1, -2)$，$\left(\dfrac{4}{10}, -\dfrac{4}{10}, \dfrac{4}{10}\right)$，$\left(\dfrac{1}{10}, -\dfrac{1}{10}, -\dfrac{2}{10}\right)$ 可知相邻两步的搜索方向正交。

7.7 解：

求 $f(X) = -(x_1 - 2)^2 - 2x_2^2$ 的极大点，即求 $g(X) = (x_1 - 2)^2 + 2x_2^2$ 的极小点。

（1）取初始点 $X^{(0)} = (0, 0)^T$，取精度 $\varepsilon = 0.1$

$$\nabla g(X) = [2(x_1 - 2), 4x_2]^T, \quad \nabla g(X^{(0)}) = (-4, 0)^T$$

$$\| \nabla g(X^{(0)}) \|^2 = \left(\sqrt{(-4)^2 + 0^2} \right)^2 = 16 > \varepsilon$$

$$H(X) = \begin{pmatrix} 2 & 0 \\ 0 & 4 \end{pmatrix}$$

$$\lambda_0 = \frac{\nabla g(X^{(0)})^T \nabla g(X^{(0)})}{\nabla g(X^{(0)})^T H(X^{(0)}) \nabla g(X^{(0)})} = \frac{1}{2}$$

$$X^{(1)} = X^{(0)} - \lambda_0 \nabla g(X^{(0)}) = \begin{pmatrix} 2 \\ 0 \end{pmatrix}$$

$$\nabla g(X^{(1)}) = (0, 0)^T$$

即 $X^{(1)}$ 为极小点。

所以 $\begin{pmatrix} 2 \\ 0 \end{pmatrix}$ 为 $f(X)$ 的极大点。

（2）取初始点 $X^{(0)} = (0, 1)^T$，取精度 $\varepsilon = 0.1$，同上方法进行两次迭代，有

两次步长 $\lambda_0 = \frac{1}{3}$，$\lambda_1 = \frac{1}{3}$

两次迭代结果 $X^{(1)} = \left(\frac{4}{3}, -\frac{1}{3} \right)^T$，$X^{(2)} = \left(\frac{16}{9}, \frac{1}{9} \right)^T$

比较：对于目标函数的等值线为椭圆的问题来说，椭圆的圆心即为最小值，负梯度方向指向圆心，但初始点与圆心在同一水平直线上时，收敛很快，即尽量使搜索路径呈现较少的直角锯齿状。

7.8 解：

$$\min f(X) = x_1^2 + x_2^2 + x_3^2$$

$$X^{(0)} = (2, -2, 1)^T$$

$$\nabla f(X) = (2x_1, 2x_2, 2x_3)^T$$

$$\nabla f(X^{(0)}) = (4, -4, 2)^T$$

因为 $H(X^{(0)}) = \begin{pmatrix} 2 & 0 & 0 \\ 0 & 2 & 0 \\ 0 & 0 & 2 \end{pmatrix}$

$$H(X^{(0)})^{-1} = \begin{pmatrix} \dfrac{1}{2} & 0 & 0 \\ 0 & \dfrac{1}{2} & 0 \\ 0 & 0 & \dfrac{1}{2} \end{pmatrix}$$

所以 $X = X^{(0)} - H(X^{(0)})^{-1}\nabla f(X^{(0)}) = \begin{pmatrix} 0 \\ 0 \\ 0 \end{pmatrix}$

7.9 解：

取固定步长 $\lambda = 1$ 时不收敛。

取最佳步长时收敛，极大点为

$$X^* = (0, 0)^T, \quad f(X^*) = \frac{1}{2}$$

7.10 解：

$$A = \begin{pmatrix} 1 & 1 \\ 1 & 2 \end{pmatrix}$$

因为 $f(X) = \frac{1}{2}X^T AX = \frac{1}{2}(x_1^2 + 2x_1 x_2 + 2x_2^2)$

$$\nabla f(x) = \left[\frac{\partial f}{\partial x_1}, \frac{\partial f}{\partial x_2}\right]^T = [x_1 + x_2, x_1 + 2x_2]^T$$

先从 $X^{(0)} = (1, 1)^T$ 开始

$\nabla f(X^{(0)}) = (2, 3)^T$

$P^{(0)} = -\nabla f(X^{(0)}) = (-2, -3)^T$

$\lambda_0 = \dfrac{\nabla f(X^{(0)})^T P^{(0)}}{(P^{(0)})^T AP^0} = \dfrac{13}{34}$

于是

$$X^{(1)} = X^{(0)} + \lambda_0 P^{(0)} = \left(\frac{8}{34}, -\frac{5}{34}\right)^T$$

$$\nabla f(X^{(1)}) = \left(\frac{8}{34} - \frac{5}{34}, \frac{8}{34} - \frac{10}{34}\right)^T = \left(\frac{3}{34}, -\frac{2}{34}\right)^T$$

$$\beta_0 = \frac{\nabla f(X^{(1)})^T \nabla f(X^{(1)})}{\nabla f(X^{(0)})^T \nabla f(X^{(0)})} = \frac{1}{34^2}$$

$$P^{(1)} = -\nabla f(X^{(1)}) + \beta_0 P^{(0)} = \frac{1}{34^2}(-104, 65)^T$$

$$\lambda_1 = -\frac{\nabla f(X^{(1)})^T P^{(1)}}{(P^{(1)})^T AP^{(1)}} = \frac{34}{13}$$

故 $X^{(2)} = X^{(1)} + \lambda_1 P^{(1)} = \begin{pmatrix} 0 \\ 0 \end{pmatrix}$

故得到极小值点 $X^{(2)} = (0, 0)^T$

7.11 证明：

由于 $X^{(i)}(i = 1, 2, \cdots, n)$ 为 A 共轭阵，故它们线性独立。设 Y 为 E^n 中的任一向量，则存在 $a_i(i = 1, 2, \cdots, n)$ 使

$$Y = \sum_{i=1}^{n} a_i X^{(i)}$$

用 A 左乘上式，得

$$AY = \sum_{i=1}^{n} a_i A X^{(i)} = a_1 A X^{(1)} + a_2 A X^{(2)} + \cdots + a_n A X^{(n)}$$

分别用 $X^{(i)}(i = 1, 2, \cdots, n)$ 左乘上式，并考虑到共轭关系，则有

$$(X^{(i)})^T AY = a_i (X^{(i)})^T A X^{(i)} \quad (i = 1, 2, \cdots, n)$$

从而 $a_i = \dfrac{(X^{(i)})^T AY}{(X^{(i)})^T A X^{(i)}} (i = 1, 2, \cdots, n)$

令 $B = \sum_{i=1}^{n} \dfrac{X^{(i)}(X^{(i)})^T}{(X^{(i)})^T A X^{(i)}}$

用 AY 右乘上式，得

$$BAY = \left[\sum_{i=1}^{n} \dfrac{X^{(i)}(X^{(i)})^T}{(X^{(i)})^T A X^{(i)}} \right] AY = \sum_{i=1}^{n} \dfrac{X^{(i)T} AY}{(X^{(i)})^T A X^{(i)}} X^{(i)} = \sum_{i=1}^{n} a_i X^{(i)} = Y$$

故 $BA = E$（单位矩阵）

即 $A^{-1} = B = \sum_{i=1}^{n} \dfrac{X^{(i)}(X^{(i)})^T}{(X^{(i)})^T A X^{(i)}}$

7.12 解：

$\min f(X) = (x_1 - 2)^3 + (x_1 - 2x_2)^2$

取

$$\overline{H}^{(0)} = \begin{pmatrix} 1 & 0 \\ 0 & 1 \end{pmatrix}, \quad X^{(0)} = \begin{pmatrix} 0.00 \\ 3.00 \end{pmatrix}$$

$\nabla f(X) = [3(x_1 - 2)^2 + 2(x_1 - 2x_2), -4(x_1 - 2x_2)]^T$，$\nabla f(X^{(0)}) = (0, 24)^T$

由于 $\| \nabla f(X^{(0)}) \|^2 = 0^2 + 24^2 > 0.5$，所以

$$X^{(1)} = X^{(0)} + \lambda_0 P^{(0)} = X^{(0)} + \lambda_0 [-\overline{H}^{(0)} \nabla f(X^{(0)})] = \begin{bmatrix} 0.00 \\ 3.00 - 24\lambda_0 \end{bmatrix}$$

$f(X^{(1)}) = (-2)^3 + (-2)^2 \cdot (3.00 - 24\lambda_0)^2$

由 $\dfrac{\mathrm{d}f(X^{(1)})}{\mathrm{d}\lambda_0} = (-2)^2 \times 2 \times (-24) \cdot (3.00 - 24\lambda_0) = 0$

得 $\lambda_0 = \dfrac{1}{8}$

故 $X^{(1)} = \begin{bmatrix} 0.00 \\ 3.00 - 24 \times \dfrac{1}{8} \end{bmatrix} = \begin{bmatrix} 0.00 \\ 0.00 \end{bmatrix}$

由于 $\| \nabla f(X^{(1)}) \| = 0 < 0.5$

故 $(0.0)^T$ 为近似极小点。

7.13 解：

（1）最速下降法：

$X^{(0)} = (0, 0)^T, \ \lambda_0 = 1$

$X^{(1)} = (-1, 0)^T, \ \lambda_1 = \dfrac{1}{5}$

$X^{(2)} = (-0.8, 1.2)^T, \ \lambda_2 = 1$

$X^{(3)} = (-1, 1.4)^T, \ \lambda_3 = \dfrac{1}{5}$

$X^{(4)} = (-0.96, 1.44)^T$

（2）牛顿法：

$$X^{(0)} = (0, 0)^T, \ H^{-1} = \begin{pmatrix} \dfrac{1}{2} & -\dfrac{1}{2} \\ -\dfrac{1}{2} & 1 \end{pmatrix}$$

得极小点

$$X^{(1)} = \left(-1, \ \dfrac{3}{2}\right)^T$$

（3）变换尺度法：

$X^{(0)} = (0, 0)^T, \ P^{(0)} = (-1, 1)^T, \ \lambda_0 = 1$

$X^{(1)} = (-1, 1)^T, \ \beta_0 = 1, \ P^{(1)} = (0, 2)^T, \ \lambda_1 = \dfrac{1}{4}$

得极小点

$$X^{(2)} = \left(-1, \ \dfrac{3}{2}\right)^T$$

7.14 解：

第一步：

$f(X^{(0)}) = -7$

$f(X^{(0)} + \Delta_1) = f[(3.5, 1)^T] = -6.75 > f(X^{(0)})$

$f(X^{(0)} - \Delta_1) = f[(2.5, 1)^T] = -6.75 > f(X^{(0)})$

所以

$T_{11} = X^{(0)} = (3, 1)^T$

$f(T_{11} + \Delta_2) = f[(3, 1.5)^T] = -7.5 < f(X^{(0)})$

所以 $T_{12} = (3, 1.5)^T = X^{(1)}$

且 $f(X^{(1)}) = -7.5$

第二步：

$T_{20} = X^{(0)} + 2(X^{(1)} - X^{(0)}) = (3, 2)^T$

且 $f(T_{20}) = -7$

$f(T_{20} + \Delta_1) = f[(3.5, 2)^T] = -7.75 < f(T_{20})$

所以 $T_{21} = (3.5, 2)^T$

$f(T_{21} + \Delta_2) = f[(3.5, 2.5)^T] = -6.75 > f(T_{20})$

$f(T_{21} - \Delta_2) = f[(3.5, 1.5)^T] = -7.75 < f(T_{20})$

所以 $T_{22} = (3.5, 1.5)^T = X^{(2)}$

且 $f(X^{(2)}) = -7.75$

同理

第三步:

求得 $T_{31} = (3.5, 1.5)^T$

$T_{32} = (3.5, 2)^T = X^{(3)}$

且 $f(X^{(3)}) = -7.75$

第四步:

求得 $T_{41} = (4.2, 5)^T$

$T_{42} = (4, 2)^T = X^{(4)}$

且 $f(X^{(4)}) = -8$

第五步:

求得 $T_{51} = (4, 2)^T$

$T_{52} = (4, 2)^T = X^{(5)}$

此时应在 $(4, 2)$ 附近搜索,缩小步长以求得符合精度要求的结果。

由题意知,此时最优解为 $X^* = (4, 2)^T$。

7.15　解:

原非线性规划等同于

$$\begin{cases} \min f(X) = (x_1 - 2)^2 + (x_2 - 3)^2 \\ g_1(X) = x_1^2 + (x_2 - 2)^2 - 4 \geqslant 0 \\ g_2(X) = -x^2 + 2 \geqslant 0 \end{cases}$$

$\nabla g_1(X)^T = (2x_1, 2(x_2 - 2))^T$

$\nabla g_2(X)^T = (0, -1)^T$

$\nabla f(X)^T = ((2x_1 - 2), 2(x_2 - 3))^T$

$(1) X^{(1)} = (0, 0)^T$

起作用约束的是 $g_1(X)$

所以 $\nabla g_1(X^{(1)})^T D = (0, -4)D > 0$

$\nabla f(X^{(1)})^T D = (-4, -6)D < 0$

得 $D = (a, b)^T$，则有

$$\begin{cases} -4b > 0 \\ -4a - 6b < 0 \end{cases} \Rightarrow \begin{cases} b < 0 \\ a > -\dfrac{3}{2}b \end{cases}$$

存在可行下降方向。

（2）$X^{(2)} = (2, 2)^T$

起作用约束的是 $g_1(X)$，$g_2(X)$

所以 $\nabla g_1(X^{(2)})^T D = (4, 0) D > 0$

$\nabla g_2(X^{(2)})^T D = (0, -1) D > 0$

$\nabla f(X^{(2)})^T D = (0, -2) D < 0$

即

$$\begin{cases} 4a > 0 \\ -b > 0 \\ -2b < 0 \end{cases} \Rightarrow \begin{cases} a > 0 \\ b < 0 \,(\text{无可行解}) \\ b > 0 \end{cases}$$

不存在可行下降方向。

（3）$X^{(3)} = (3, 2)^T$

起作用约束的是 $g_2(X)$

所以 $\nabla g_2(X^{(3)})^T D = (0, -1) D > 0$

$\nabla f(X^{(3)})^T D = (2, -2) D < 0$

所以 $\begin{cases} -b > 0 \\ 2a - 2b < 0 \end{cases} \Rightarrow \begin{cases} b < 0 \\ a < b \end{cases}$

存在可行下降方向。

7.16　解：

二次规划等同于

$$\begin{cases} \min f(X) = -C^T X - X^T H X \\ g_1(x) = -AX + b \geqslant 0 \\ g_2(x) = X \geqslant 0 \end{cases}$$

设 X^* 为极小点，且与 X^* 点起作用约束的各梯度线性无关，这里假设 $g_1(X)$，$g_2(X)$ 都为起作用约束，则存在向量 $\Gamma^* = (\gamma_1^*, \cdots, \gamma_l^*)^T$

$$\begin{cases} \nabla f(X^*) - \displaystyle\sum_{j=1}^{l} \gamma_j^* \ \nabla g_j(X^*) = 0 \\ \gamma_j^* g_j(X^*) = 0 \,(j = 1, 2, \cdots, l) \\ \gamma_j^* \geqslant 0 \end{cases}$$

$$\Rightarrow \begin{cases} -C^T \nabla X \big|_{X=X^*} - \nabla(X^T H X)\big|_{X=X^*} - \sum_{j=1}^{l} \gamma_j^* \nabla g_j(X^*) \\ \gamma_j^* g_j(X^*) = 0 (j = 1,2,\cdots,l) \\ \gamma_j^* \geqslant 0 \end{cases}$$

$$\Rightarrow \begin{cases} -C^T \nabla X \big|_{X=X^*} - \nabla(X^T H X)\big|_{X=X^*} + \gamma_1^* A \nabla X \big|_{X=X^*} - \gamma_2^* \nabla X \big|_{X=X^*} = 0 \\ \gamma_1^* (-AX^* + b) = 0 \\ \gamma_2^* X^* = 0 \\ \gamma_1^*,\ \gamma_2^*,\ \cdots,\ \gamma_l^* \geqslant 0 \end{cases}$$

7. 17　解：

（1）原式等同于 $\begin{cases} \min f(x) = -(x-3)^2 \\ g_1(x) = x-1 \geqslant 0 \\ g_2(x) = -x+5 \geqslant 0 \end{cases}$

写出目标函数和约束函数的梯度：

$\nabla f(x) = -2(x-3),\ \nabla g_1(x) = 1,\ \nabla g_2(x) = -1$

对第一个和第二个约束条件分别引入广义拉格朗日乘子 γ_1^*，γ_2^*，得 K—T 点为 x^*，则有

$$\begin{cases} -2(x^*-3) - \gamma_1^* + \gamma_2^* = 0 \\ \gamma_1^* (x^*-1) = 0 \\ \gamma_2^* (5-x^*) = 0 \\ \gamma_1^*,\ \gamma_2^* \geqslant 0 \end{cases}$$

①令 $\gamma_1^* \neq 0$，$\gamma_2^* \neq 0$，无解；

②令 $\gamma_1^* \neq 0$，$\gamma_2^* = 0$，解之得 $x^* = 1$，$\gamma_1^* = 4$ 是 K—T 点，目标函数值 $f(X^*) = -4$；

③令 $\gamma_1^* = 0$，$\gamma_2^* \neq 0$，解之得 $x^* = 5$，$\gamma_2^* = 4$ 是 K—T 点，目标函数值 $f(X^*) = -4$；

④令 $\gamma_1^* = \gamma_2^* = 0$，则 $x^* = 3$，是 K—T 点，$f(X^*) = 0$，但不最优。

此问题不为凸规划，故极小点 1 和 5 是最优点。

（2）原式等同于 $\begin{cases} \min f(x) = (x-3)^2 \\ g_1(x) = x-1 \geqslant 0 \\ g_2(x) = 5-x \geqslant 0 \end{cases}$

$\nabla f(x) = 2(x-3),\ \nabla g_1(x) = 1,\ \nabla g_2(x) = -1$

引入广义拉格朗日乘子 γ_1^*，γ_2^*，设 K—T 点为 x^*，则有

$$\begin{cases} 2(x^*-3) - \gamma_1^* + \gamma_2^* = 0 \\ \gamma_1^* (x^*-1) = 0 \\ \gamma_2^* (5-x^*) = 0 \end{cases}$$

①令 $\gamma_1^* \neq 0$，$\gamma_2^* \neq 0$，无解；

②令 $\gamma_1^* \neq 0$，$\gamma_2^* = 0$，则 $x^* = 1$，$\gamma_1^* = -4$ 不是 K—T 点；

③令 $\gamma_1^* = 0$，$\gamma_2^* \neq 0$，则 $x^* = 5$，$\gamma_2^* = -4$ 不是 K—T 点；

④令 $\gamma_1^* = \gamma_2^* = 0$，则 $x^* = 3$，为 K—T 点，目标函数值 $f(X^*) = 0$。

由于该非线性规划问题为凸规划，故 $x^* = 3$ 是全局极小点。

7.18 解：

这个非线性规划的 Kuhn – Tucker 条件为

$$
\begin{cases}
-1 + 3\gamma_1^*(x_1^* - 1)^2 + 3\gamma_2^*(x_1^* - 1)^2 - \gamma_3^* = 0 \\
\gamma_1^* - \gamma_2^* - \gamma_4^* = 0 \\
\gamma_1^*\left[(x_2^* - 2) - (x_1^* - 2)^3\right] = 0 \\
\gamma_2^*\left[(x_2^* - 2) - (x_1^* - 2)^3\right] = 0 \\
\gamma_3^* x_1^* = 0 \\
\gamma_4^* x_2^* = 0 \\
\gamma_1^*, \ \gamma_2^*, \ \gamma_3^*, \ \gamma_4^* \geqslant 0
\end{cases}
$$

极大点是 $X = (1, 2)^T$，但它不是约束条件的正则点。

7.19 解：

将上述二次规划改写为

$$
\begin{cases}
\min f(X) = \dfrac{1}{2}(4x_1^2 - 8x_1 x_2 + 8_2^2) - 6x_1 - 3x_2 \\
3 - x_1 - x_2 \geqslant 0 \\
9 - 4x_1 - x_2 \geqslant 0 \\
x_1, \ x_2 \geqslant 0
\end{cases}
$$

可知目标函数为严格凸函数，此外

$c_1 = -6$，$c_2 = -3$，$c_{11} = 4$，$c_{22} = 2$

$c_{12} = 4$，$c_{21} = -4$，$b_1 = 3$，$a_{11} = -1$，$a_{12} = -1$

$b_2 = 9$，$a_{21} = -4$，$a_{22} = -1$

由于 c_1 和 c_2 小于零，故引入到人工变量 z_1 和 z_2 前面取负号，得到线性规划问题

$$
\begin{cases}
\min g(z) = z_1 + z_2 \\
-y_3 - 4y_4 + y_1 - 4x_1 + 4x_2 - z_1 = -6 \\
-y_3 - y_4 + y_2 + 4x_1 - 4x_2 - z_2 = -3 \\
-x_1 - x_2 - x_3 + 3 = 0 \\
-4x_1 - x_2 - x_4 + 9 = 0 \\
x_1, \ x_2, \ x_3, \ x_4, \ y_1, \ y_2, \ y_3, \ y_4, \ z_1, \ z_2 \geqslant 0
\end{cases}
$$

解此线性规划问题得

$$x_1^* = \frac{39}{20}, \ x_2^* = \frac{21}{20}, \ x_3^* = 0, \ x_4^* = \frac{3}{20}$$

$$z_1^* = 0, \ z_2^* = 0, \ y_3^* = \frac{21}{5}, \ y_4^* = 0$$

$$f(X^*) = -\frac{441}{40}$$

7.20　解：

原式等同于
$$\begin{cases} \min f(X) = 2x_1^2 + 2x_2^2 - 2x_1x_2 - 4x_1 - 6x_2 \\ g_1(X) = -(x_1 + x_2) + 2 \geqslant 0 \\ g_2(X) = -(x_1 + 5x_2) + 5 \geqslant 0 \\ x_1, \ x_2 \geqslant 0 \end{cases}$$

取初始可行点 $X^{(0)} = (0, \ 0)^T$, $f(X^{(0)}) = 0$, $\varepsilon = 0.1$

$$\nabla f(X) = \begin{pmatrix} \dfrac{\partial f}{\partial x_1} \\ \dfrac{\partial f}{\partial x_2} \end{pmatrix} = \begin{pmatrix} 4x_1 - 2x_2 - 4 \\ 4x_2 - 2x_1 - 6 \end{pmatrix}$$

$$\nabla f(X^{(0)}) = \begin{pmatrix} -4 \\ -6 \end{pmatrix}$$

$\nabla g_1(X) = (-1, \ -1)^T$, $\nabla g_2(X) = (-1, \ -5)^T$

$g_1(X^{(0)}) = 2 > 0$, $g_2(X^{(0)}) = 5 > 0$

从而 $J(X^{(0)})$ 为空集。

因 $\| \nabla f(X^{(0)}) \| = 16 + 36 = 52 > \varepsilon$

故 $X^{(0)}$ 不是极小点，现取搜索方向

$D^{(0)} = -\nabla f(X^{(0)}) = (4, \ 6)^T$

则 $X^{(1)} = X^{(0)} + \lambda D^{(0)} = (4\lambda, \ 6\lambda)^T$

将其代入约束条件，令 $g_1(X^{(1)}) = 0$

得 $\lambda = 0.2$

令 $g(X^{(2)}) = 0$

得 $\lambda = \dfrac{5}{34} < 0.2$

$f(X^{(1)}) = 56\lambda^2 - 52\lambda$

由 $\dfrac{\mathrm{d}f(X^{(1)})}{\mathrm{d}\lambda} = 0$，即 $56 \times 2\lambda - 52 = 0$

得 $\lambda = \dfrac{13}{28}$

因 $\dfrac{5}{34} < \dfrac{13}{28}$

故取 $\lambda_0 = \lambda = \dfrac{5}{34}$，$X^{(1)} = \left(\dfrac{10}{17}, \ \dfrac{15}{17} \right)^T$

$f(X^{(1)}) = -\dfrac{-1860}{289}$，$\nabla f(X^{(1)}) = \left(-\dfrac{58}{17}, \ -\dfrac{62}{17} \right)^T$

$g_1(X^{(1)}) = \dfrac{9}{17} > 0$，$g_2(X^{(1)}) = 0$

现构成下述线性规划问题

$$\begin{cases} \min \eta \\ -\dfrac{58}{17}d_1 - \dfrac{62}{17}d_2 \leqslant \eta \\ d_1 + 5d_2 \leqslant \eta \\ -1 \leqslant d_1 \leqslant 1, \ \ -1 \leqslant d_2 \leqslant 1 \end{cases}$$

为便于用单纯形法求解，令 $y_1 = d_1 + 1$，$y_2 = d_2 + 1$，$y_3 = -\eta$

从而有

$$\begin{cases} \min(-y_3) \\ \dfrac{58}{17}y_1 + \dfrac{62}{17}y_2 - y_3 \geqslant \dfrac{120}{17} \\ y_1 + 5y_2 + y_3 \leqslant 6 \\ y_1 \leqslant 2 \\ y_2 \leqslant 2 \\ y_1, \ y_2, \ y_3 \geqslant 0 \end{cases}$$

引入剩余变量 y_4，松弛变量 y_5，y_6 和 y_7 及人工变量 y_8，得线性规划问题

$$\begin{cases} \min(-y_3 + My_8) \\ \dfrac{58}{17}y_1 + \dfrac{62}{17}y_2 - y_3 - y_4 + y_8 = \dfrac{120}{17} \\ y_1 + 5y_2 + y_3 + y_5 = 6 \\ y_1 + y_6 = 2 \\ y_2 + y_7 = 2 \\ y_i \geqslant 0 (i = 1, \ 2, \ \cdots, \ 8) \end{cases}$$

其中 M 为任意大的数。

得最优解 $D^{(1)} = \begin{pmatrix} d_1 \\ d_2 \end{pmatrix} = \begin{pmatrix} y_1 - 1 \\ y_2 - 1 \end{pmatrix} = \begin{pmatrix} \dfrac{11}{14} \\ \dfrac{30}{7} \end{pmatrix}$

由此 $X^{(2)} = X^{(1)} + \lambda D^{(1)}$

令 $\dfrac{\mathrm{d}f(X^{(2)})}{\mathrm{d}\lambda} = 0$

得 $\lambda = \dfrac{3}{71}$

$X^{(2)} = (0.769, \ 0.957)^T$

7.21　解：

构造惩罚函数：

$P(X, \ M) = x_1^2 + x_2^2 + M\{\min(0, \ x_2 - 1)\}^2$

$\dfrac{\partial P}{\partial x_1} = 2x_1$

$\dfrac{\partial P}{\partial x_2} = 2x_2 + 2M\{\min(0, \ x_2 - 1)\}$

由 $\dfrac{\partial P}{\partial x_1} = \dfrac{\partial P}{\partial x_2} = 0$

则 $\min P(X, \ M)$ 的解为 $X(M) = \left(0, \ \dfrac{M}{M+1}\right)$

当 $M = 1$ 时，$X = \left(0, \ \dfrac{1}{2}\right)^T$；当 $M = 10$ 时，$X = \left(0, \ \dfrac{10}{11}\right)^T$。

当 $M \to +\infty$ 时，$X(M)$ 趋于原问题的极小解 $X_{\min} = (0, \ 1)^T$。

7.22　解：

构造惩罚函数：

$P(X, \ M) = x_1 + M\{[\min(0, \ (x_2 - 2) + (x_1 - 1)^3)]^2 + [\min(0, \ (x_1 - 1)^3 + (x_2 - 2))]^2\}$

$\dfrac{\partial P}{\partial x_1} = 0$

$\dfrac{\partial P}{\partial x_2} = 0$

解得最优解为 $X^* = (1, \ 2)^T$

7.23　解：

构造障碍函数：

$\overline{P}(x, \ \gamma) = (x + 1)^2 + \dfrac{\gamma}{x}$

由 $\dfrac{\partial \overline{P}}{\partial x} = 2(x + 1) - \dfrac{\gamma}{x^2} = 0$

即 $2x^2(x + 1) = \gamma$

当 $\gamma \to 0$ 时，则 $x \to 0$ 或 $x \to -1$（舍去）

故最优解为 $x^* = 0$, $f(x^*) = (0+1)^2 = 1$

7.24 解:

构造障碍函数:

$$\overline{P}(x, \gamma) = x + \frac{\gamma}{x} + \frac{\gamma}{1-x}$$

$$\frac{\partial \overline{P}(x, \gamma)}{\partial x} = 0$$

得最优解 $x^* = 0$, $f(x^*) = 0$

第8章

动态规划的基本理论

8.1 解：

（1）基本方程：

$$\begin{cases} f_{n+1}(S_{n+1}) = 0 \\ f_k(S_k) = \max\limits_{x_k \in D_k(S_k)} \{g_k(x_k) + f_{k+1}(S_{k+1})\} \end{cases} \quad k = n,\ n-1,\ \cdots,\ 1$$

允许决策集合 $D_k(S_k) = \left\{ x_k \mid 0 \leqslant x_k \leqslant \min\left(c_k,\ \dfrac{S_k}{a_k}\right) \right\}$

可达状态集合 $\begin{array}{l} S_k = \{S_k \mid 0 \leqslant S_k \leqslant b\},\ 1 < k \leqslant n \\ S_1 = b \end{array}$

状态转移函数 $S_{k+1} = S_k - a_k x_k$

（2）由于对每一个约束条件，都有一个状态变量 S_{ik}，故在 m 维空间里，共有 m 个状态变量分量。于是有

$$f_k(S_{1k},\ S_{2k},\ \cdots,\ S_{nk}) = \max\limits_{x_k \in D_k(\cdot)} \{g_k(x_k) + f_{k+1}(S_{1,k+1},\ S_{2,k+2},\ \cdots,\ S_{m,k+1})\}$$

$$D_k(\cdot) = D_k(S_{1k},\ S_{2k},\ \cdots,\ S_{mk}) = \left\{ x_k \mid 0 \leqslant x_k \leqslant \min\left(c_k,\ \dfrac{S_{1k}}{a_{1k}},\ \cdots,\ \dfrac{S_{mk}}{a_{mk}}\right) \right\}$$

8.2 解：

（1）最优解为：$x_1 = 2$，$x_2 = 1$，$x_3 = 3$；$z_{max} = 108$

（2）最优解为：$x_1 = 5/2$，$x_2 = 9/4$；$z_{max} = 131/8$

（3）最优解为：$x_1 = 1.82$，$x_2 = 1.574$，$x_3 = 3.147$；$z_{max} = 29.751$

（4）最优解为：$x_1 = 9.6$，$x_2 = 0.2$；$z_{max} = 702.92$

（5）当 $b > 4000$ 时，$x_1 = 0$，$x_2 = 0$，$x_3 = b/10$；$z_{max} = b^3/10^3$

当 $0 < b < 4000$ 时，$x_1 = 0$，$x_2 = b$，$x_3 = 0$；$z_{max} = 4b^2$

（6）当 $a > l/4$ 时，$x_1 = 0$，$x_2 = 0$，$x_3 = 0$；$z_{max} = 100a$

当 $-1/4 < a < 1/4$ 时，最优决策有两个：

即 $x_1 = 0$，$x_2 = 5$，$x_3 = 5$，$x_4 = 0$

或 $x_1 = 0$，$x_2 = 5$，$x_3 = 0$，$x_4 = 5$；$z_{max} = 25$

当 $a < -\dfrac{1}{4}$ 时，最优决策有两个：

即 $x_1 = \dfrac{10}{4a+1}$，$x_2 = \dfrac{20a}{4a+1}$，$x_3 = \dfrac{20a}{4a+1}$，$x_4 = 0$

或 $x_1 = \dfrac{10}{4a+1}$，$x_2 = \dfrac{20a}{4a+1}$，$x_3 = 0$，$x_4 = \dfrac{20a}{4a+1}$，$z_{max} = \dfrac{100}{4a+1}a$

8.3 解：

（1）提示：先将该不等式转化为与它等价的数学规划问题：

$\max(x_1, x_2, \cdots, x_n)$

s. t. $\begin{cases} x_1 + x_2 + \cdots + x_n = a(a > 0) \\ x_i > 0, \ i = 1, 2, \cdots, k \end{cases}$

然后利用动态规划来求解，令最优值函数为

$$f_k(y) = \max_{x_1 + \cdots + x = y_k}(x_1, x_2, \cdots, x_k)$$

$x_i > 0$，$i = 1, 2, \cdots, k$

其中 $y > 0$。因而，证明该不等式成立，只需证明 $f_n(a) = \left(\dfrac{a}{n}\right)^n$，再用归纳法证明即可。

（2）论证方法类似（1），以右端不等式为例，它可转化为等价的数学规划问题：

$\min\left\{\max\limits_{1 \leqslant i \leqslant n}\left(\dfrac{x_i}{y_i}\right)\right\}$

s. t. $\begin{cases} \sum\limits_{i=1}^{n} x_i = a(a > 0) \\ \sum\limits_{i=1}^{n} y_i = b(b > 0) \\ x_i > 0, y_i > 0, i = 1, 2, \cdots, n \end{cases}$

然后利用动态规划来求解，类似（1）设最优值函数，从而只需证明 $f_n(a, b) = \dfrac{a}{b}$ 即可。

8.4 解：

逆推解法：设状态变量 s_i 表示第 i 年初拥有的资金数，则有逆推关系式

$$\begin{cases} f_n(s_n) = \max\limits_{y_n = s_n}\{g_i(y_n)\} \\ f_i(s_i) = \max\limits_{0 \leqslant y_i \leqslant s_i}\{g_i(y_i) + f_{i+1}[a(s_i - y_i)]\} \end{cases}$$

顺推解法：设状态变量 s_i 表示第 $i+1$ 年初所拥有的资金数，则有顺推关系式

$$\begin{cases} f_1(s_1) = \max_{0 \leq y_i \leq a^i c - s_1} \{g_1(y_1)\} \\ f_i(s_i) = \max_{0 \leq y_i \leq a^i c - s_i} \left\{ g_i(y_i) + f_{i+1}\left[\dfrac{y_i + s_i}{\alpha}\right] \right\} \end{cases}$$

$i = 2, \cdots, n$

8.5 解：

（1）任务的指派分 4 个阶段完成，用状态变量 s_k 表示第 k 阶段初未指派的工作的和，决策变量为 u_{kj}：

$$u_{kj} = \begin{cases} 1, & k \text{ 阶段被指派完成第 } j \text{ 项工作} \\ 0, & \text{否则} \end{cases}$$

状态转移 $s_{k+1} = \{D_k(s_k) \setminus j, \text{ 当 } u_{kj} = 1 \text{ 时}\}$，本问题的逆推关系式为

$$\begin{cases} f_4(s_4) = \min_{u_{4j} \in D_4(S_4)} \{a_{4j}\} \\ f_k(s_k) = \min_{u_{kj} \in D_k(S_k)} \{a_{ij} + f_{k+1}(s_{k+1})\} \end{cases}$$

（2）当 $k = 4, 3, 2, 1$ 时，其计算式表分别见表 1、表 2、表 3 和表 4。

表 1

s_4	1	2	3	4
a_{4j}	19	21	23	17
u_{4j}	$j=1$	$j=2$	$J=3$	$J=4$
$f_4(s_4)$	19	21	23	17

表 2

s_3 \ u_{3j}	$a_{3j} + f_4(s_4)$				$f_3(s_3)$	u_{3j}^*
	$u_{31}=1$	$u_{32}=1$	$u_{33}=1$	$u_{34}=1$		
(1, 2)	26+21	18+19			37	$u_{32}=1$
(1, 3)	26+23		16+19		35	$u_{33}=1$
(1, 4)	26+17			19+19	38	$u_{34}=1$
(2, 3)		18+23	16+21		37	$u_{33}=1$
(2, 4)		18+17		19+21	35	$u_{32}=1$
(3, 4)			16+17	19+23	33	$u_{33}=1$

表 3

s_2 \ u_{2j}	$a_{2j} + f_3(s_3)$				$f_2(s_2)$	u_{2j}^*
	$u_{21}=1$	$u_{22}=1$	$u_{23}=1$	$u_{24}=1$		
(1, 2, 3)	19+37	23+35	22+37		56	$u_{21}=1$

s_2 \ u_{2j}	$a_{2j}+f_3$（s_3）				f_2（s_2）	u_{2j}^*
	$u_{21}=1$	$u_{22}=1$	$u_{23}=1$	$u_{24}=1$		
(1, 2, 4)	19+35	23+38		18+37	54	$u_{21}=1$
(1, 3, 4)	19+33		22+38	18+35	52	$u_{21}=1$
(2, 3, 4)		23+33	22+35	18+37	55	$u_{24}=1$

表 4

s_1 \ u_{1j}	$a_{1j}+f_2$（s_2）				f_1（s_1）	u_{1j}^*
	$u_{11}=1$	$u_{12}=1$	$u_{13}=1$	$u_{14}=1$		
(1, 2, 3, 4)	15+55	18+52	21+54	24+56	70	$u_{11}=1$ 或 $u_{12}=1$

本题有两组最优解：$u_{11}=u_{24}=u_{33}=u_{42}=1$ 或 $u_{12}=u_{21}=u_{33}=u_{44}=1$。

8.6 解：

用 x_i^k 表示从产地 i（$i^-=1$，$\cdots$，m）分配给销地 k，$k+1$，$\cdots$，n 的物资的总数，则采用逆推算法时，动态规划的基本方程可写为

$$f_k（x_1^k，\cdots，x_m^k）=\min_{x_{ik}}\left\{\sum_{i=1}^m h_{ik}（x_{ik}）+f_{k+1}（x_1^k-x_{1k}，\cdots，x_m^k-x_{mk}）\right\}$$

式中，$0\leqslant x_{ik}\leqslant x_i^k$

$$\sum_{i=1}^m x_{ik}=b_k（k=1，\cdots，n）$$

$$f_{n+1}=0$$

并且有 $x_i^1=a_i（i=1，\cdots，m）$

8.7 解：

用 k 表示阶段，$k=1$，2，3。

状态变量 s_k，$s_k=\begin{cases}1，& k \text{ 阶段尚需面试录用} \\ 0，& \text{否则}\end{cases}$

决策变量 x_k，$x_k=\begin{cases}1，& \text{对 } k \text{ 阶段面试者决定录用} \\ 0，& \text{否则}\end{cases}$

状态转移方程为 $s_{k+1}=s_k-x_k$

动态规划基本方程为

$$f_k（s_k）=\max_{x_k\in\{0,1\}}\left\{c_k（x_k）\cdot f_{k+1}（s_{k+1}）\right\}$$

$c_k（x_k）$ 为 k 阶段期望的记分值。

边界条件 $f_4（0）=1$

当 $k=3$ 时

$$f_3(1) = \max\{(0.2 \times 3 + 0.5 \times 2)f_3(0) + 0.3f_3(1)\}$$

$$f_2(1) = \max\begin{Bmatrix} (0.2 \times 3 + 0.5 \times 2)f_3(0) + 0.3f_3(1) \\ (0.2 \times 3)f_3(0) + (0.5 + 0.3)f_3(1) \end{Bmatrix} = 2.19$$

$$f_1(1) = \max\begin{Bmatrix} (0.2 \times 3 + 0.5 \times 2)f_2(0) + 0.3f_2(1) \\ (0.2 \times 3)f_2(0) + (0.5 + 0.3)f_2(1) \end{Bmatrix} = 2.336$$

结论：对第一人面试时对较满意者不录用，对第二人面试时对较满意者录用，使录用人员的总期望分为 2.336 分。

8.8　解：

最优决策为：第一年将 100 台机器全部生产产品 P_2，第二年把余下的机器继续生产产品 P_2，第三年把余下的所有机器全部生产产品 P_1。三年的总收入为 7676.25 万元。

8.9　解：

最优决策为：$x_1 = 0$，$y_1 = 0$；$x_2 = 2$，$y_2 = 0$；$x_3 = 0$，$y_3 = 3$。最大利润为 $r_1(1, 0) + r_2(2, 0) + r_3(0, 3) = 4 + 4 + 8 = 16 = f_1(3, 3)$。

8.10　解：

最优方案有 3 个。即

$(m_{1j}, m_{2j}, m_{3j}) = (3, 2, 2)$ 或 $(2, 3, 2)$ 或 $(2, 4, 1)$

总收益都是 1.7 亿元。

8.11　解：

各月份生产货物数量的最优决策为：

月份	1	2	3	4	5	6
生产货物量	4	0	4	3	3	0

8.12　解：

各月份订购与销售的最优决策为：

月份	期前存货	售出量	购进量
1	500	500	0
2	0	0	1000
3	1000	1000	1000
4	1000	1000	0

利润最大值为 $f_1(500) = 12 \times 500 + 10 \times 1000 = 16000$。

8.13　解：

最佳生产量为，$x_1 = 110$，$x_2 = 110$，$x_3 = 109\frac{1}{2}$；总的最低费用为 36321 元。

8.14　解：

热销季节每月最佳订货方案为：

月购	10	11	12	1	2	3
订购数	40	50	0	40	50	0

订购与贮存的最小费用为 606 元。

8.15　解：

最优决策为：上半年进货 $26\frac{2}{3}$ 个单位，若上半年销售后剩下 s_2 个单位的货，则下

半年再进货 $26\frac{2}{3} - s_2$ 个单位。这时将获得期望利润 $93\frac{1}{3}$。

8.16　解：

最优解有两个：

（1）$x_1 = 3$，$x_2 = 0$，$x_3 = 1$

（2）$x_1 = 2$，$x_2 = 2$，$x_3 = 0$

总利润为 480 元。

8.17　解：

最优解有三个：

（1）$x_1 = 1$，$x_2 = 3$，$x_3 = 1$，$x_4 = 0$

（2）$x_1 = 2$，$x_2 = 1$，$x_3 = 2$，$x_4 = 0$

（3）$x_1 = 0$，$x_2 = 5$，$x_3 = 0$，$x_4 = 0$

最大价值为 20 千元。

8.18　解：

最优决策为：产品 A 生产 3 件，产品 B 生产 2 件，最大利润为 27 元。

8.19　解：

（1）$x_1 = 11$，$x_2 = 0$，$x_3 = 0$，$x_4 = 0$，$z_{\max} = 55$

（2）$x_1 = 1$，$x_2 = 1$，$z_{\max} = 3$

（3）最优解有 6 个：

①$x_1 = 2$，$x_2 = 3$，$x_3 = 3$，$x_4 = 2$

②$x_1 = 3$，$x_2 = 2$，$x_3 = 3$，$x_4 = 2$

③$x_1 = 3$，$x_2 = 3$，$x_3 = 2$，$x_4 = 2$

④$x_1 = 2$，$x_2 = 2$，$x_3 = 3$，$x_4 = 3$

⑤$x_1 = 2$，$x_2 = 3$，$x_3 = 2$，$x_4 = 3$

⑥$x_1 = 3$，$x_2 = 2$，$x_3 = 2$，$x_4 = 3$

最优值均为 $z_{\min} = 26$。

第 9 章

动态规划方法的应用

9.1 解：

由题设，可将问题分为四阶段；s_k 表示分配给第 k 至第 4 个零售店的货物数；x_k 表示分配给第 k 个零售店的箱数；状态转移方程为：$s_{k+1} = s_k - x_k$；$p_k(x_k)$ 表示 x_k 箱货物分配到第 k 个店的盈利；$f_k(s_k)$ 表示 s_k 箱货物给第 k 至第 n 个零售店的最大盈利值。得递推关系为

$$\begin{cases} f_k(x_k) = \max_{0 \leqslant x_k \leqslant s_k} \left[p_k(s_k) + f_{k+1}(s_k - x_k) \right] (k=4, 3, 2, 1) \\ f_5(s_5) = 0 \end{cases}$$

当 $k=4$ 时，设将 s_4 箱货物$(s_4 = 0, 1, \cdots, 6)$全部卸下给零售店 4，则最大盈利值为 $f_4(s_4) = \max_{x_4}[p_4(x_4)]$，其中 $x_4 = s_4 = 0, 1, 2, 3, 4, 5, 6$。数值计算如下表所示。

s_4 \ x_4	$p_4(x_4)$							$f_4(s_4)$	x_4^*
	0	1	2	3	4	5	6		
0	0							0	0
1		4						4	1
2			5					5	2
3				6				6	3
4					6			6	4
5						6		6	5
6							6	6	6

表中 x_4^* 表示使 $f_4(s_4)$ 为最大值时的最优决策。

当 $k=3$ 时，设把 s_3 箱货物$(s_3 = 0, 1, 2, 3, 4, 5, 6)$卸下给零售店 3，则对每个 s_3 值，有一种最优分配方案，使最大盈利值 $f_3(s_3) = \max_{x_3}[p_3(x_3) + f_4(s_3 - x_3)]$，其中 $x_3 = 0, 1, 2, 3, 4, 5, 6$。

因为给零售店 3 为 s_3 箱，其盈利为 $p_3(x_3)$，余下的 $s_3 - x_3$ 箱就给零售店 4 则盈利最大值为 $f_4(s_3 - x_3)$，现要选择 x_3 的值，使 $p_3(x_3) + f_4(s_3 - x_3)$ 取最大值，其数值计算如下表所示。

s_3 \ x_3	$p_3(x_3) + f_4(s_3 - x_3)$							$f_3(s_3)$	x_3^*
	0	1	2	3	4	5	6		
0	0							0	0
1	4	3						4	0
2	5	7	5					7	1 或 3
3	6	8	9	7				9	2
4	6	9	10	11	8			11	3
5	6	9	11	12	12	8		12	3
6	6	9	11	13	13	12	8	13	3

当 $k = 2$ 时，设把 s_2 箱货物（$s_2 = 0$，1，2，3，4，5，6）分配给零售店 2，3，4 时，则对每个 s_2 有：

$$f_2(s_2) = \max_{x_2}[p_2(x_2) + f_3(s_2 - x_2)]$$

其中，$x_2 = 0$，1，2，3，4，5，6。

因为分给零售店 $2x_2$ 箱货物，其盈利为 $p_2(x_2)$，余下的 $s_2 - x_2$ 箱就给零售店 3，4，则它的盈利值为 $f_3(s_2 - x_2)$，现要选择 x_2 的值，使 $p_2(x_2) + f_3(s_2 - x_2)$ 取最大值，其数值计算如下表所示。

s_2 \ x_2	$p_2(x_2) + f_3(s_2 - x_2)$							$f_2(s_2)$	x_2^*
	0	1	2	3	4	5	6		
0	0								
1	4	2						4	0
2	7	6	4					7	0
3	9	9	8	6				9	0，1
4	11	11	11	10	8			11	0，1，2
5	12	13	13	13	12	9		13	1，2，3
6	13	15	15	15	15	13	10	15	2，3，4

当 $k = 1$ 时，设把 s_1 箱货物（$s_1 = 6$）分配给零售店 1，2，3，4，则最大盈利为：$f_1(6) = \max_{x_1}[p_1(x_1) + f_2(6 - x_1)]$，其中 $x_1 = 0$，1，2，3，4，5，6。

因为分给零售店 $1x_1$ 箱货物，其盈利为 $p_1(x_1)$，剩下的 $6-x_1$ 箱就给零售店 2，3，4，则它的最大盈利值为 $f_2(6-x_1)$，现要选择 x_1 值，使 $p_1(x_1)+f_2(6-x_1)$ 取最大值，它就是所求的总盈利最大值，其数值计算如下表所示。

s_1 \ x_1	$p_1(x_1)+f_2(s_1-x_1)$							$f_1(6)$	x_1^*
	0	1	2	3	4	5	6		
6	15	17	17	16	14	11	7	17	1，2

故知总利润最大值为 17；最优分配方案有 6 种，依次卸箱数为：① (1，1，3，1)；② (1，2，2，1)；③ (1，5，1，1)；④ (2，0，3，1)；⑤ (2，1，2，1)；⑥ (2，2，1，1)。

9.2 解：

由题设，可将问题划分为四阶段；s_k 表示分配给第 k 至第 4 块田的肥料重量；x_k 表示分配给第 k 块田的肥料重量；状态方程为：$s_{k+1}=s_k-x_k$；$p_k(x_k)$ 为 x_k 的肥料用于第 k 块田的增产数；$f_k(s_k)$ 表示为 s_k 的肥料分配给 k 块田的最大值。递推公式为：

$$\begin{cases} f_k(s_k)=\max_{0\leqslant x_k\leqslant s_k}\left[p_k(x_k)+f_{k+1}(s_k-x_k)\right] & (k=1，2，3，4) \\ f_5(s_5)=0 \end{cases}$$

当 $k=4$ 时，设将 s_4 个单位($s_4=0，1，\cdots，6$)全部分配给第 4 块田，则最大盈利值为 $f_4(s_4)=\max[p_4(x_4)]$，其中 $x_4=s_4=0，1，2，\cdots，6$。

以为此时只有一块田地，全部分配给第 4 块田，故它的盈利值就是最大盈利值，其数值计算如下表所示。

s_4 \ x_4	$p_4(x_4)$							$f_4(s_4)$	x_4^*
	0	1	2	3	4	5	6		
0	0							0	0
1		28						28	1
2			47					47	2
3				65				65	3
4					74			74	4
5						80		80	5
6							85	85	2，3，4

当 $k=3$ 时，设把 s_3 个单位重量($s_3=0，1，2，3，4，5，6$)分配给第 3、第 4 块田，则对每个 s_3 有一种最优分配方案，求最大盈利值 $f_3(s_3)=\max_{x_3}\left[p_3(x_3)+f_4(s_3-\right.$

x_3）］，其中 $x_3 = 0$，1，2，3，4，5，6。

给第 3 块田分 x_3 个单位重量，其盈利为 $p_3(x_3)$，余下的 $s_3 - x_3$ 个单位重量就给第 4 块田，则最大盈利值为 $f_4(s_3 - x_3)$，现要选择 x_3 的值，使 $p_3(x_3) + f_4(s_3 - x_3)$ 取最大值，其数值计算如下表所示。

s_3 \ x_3	$p_3(x_3) + f_4(s_3 - x_3)$							$f_3(s_3)$	x_4^*
	0	1	2	3	4	5	6		
0	0							0	0
1	28	18						28	0
2	47	46	39					47	0
3	65	65	67	61				67	2
4	74	83	86	89	78			89	3
5	80	92	104	108	106	90		108	3
6	85	98	113	126	125	118	95	126	3

当 $k = 2$ 时，设把 s_2 个单位重量（$s_2 = 0$，1，2，3，4，5，6）分配给第 2、第 3、第 4 块田，则对每个 s_2 有一种最优分配方案，使最大盈利值为 $f_2(s_2) = \max\limits_{x_2} [p_2(x_2) + f_3(s_2 - x_2)]$，其中 $x_2 = 0$，1，2，3，4，5，6。

给第 2 块田分 x_2 个单位重量，其盈利为 $p_2(x_2)$，余下的 $s_2 - x_2$ 个单位重量就给第 3、第 4 块田，则最大盈利值为 $f_3(s_2 - x_2)$，现要选择 x_2 的值，使 $p_2(x_2) + f_3(s_2 - x_2)$ 取最大值，其数值计算如下表所示。

s_2 \ x_2	$p_2(x_2) + f_3(s_2 - x_2)$							$f_2(s_2)$	x_2^*
	0	1	2	3	4	5	6		
0	0							0	0
1	28	25						28	0
2	47	53	45					53	1
3	67	72	73	57				73	2
4	89	92	92	85	65			92	1，2
5	108	114	112	104	93	70		114	1
6	126	133	134	133	128	113	90	134	0，1，2，

当 $k = 1$ 时，把 s_1 个单位重量（$s_1 = 6$）分配给第 1、第 2、第 3、第 4 块田，则最大盈利值为 $f_1(6) = \max\limits_{x_1} [p_1(x_1) + f_2(6 - x_1)]$，其中 $x_1 = 0$，1，2，3，4，5，6。

给第 1 块田分 x_1 个单位重量，其盈利为 $p_1(x_1)$，剩下的 $6-x_1$ 个单位重量就分给第 2、第 3、第 4 块田，则它的最大盈利值为 $f_2(6-x_1)$，现要选择 x_1 的值，使 $p_1(x_1)+f_2(6-x_1)$ 取最大值，它就是所求的总盈利最大值，其数值计算如下表所示。

s_1 \ x_1	$p_1(x_1)+f_2(s_1-x_1)$							$f_1(s_1)$	x_1^*
	0	1	2	3	4	5	6		
6	134	134	134	133	128	113	90	134	0，1，2

综合上述得最大产量为 134，最优方案 $(x_1^*, x_2^*, x_3^*, x_4^*)$ 如下：
①$(0，2，3，1)$；②$(1，1，3，1)$；③$(2，1，3，1)$；④$(2，2，0，2)$。

9.3 解：

按营业区分为三个阶段，$k=1，2，3$；s_k 为 k 至第 3 个区增设的店数；x_k 为第 k 个区增设的店数，并根据题意有 $x_k \geq 1$；$p_k(s_k)$ 为 k 区增设 x_k 店所取得的利润；$f_k(s_k)$ 为从第 k 至第 3 个区分配 s_k 的设置的最大利润；状态转移方程为 $s_{k+1}=s_k-x_k$，则逆序递推关系为：

$$\begin{cases} f_k(s_k) = \max_{1 \leq x_k \leq s_k} \{p_k(x_k)+f_{k+1}(s_{k+1})\} & (k=3，2，1) \\ f_4(s_4)=0 \end{cases}$$

当 $k=3$ 时，设将 s_3 个销售店 $(s_3=1，2，3，4)$ 全部分配给 C 区，则最大盈利值为 $f_3(s_3) = \max_{x_3}[p_3(x_3)]$，其中 $x_3=s_3=1，2，3，4$。

此时只有 C 区增设，增设多个销售店就全部分配给 C 区，故它的盈利就是该段的最大盈利值，其数值计算如下表所示。

s_3 \ x_3	$p_3(x_3)$				$f_3(s_3)$	x_3^*
	1	2	3	4		
1	160				160	1
2		170			170	2
3			180		180	3
4				200	200	4

当 $k=2$ 时，设把增设 s_2 个销售店 $(s_2=2，3，4，5)$ 分配给 B，C 区，则对每个 s_2 值有一种最优分配方案，使最大盈利值为 $f_2(s_2) = \max_{x_2}[p_2(x_2)+f_3(s_2-x_2)]$，其中 $x_2=1，2，3，4$。

给 B 区增设 x_2 个销售店，其盈利为 $p_2(x_2)$，剩下的 (s_2-x_2) 个销售店就给 C 区，则它的最大盈利值为 $f_3(s_2-x_2)$，现要选择 x_2 的值，使 $p_2(x_2)+f_3(s_2-x_3)$ 取最大值，

其数值计算如下表所示。

s_2 ＼ x_2	p_2 (x_2) $+f_3$ (s_3)				f_2 (s_2)	x_2^*
	1	2	3	4		
1	370				370	1
2	380	380			380	1，2
3	390	390	385		390	1，2
4	410	400	395	390	410	1

当 $k=1$ 时，设 s_1 个销售店（$s_1=6$）分配给 A，B，C 三个区，则最大盈利值为 $f_1(6)=\max\limits_{x_1}\left[p_1(x_1)+f_2(6-x_1)\right]$，其中 $x_1=1$，2，3，4。

因为给 A 区增设 x_1 个销售店，其盈利为 $p_1(x_1)$，剩下的 $(6-x_1)$ 个零售店，给 B 和 C 两区，则它的最大盈利值为 $f_1(6-x_1)$，现要选择 x_1 的值，使 $p_1(x_1)+f_2(6-x_1)$ 取最大值，它就是要求的总盈利最大值，其数值计算如下表所示。

s_1 ＼ x_1	p_1 (x_1) $+f_2$ (s_1-x_1)				f_1 (s_1)	x_1^*
	1	2	3	4		
6	610	670	710	710	710	3，4

故总利润最大为 710 万元，增设方案（A，B，C）有三个，分别为：

①（3，1，2）；②（3，2，1）；③（4，1，1）。

9.4　解：

按周期划分为 4 个阶段，$k=1$，2，3，4；状态变量 s_k 表示第 k 年初的完好机器数；决策变量 u_k 表示第 k 年度用于第一种任务的机器数，则 s_k-u_k 表示该年度第二种任务所用机器台数；状态转移方程为：$s_{k+1}=\left(1-\dfrac{1}{3}\right)u_k+\left(1-\dfrac{1}{10}\right)(s_k-u_k)=\dfrac{2}{3}u_k+\dfrac{9}{10}(s_k-u_k)$；

设 $u_k(s_k,u_k)$ 为第 k 周期的收益，则 $u_k=10u_k+7(s_k-u_k)$；指标函数为：$u_{1,4}=\sum\limits_{k=1}^{4}u_k(s_k,u_k)$；最优值函数 $f_k(s_k)$ 为由资源是 s_k 出发，从第 k 至第 4 周期的总收益最大值，递推关系式为：

$$\left\{f_k(s_k)=\max_{0\le u_k\le f_k(s_k)}\left\{\begin{matrix}u_k=f_{k+1}(s_{k+1})\\ f_5(s_5)=0\end{matrix}\right\}\right.$$

$$f_4(s_4)=\max_{0\le u_4\le s_4}\left[10u_4+7(s_4-u_4)\right]$$

$$=\max_{0\le u_4\le s_4}(7s_4+3u_4)=7s_4+3s_4=10s_4$$

最优解为：$u_4^* = s_4$

依次类推。解得最优决策为：$u_1 = 0$，$u_2 = 0$，$u_3 = 81$，$u_4 = 54$；总收益为：$f_1(s_1) = 134 \times \dfrac{100}{5} = 2680$。

9.5　解：

数学模型为：$\max z = \sum_{i=1}^{n} r_i(x_i，y_i，z_i)$

s. t. $\begin{cases} a\sum_{i=1}^{n} x_i + b\sum_{i=1}^{n} y_i + c\sum_{i=1}^{n} z_i \leqslant W \\ x_i,y_i,z_i \geqslant 0 \text{ 且为整数} \end{cases}$

则按 n 个行业划分 n 个阶段；状态变量 s_k 表示第 1 至第 k 阶段的总资金数；决策变量 w_k 表示第 k 阶段所用资金；状态转移方程为：$s_k = s_{k+1} - w_{k-1}$；最优值函数 $f_k(s_k) = \max z = \sum_{i=1}^{n} r_1(w_1)$，则，动态规划的一维递推公式为：

$f_1(s_1) = \max r_1(x_1，y_1，z_1) = \max r_1(w_1)$

$f_k(s_k) = \max\{r_i(w_i) + f_{k-1}(s_k - w_k)\}$，$2 \leqslant k \leqslant n$

9.6　解：

（1）生产成本函数

$c_k(x_k) = \begin{cases} 0(x_k = 0) \\ 5 + 1 \cdot x_k(x_k = 1，2，\cdots，n) \end{cases}$ （单位：百元）

第 k 时期末库存量为 $h_k(v_k) = v_k$。

可视为凸函数，用生产点性质解此题，故第 k 时期内总成本为 $c_k(x_k) + h_k(v_k)$：

$c(1，1) = c(3) + h(0) = 8 + 0 = 8$

$c(1，2) = c(8) + h(5) = 15 + 5 = 18$

$c(1，3) = c(11) + h(8) + h(3) = 27$

$c(1，4) = c(13) + h(10) + h(5) + h(2) = 35$

$c(2，2) = c(5) + h(0) = 10 + 0 = 10$

$c(2，3) = c(8) + h(3) = 13 + 3 = 16$

$c(2，4) = c(10) + h(5) + h(2) = 22$

$c(3，3) = c(3) + h(10) = 8 + 10 = 18$

$c(3，4) = c(15) + h(2) = 20 + 2 = 22$

$c(4，4) = c(2) + h(0) = 7 + 0 = 7$

（2）

$f_0 = 0$

$f_1 = f_0 + c(1，1) = 8$

$j(1) = 1$

$f_2 = \min[f_0 + c(1, 2), f_1 + c(2, 2)] = \min[10 + 8, 8 + 10]$

$\quad = \min[18, 18] = 18$

$j(2) = 1, 2$

$f_3 = \min[f_0 + c(1, 3), f_1 + c(2, 3), f_2 + c(3, 3)]$

$\quad = \min[0 + 27, 8 + 16, 18 + 8] = \min[27, 24, 26] = 24$

$j(3) = 2$

$f_4 = \min[f_0 + c(1, 4), f_1 + c(2, 4), f_2 + c(3, 4), f_3 + c(4, 4)]$

$\quad = \min[0 + 35, 8 + 22, 18 + 22] = \min[35, 30, 30, 40] = 30$

$j(4) = 2, 3$

（3）1月初原有库存货 100 件，总成本最低为 3000 元，最优生产计划有以下三种。

I：当 $j(4) = 2$ 时，$x_2 = d_2 + d_3 + d_4 = 10$，$x_3 + x_4 = 0$

$m = j(4) - 1 = 1$，$j(m) = j(1) = 1$

$x_1 = 4 - 1 = 3$

即 $x_1^* = 3$，$x_2^* = 10$，$x_3^* = x_4^* = 0$

II：当 $j(4) = 3$ 时，$x_3 = d_3 + d_4 = 5$，$x_3 + x_4 = 0$

$m = j(4) - 1 = 2$

当 $j(m) = j(2) = 1$ 时，$x_1 = 8$，$x_2 = 0$

即 $x_1^* = 8$，$x_2^* = 0$，$x_3^* = 5$，$x_4^* = 0$

III：当 $j(4) = 3$ 时，$x_3 = 5$，$x_4 = 0$

当 $j(m) = 2$ 时，$x_2 = 5$，$x_1 = 3$

即 $x_1^* = 3$，$x_2^* = 5$，$x_3^* = 5$，$x_4^* = 0$

综上所述，最优生产计划为(3, 10, 0, 0)，(8, 0, 5, 0)或(3, 5, 5, 0)。（单位：百件）

即最优生产计划为(300, 1000, 0, 0)，(800, 0, 500, 0)或(300, 500, 0, 0)。

9.7 解：

$$c_i(x_i) = \begin{cases} 0 & (x_1 = 0) \\ 2 + x_i & (x_i = 1, 2, 3, 4, \cdots, n) \end{cases} \text{ 和 } h_i(v_i) = 0.2 v_i$$

第 k 时期末库存量为 $c_k(x_k) + h_k(v_k)$。

（1）$c(1, 1) = c(3) + h(0) = 5 + 0 = 8$

$c(1, 2) = c(5) + h(2) = 7 + 0.4 = 7.4$

$c(1, 3) = c(8) + h(5) + h(3) = 11.6$

$c(1, 4) = c(10) + h(7) + h(5) + h(2) = 14.8$

$c(2, 2) = c(2) + h(0) = 4 + 0 = 4$

$c(2, 3) = c(5) + h(3) = 7 + 0.6 = 7.6$

$$c(2, 4) = c(7) + h(5) + h(2) = 10.4$$

$$c(3, 3) = c(3) + h(0) = 5 + 0 = 5$$

$$c(3, 4) = c(5) + h(2) = 7 + 0.4 = 7.4$$

$$c(4, 4) = c(2) + h(0) = 4 + 0 = 4$$

（2）

$$f_0 = 0$$

$$f_1 = f_0 + c(1, 1) = 5$$

$$j(1) = 1$$

$$f_2 = \min[f_0 + c(1, 2), f_1 + c(2, 2)] = \min[0 + 7.4, 5 + 4]$$
$$= \min[7.4, 9] = 7.4$$

$$j(2) = 1$$

$$f_3 = \min[f_0 + c(1, 3), f_1 + c(2, 3), f_2 + c(3, 3)]$$
$$= \min[0 + 11.6, 5 + 7.6, 7.4 + 5] = 11.6$$

$$j(3) = 1$$

$$f_4 = \min[f_0 + c(1, 4), f_1 + c(2, 4), f_2 + c(3, 4), f_3 + c(4, 4)]$$
$$= \min[0 + 14.8, 5 + 10.4, 7.4 + 7.4, 11.6 + 4] = 14.8$$

$$j(4) = 1.3$$

最小费用为 14.8 万元。

（3）最优生产决策：

Ⅰ：当 $j(4) = 1$ 时，d_k 为第 k 阶段的需求量

$$x_1^* = d_1 + d_2 + d_3 + d_4 = 10, \quad x_2^* = x_3^* = x_4^* = 0$$

Ⅱ：当 $j(4) = 3$ 时，$x_3^* = d_3 + d_4 = 5$，$x_4^* = 0$

由 $m = j(4) - 1 = 2$

有 $j(m) = j(2)$

$$x_1^* = d_1 + d_2 = 5, \quad x_2^* = 0$$

综上所述，最优生产决策为 (10, 0, 0, 0) 或 (5, 0, 5, 0)（单位：万只）。

9.8　解：

按月份问题划分为 6 阶段，$k = 1, 2, 3, \cdots, 6$；状态变量 s_k 为第 k 阶段开始时产品的存储量；决策变量 u_k 为第 k 阶段订货量；d_k 为第 k 阶段需求量；状态转移方程为：$s_{k+1} = s_k + u_k - d_k$；允许决策方程为：$D_k(s_k) = \{u_k; u_k \geqslant 0, d_k \leqslant u_k + s_k \leqslant \sum_{i=k}^{n} d_i\}$；最优值函数 $f_k(s_k)$ 表示在第 k 阶段开始的存储为 s_k 时，从第 1 至第 k 阶段（$k = 1, 2, \cdots, 6$）的最小存储费用；$c(j, i)(j \leqslant i)$ 为阶段 j 至阶段 i 的总成本。

（1）由 $c(j, i) = c_j(\sum_{s=j}^{i} d_s) + \sum_{s=j}^{i-1} h_s(\sum_{i=s+1}^{i} d_i)$ 得：$c(j, i)$，$1 \leqslant j \leqslant i$，（$i = 1, 2, 3,$

4，5，6）。

$c(1，1)=50\times825=41250$

$c(1，2)=(50+55)\times825+40\times55=88825$

$c(1，3)=825\times(50+55+50)+40\times(55+50)+30\times50=133575$

$c(1，4)=825\times(50+55+50+45)+40\times(55+50+45)+30\times(50+45)+35\times45=17545$

$c(1，5)=825\times(50+55+50+45+40)+40\times(55+50+45+40)+30\times(50+45+40)+35\times(45+40)+20\times45=213425$

$c(1，6)=825\times(50+55+50+45+40+30)+40\times(55+50+45+30)+30\times(50+45+40+30)+35\times(45+40+30)+20\times(40+30)+40\times30=2413125$

$c(2，2)=775\times65=42625$

$c(2，3)=775\times(50+55)+30\times50=82875$

$c(2，4)=775\times(55+50+45)+30\times(50+45)+35\times45=120675$

$c(2，5)=775\times(55+50+45+40)+30\times(50+45+40)+35\times(45+40)+20\times40=155075$

$c(2，6)=775\times(55+50+45+40+30)+30\times(50+45+40+30)+35\times(45+40+30)+20\times(40+30)+40\times30=182075$

$c(3，3)=850\times50=42500$

$c(3，4)=850\times(50+45)+35\times45=82325$

$c(3，5)=850\times(50+45+40)+35\times(45+40)+20\times40=118525$

$c(3，6)=850\times(50+45+40+30)+35\times(45+40+30)+20\times(40+30)+40\times30=146875$

$c(4，4)=850\times45=38250$

$c(4，5)=850\times(45+40)+20\times40=73050$

$c(4，6)=850\times(45+40+30)+20\times(40+30)+40\times50=101150$

$c(5，5)=775\times40=31000$

$c(5，6)=775\times(40+30)+40\times30=55450$

$c(6，6)=825\times30=24750$

（2）递推关系式有：

$$\begin{cases} f_i=\min_{1\le j\le i}\left[f_{j-1}+c(j，i)\right]（i=1，2，\cdots，6）\\ \text{边界条件为：}f_0=0 \end{cases}$$

$f_0=0$

$f_1=f_0+c(1，1)=41250$

$f_2=\min\{f_0+c(1，2)，f_1+c(2，2)\}$

$$= \min\{0 + 88825, \ 41250 + 42625\} = 83875$$

$$f_3 = \min\{f_0 + c(1, 3), \ f_1 + c(2, 3), \ f_2 + c(3, 3)\}$$

$$= \min\{133575, \ 41250 + 8287583875 + 42500\} = 124125$$

$$f_4 = \min\{f_0 + c(1, 4), \ f_1 + c(2, 4), \ f_2 + c(3, 4), \ f_4 + c(4, 4)\}$$

$$= \min\{175425, \ 41250 + 120675, \ 83875 + 82325, \ 124125 + 38250\} = 161925$$

$$f_5 = \min\{f_0 + c(1, 5), \ f_1 + c(2, 5), \ f_2 + c(3, 5), \ f_3 + c(4, 5), \ f_4 + c(5, 5)\}$$

$$= \min\{213425, \ 41250 + 155075, \ 83875 + 118525, \ 124125 + 73050, \ 161925 + 31000\} = 192925$$

$$f_6 = \min\{f_0 + c(1, 6), \ f_1 + c(2, 6), \ f_2 + c(3, 6), \ f_3 + c(4, 6), \ f_4 + c(5, 6), \ f_5 + c(6, 6)\}$$

$$= \min\{243125, \ 41250 + 182075, \ 83875 + 146875, \ 124125 + 101150, \ 161925 + 55450, \ 192925 + 24705\} = 217375$$

则最优决策方案为第 1 个月初订货量为 50，第 2 个月初订货量为 150，第 5 个月订货量为 70。

9.9 解：

按采购期限 5 周分 5 个阶段；将每周的价格看作该阶段的状态，即 y_k 为状态变量，表示第 k 周的实际价格；x_k 为决策变量，当 $x_k = 1$ 时，表示第 k 周决定采购，当 $x_k = 0$ 时，表示第 k 周决定等待；y_{kE} 表示第 k 周决定等待，而在以后采取最优决策时采购价格的期望值；$f_k(x_k)$ 表示第 k 周实际价格为 y_k 时，从第 k 周至第 5 周采取最优决策所得的最小期望值，则有逆序递推关系式：

$$f_k(y_k) = \min(y_k, \ y_{kE}), \quad y_k \in s_k$$

$$f_5(y_k) = y_5, \quad y_5 \in s_5$$

其中，$s_k = \{9, 8, 7\}$，$k = 1, 2, 3, 4, 5$。

由 y_{kE} 和 $f_k(y_k)$ 的定义可知：$y_{kE} = 0.4 f_{k+1}(9) + 0.3 f_{k+1}(8) + 0.3 f_{k+1}(7)$，并且得出最优决策为：

$$x_k = \begin{cases} 1, & f_k(y_k) = y_k \\ 0, & f_k(y_k) = y_{kE} \end{cases}$$

从最后 1 周开始，逐步向前递推计算，具体计算过程如下：

当 $k = 5$ 时，因 $f_5(y_5) = y_5$，$y_5 \in s_5$

故有 $f_5(9) = 9$；$f_5(8) = 8$；$f_5(7) = 7$

即在第 5 周时，若所需的原料尚未买入，则无论市场价格如何，都必须采购，不能再等。

当 $k = 4$ 时，由 $y_{kE} = 0.4 f_{k+1}(9) + 0.3 f_{k+1}(8) + 0.5 f_{k+1}(8) + 0.5 f_{k+1}(7)$

知 $y_{kE} = 0.4 \times 9 + 0.3 \times 8 + 0.5 \times 7 = 8.1$

于是，第 4 周的最优决策为

$$x_k = \begin{cases} 1, & y_4 = 8 \text{ 或 } 7 \\ 0, & y_4 = 9 \end{cases}$$

同理求得:

$$y_{3E} = 0.4f_{4E}(8.1) + 0.3f_{4E}(8) + 0.3f_E(7)$$
$$= 0.4 \times 8.1 + 0.3 \times 8 + 0.3 \times 7 = 7.74$$

$$f_3(g_3) = \min_{y_3 \in s_3}\{y_3, y_{3E}\} = \min_{y_3 \in s_3}\{y_3, 7.74\}$$
$$= \begin{cases} 7.74, & y_3 = 9 \text{ 或 } 8 \\ 7, & y_3 = 7 \end{cases}$$

则 $x_3 = \begin{cases} 1, & y_3 = 7 \\ 0, & y_3 = 9 \text{ 或 } 8 \end{cases}$

$$y_{2E} = (0.4 + 0.7) \times 7.74 + 0.3 \times 7 = 7.518$$

$$f_2(y_2) = \min_{y_2 \in s_2}\{y_2, y_{2E}\} = \min_{y_2 \in s_2}\{y_2, 7.518\}$$
$$= \begin{cases} 7, & y_2 = 7 \\ 7.518, & y_2 = 9 \text{ 或 } 8 \end{cases}$$

则

$$x_2 = \begin{cases} 1, & y_2 = 7 \\ 0, & y_2 = 9 \text{ 或 } 8 \end{cases}$$

$$f_{1E} = (0.4 + 0.3) \times 7.518 + 0.3 \times 7 = 7.3626$$

则 $x_1 = \begin{cases} 1, & y_1 = 7 \\ 0, & y_1 = 9 \text{ 或 } 8 \end{cases}$

最优策略为:在第 1、第 2、第 3 周时,若价格为 7,则选择等待;在第 4 周时,若价格为 8 或 7 选择采购,否则选择等待;在第 5 周时,无论市场价格如何,都必须采购。

依照上述最优策略进行采购时,单价的数学期望为

$$0.7 \times 7.3626 + 0.3 \times 7 \approx 7.25$$

9.10 解:

(1)

$$f_3(20) = \max_{\substack{2x_1 + 4x_2 + 3x_3 \leq 20 \\ x_i \geq 0}}\{10x_1 + 22x_2 + 17x_3\}$$

$$= \max_{\substack{20 - 3x_3 \geq 0 \\ x_3 \geq 0}}\{17x_3 + \max_{\substack{2x_1 + 4x_2 \leq 20 - 3x_3 \\ x_1 \geq 0, x_2 \geq 0}}(10x_1 + 22x_2)\}$$

$$= \max_{x_2 = 0,1,2,3,4,5,6}\{17x_3 + f_2(20 - 3x_3)\}$$

$$= \max\{0 + f_2(20), \ 17 + f_2(17), \ 34 + f_2(14), \ 51 + f_2(11), \ 68 + f_2(8), \ 85 + f_2(5), \ 102 + f_2(2)\}$$

逐步迭代得最优方案有 2 个，分别为

I：$x_1^* = 0$，$x_2^* = 3$，$x_3^* = 4$ 和 II：$x_1^* = 1$，$x_2^* = 0$，$x_3^* = 6$

（2）用动态规划方法来求解，即要求 $f_4(11)$：

$$f_4(11) = \max_{\substack{2x_1 + 3x_2 + x_3 + 2x_4 \leq 11 \\ x_i \geq 0, i = 1,2,3}} \{x_1 x_2 x_3 x_4\}$$

$$= \max_{\substack{2x_1 + 3x_2 + x_3 + 2x_4 \leq 11 \\ x_i \geq 0, i = 1,2,3}} \{x_1 x_2 x_3 (x_4)\}$$

$$= \max_{\substack{11 - 2x_4 \geq 0 \\ x_4 \geq 0}} \{x_4 \max_{2x_1 + 3x_2 + x_3 \leq 11 + 2x_4} (x_1 x_2 x_3)\}$$

$$= \max_{x_4 = 0,1,2,3,4,5} \{x_4 \max_{2x_1 + 3x_2 + x_3 \leq 11 + 2x_4} [x_1 x_2 x_3]\}$$

$$= \max\{0 f_3(11), f_2(9), 2f_3(7), 3f_3(5), 4f_3(3), 5f_3(1)\}$$

逐步迭代得最优解有 3 个，即

$$X^* = (1, 1, 4, 1)^T, \quad X^* = (2, 1, 2, 1)^T \text{ 或 } X^* = (1, 1, 2, 2)^T$$

最优值均为 $Z_{\max} = 4$。

（3）用动态规划方法求解，其思维方法与一维背包问题完全类似，只是这时的状态变量是两个，而决策变量仍是一个，问题变为求 $f_3(10, 13)$。

$$f_3(10, 13) = \max_{\substack{x_1 + x_2 + x_3 \leq 10 \\ x_1 + 3x_2 + 6x_3 \leq 13 \\ x_i \geq 0, i = 1,2,3}} \{4x_1 + 5x_2 + 8x_3\}$$

$$= \max_{\substack{x_1 + x_2 \leq 10 - x_3 \\ x_1 + 3x_2 \leq 13 - 6x_3 \\ x_i \geq 0}} \{4x_1 + 5x_2 + (8x_3)\}$$

$$= \max_{\substack{10 - x_3 \geq 0 \\ 13 - 6x_3 \geq 0 \\ x_3 \geq 0}} \{8x_3 + \max_{\substack{x_1 + x_2 \leq 10 - x_3 \\ x_1 + 3x_2 \leq 13 - 6x_3 \\ x_i \geq 0, x_2 \geq 0}} [4x_1 + 5x_2]\}$$

$$= \max_{0 \leq x_3 \leq \min([\frac{10}{1}], [\frac{13}{6}])} \{8x_3 + \max_{\substack{x_1 + x_2 \leq 10 - x_3 \\ x_1 + 3x_2 \leq 13 - 6x_3 \\ x_1 \geq 0, x_2 \geq 0}} [4x_1 + 5x_2]\}$$

$$= \max\{8x_0 + f_2(10, 13), 8 \times 1 + f_2(9, 7), 8 \times 2 + f_2(8, 1)\}$$

$$= \max\{f_2(10, 13), 8 + f_2(9, 7), 16 + f_2(8, 1)\}$$

要算 $f_3(10, 13)$，必先算 $f_2(10, 13)$，$f_2(9, 7)$，$f_2(8, 1)$。

逐步计算，则最优方案为 $x_3^* = 0$，$x_2^* = 1$，$x_1^* = 9$。

最优值 $\max z = 4 \times 9 + 5 \times 1 - 8 \times 0 = 41$。

（4）用动态方法求解，即要求 $f_3(20)$：

$$f_3(20) = \max_{\substack{x_1^2 + x_2^2 + x_3^2 \leq 20 \\ x_i \geq 0, i = 1,2,3}} \{g_1(x_1) + g_2(x_2) + g_3(x_3)\}$$

$$= \max_{\substack{x_1^2 + x_2^2 \leq 20 - x_3^2 \\ x_i \geq 0, i = 1,2,3}} \{g_3(x_3) + g_1(x_1) + g_2(x_2)\}$$

$$= \max_{\substack{20 - x_3^2 \geq 0 \\ x_3 \geq 0}} \{g_3(x_3) + \max_{\substack{x_1^2 + x_2^2 - x_3^2 \\ x_i \geq 0, i = 1,2}} [g_1(x_1) + g_2(x_2)]\}$$

$$= \max_{x_3 = 0,1,2,3,4} \left\{ g_3(x_3) + \max_{\substack{x_1^2 + x_2^2 \leq 20 - x_3^2 \\ x_i \geq 0, i = 1,2}} \left[g_1(x_1) + g_2(x_2) \right] \right\}$$

$$= \max \left\{ g_3(0) + f_2(20), \ g_3(1) + f_2(19), \ g_3(2) + f_2(16), \ g_3(3) + f_2(11), \right.$$
$$\left. g_3(4) + f_2(4) \right\}$$

$$= \max \left\{ 8 + f_2(20), \ 12 + f_2(19), \ 17 + f_2(16), \ 22 + f_2(11), \ 19 + f_2(4) \right\}$$

要算 $f_3(20)$，必先算 $f_2(20)$，$f_2(19)$，$f_2(16)$，$f_2(11)$，$f_2(4)$。

逐步计算得最优方案为 $x_1^* = 2$，$x_2^* = 3$，$x_3^* = 2$。最优值 $\max z = f_3(20) = 46$。

9.11　解：

设 3 种产品其运输重量分别为 x_1，x_2，x_3，由题意得模型为

$$\max z = 80x_1 + 130x_2 + 180x_3$$

$$\begin{cases} 2x_1 + 3x_2 + x_3 \leq 6 \\ x_1, \ x_2, \ x_3 \geq 0, \ x_1, \ x_2, \ x_3 \ 为整数 \end{cases}$$

用动态规划方法来解，此问题为求 $f_3(6)$，其中 $f_k(s_k)$ 表示当载重量为 s_k 时，采取最优决策装载第 k 种至第 n 种货物所得的最大利润。

$$f_3(6) = \max_{\substack{2x_1 + 3x_2 + x_3 \leq 6 \\ x_1, x_2, x_3 \geq 0}} \left\{ 180x_3 + \max_{\substack{2x_1 + 3x_2 \leq 6 - 4x_3 \\ x_1, x_2 \geq 0}} (80x_1 + 130x_2) \right\}$$

$$= \max \left\{ 180x_3 + f_2(6 - 4x_3) \right\}$$

$$= \max \left\{ f_2(6), \ 180 + f_2(2) \right\}$$

要计算 $f_3(6)$，必须先计算 $f_2(6)$ 和 $f_2(2)$。

$$f_2(6) = \max_{\substack{2x_1 + 3x_2 \leq 6 \\ x_1, x_2 \geq 0}} \left\{ 80x_1 + 130x_2 \right\}$$

$$= \max_{\substack{2x_1 \leq 6 - 3x_2 \\ x_1, x_2 \geq 0}} \left\{ 80x_1 + (130x_2) \right\}$$

$$= \max_{x_2 = 0,1,2} \left\{ 130x_2 + f_1(6 - 3x_2) \right\}$$

$$= \max \left\{ f_1(6), \ 130 + f_1(3), \ 260 + f_1(0) \right\}$$

$$f_2(2) = \max_{\substack{2x_1 + 3x_2 \leq 2 \\ x_1, x_2 \geq 0}} \left\{ 80x_1 + 130x_2 \right\}$$

$$= \max_{\substack{2x_1 \leq 2 - 3x_2 \\ x_1, x_2 \geq 0}} \left\{ 80x_1 + 130x_2 \right\}$$

$$= \max \left\{ 130x_2 + f_1(2 - 3x_2) \right\} = f_1(2)$$

为了计算出 $f_2(6)$ 和 $f_2(2)$，必须先计算出 $f_1(0)$，$f_1(2)$，$f_1(3)$，$f_1(6)$。

$$f_1(\omega) = \max_{\substack{2x_1 \leq \omega \\ x_1 \geq 0}} (80x_1) = 80 \left[\frac{\omega}{2} \right]$$

$$f_1(6) = 80 \times 3 = 240 (x_1 = 3)$$

$$f_1(3) = 80 \times 1 = 80 (x_1 = 1)$$

$$f_1(2) = 80 \times 1 = 80 (x_1 = 1)$$

$f_1(0) = 80 \times 0 = 0 (x_1 = 0)$

故：$f_2(6) = \max\{240,\ 210,\ 260\} = 260 (x_1 = 0,\ x_2 = 2)$

$f_2(2) = 80 (x_1 = 1,\ x_2 = 0)$

$f_2(6) = \max\{260,\ 260\} = 260$

运输方案有两个：Ⅰ：$(0,\ 2,\ 0)$；Ⅱ：$(1,\ 0,\ 1)$。

总利润最大为 260。

9.12　解：

分为三个阶段，状态变量 s_k 表示第 k 种产品至第 n 种产品的研发费用，x_k 表示第 k 种产品研制费用，$P_k(x_k)$ 表示给第 k 种产品补加研制费 x_k 后的不成功概率。模型为：

$$\min z = \prod_{i=1}^{3} P_i(x_i)$$

$x_1 + x_2 + x_3 = 2,\ x_i \geq 0$ 为整数

$$\begin{cases} f_k(s_k) = \min_{0 \leqslant x_k \leqslant s_k} [p_k(x_k) \cdot f_{k+1}(s_k - x_k)],\ k = 3,\ 2,\ 1 \\ f_4(s_4) = 1 \end{cases}$$

当 $k = 3$ 时，设 s_2 万元 $(s_2 = 0,\ 1,\ 2)$ 全部分配给新产品 C，则不成功概率为

$$f_3(s_3) = \min_{x_3 = s_3} [p_3(x_3) \times 0.4 \times 0.6]$$

计算结果如下表所示。

x_3 / s_3	$p_3(x_3)$			$f_3(s_3)$	x_3^*
	0	1	2		
0	0.8			0.8	0
1		0.5		0.5	1
2			0.3	0.3	2

当 $k = 2$ 时，设 s_2 万元 $(s_2 = 1,\ 2)$ 全部分配给新产品 B，C，则不成功的概率为

$$f_2(s_2) = \min_{0 \leqslant x_2 \leqslant s_2} [p_2(x_2) \cdot f_2(s_2 - x_2)]$$

计算结果如下表所示。

x_2 / s_2	$p_2(x_2) \cdot f_2(s_2 - x_2)$			$f_2(s_2)$	x_2^*
	0	1	2		
0	0.6×0.8			0.48	0
1	0.6×0.5	0.4×0.8		0.30	0
2	0.6×0.3	0.4×0.5	0.2×0.8	0.16	2

当 $k=1$ 时，设 $s_1 = 2$ 万元，全部分配给新产品 A，B，C，则不成功的概率为

$$f_1(2) = \min_{0 \leqslant x_2 \leqslant 2} [p_1(x_1) \cdot f_2(2-x_1)]$$

计算结果如下表所示。

s_1 \ x_1	0	1	2	$f_1(2)$	x_1^*
2	0.4×0.016	0.2×0.3	0.15×0.48	0.06	1

故 $x_1^* = 1$，$x_2^* = 0$，$x_3^* = 1$，$f_1(2) = 0.06$。A 产品分配 1 万元，B 产品不分配，C 产品分配 1 万元。这三种产品都研究不成功的概率最小为 $0.2 \times 0.6 \times 0.5 = 0.06$。

9.13 解：

工件的加工工时矩阵为

$$M = \begin{pmatrix} J_1 & J_2 & J_3 & J_4 & J_5 & J_6 \\ 3 & 10 & 5 & 2 & 9 & 11 \\ 8 & 12 & 9 & 6 & 5 & 2 \end{pmatrix} \xrightarrow{\text{按最优排序规则排序后}} \begin{pmatrix} J_4 & J_1 & J_3 & J_2 & J_5 & J_6 \\ 2 & 3 & 5 & 10 & 9 & 11 \\ 6 & 8 & 9 & 12 & 5 & 2 \end{pmatrix}$$

则最优加工顺序为

$$J_4 \rightarrow J_1 \rightarrow J_3 \rightarrow J_2 \rightarrow J_5 \rightarrow J_6$$

总加工时间为 44 天。

9.14 解：

由题意：$a=1$，$T=2$，$n=5$

$I_j(t)$ 为在 j 年机器役龄为 t 年的一台机器运行所得收入；

$O_j(t)$ 为在 j 年机器役龄为 t 年的一台机器运行所需费用；

$C_j(t)$ 为在 j 年机器役龄为 t 年的一台机器更新所需的净费用；

$g_j(t)$ 为在 j 年机器开始使用役龄为 t 年机器时，从第 j 至第 5 年的最佳收入；

$x_j(t)$ 表示给出 $g_j(t)$ 时，在第 j 年开始时的决策。

得递推关系式为

$$g_j(t) = \max \begin{bmatrix} R: I_j(0) - O_j(0) - C_j(t) + g_{j+1}(1) \\ K: I_j(t) - O_j(t) + g_{j+1}(t+1) \end{bmatrix}$$

其中，"K"是 Keep 的缩写，表示保留使用；"R"是 Replacement 的缩写，表示更新机器。

其中，$g_6(t) = 0$，$j = 1$，2，$\cdots$，5；$t = 1$，2，$\cdots$，$j-1$。

当 $j = 5$ 时

$$g_5(t) = \max \begin{bmatrix} R: I_5(0) - O_5(0) - C_5(t) + g_6(1) \\ K: I_5(t) - O_5(t) + g_6(t+1) \end{bmatrix}$$

$$g_5(1) = \max \begin{bmatrix} R: & 30-2-31 = -3 \\ K: & 26-3 = 23 \end{bmatrix} = 23 \text{，则 } x_5(1) = K$$

$$g_5(2) = \max \begin{bmatrix} R: & 30-2-31 = -3 \\ K: & 22-4 = 18 \end{bmatrix} = 18 \text{，则 } x_5(2) = K$$

$$g_5(3) = \max \begin{bmatrix} R: & 30-2-34 = -6 \\ K: & 20-7 = 13 \end{bmatrix} = 13 \text{，则 } x_5(3) = K$$

$$g_5(4) = \max \begin{bmatrix} R: & 30-2-35 = -7 \\ K: & 14-8 = 6 \end{bmatrix} = 6 \text{，则 } x_5(4) = K$$

$$g_5(6) = \max \begin{bmatrix} R: & 30-2-36 = -8 \\ K: & 12-8 = 4 \end{bmatrix} = 4 \text{，则 } x_5(6) = K$$

当 $j = 4$ 时

$$g_4(t) = \max \begin{bmatrix} R: & I_4(0) - O_4(0) - C_4(t) + g_5(1) \\ K: & I_4(t) - O_4(t) + g_5(t+1) \end{bmatrix}$$

$$g_4(1) = \max \begin{bmatrix} R: & 28-2-30+23 = 19 \\ K: & 24-3+18 = 39 \end{bmatrix} = 39 \text{，则 } x_4(1) = K$$

$$g_4(2) = \max \begin{bmatrix} R: & 28-2-32+23 = 17 \\ K: & 22-6+13 = 29 \end{bmatrix} = 29 \text{，则 } x_4(2) = K$$

$$g_4(3) = \max \begin{bmatrix} R: & 28-2-32+23 = 17 \\ K: & 16-6+6 = 16 \end{bmatrix} = 17 \text{，则 } x_4(3) = K$$

$$g_4(5) = \max \begin{bmatrix} R: & 28-2-34+23 = 15 \\ K: & 24-7+4 = 9 \end{bmatrix} = 15$$

当 $j = 3$ 时

$$g_3(t) = \max \begin{bmatrix} R: & I_3(0) - O_3(0) - C_3(t) + g_4(1) \\ K: & I_3(t) - O_3(t) + g_4(t+1) \end{bmatrix}$$

$$g_3(1) = \max \begin{bmatrix} R: & 27-3-29+39 = 19 \\ K: & 23-4+29 = 48 \end{bmatrix} = 48 \text{，则 } x_3(1) = K$$

$$g_3(2) = \max \begin{bmatrix} R: & 27-3-30+39 = 33 \\ K: & 18-6+17 = 29 \end{bmatrix} = 33 \text{，则 } x_3(2) = R$$

$$g_3(4) = \max \begin{bmatrix} R: & 27-3-34+39 = 29 \\ K: & 14-7+15 = 32 \end{bmatrix} = 29 \text{，则 } x_3(4) = R$$

当 $j = 2$ 时

$$g_2(t) = \max \begin{bmatrix} R: & I_2(0) - O_2(0) - C_2(t) + g_3(1) \\ K: & I_2(t) - O_2(t) + g_3(t+1) \end{bmatrix}$$

$$g_3(1) = \max \begin{bmatrix} R: & 27-3-29+39 = 19 \\ K: & 23-4+29 = 48 \end{bmatrix} = 48 \text{，则 } x_3(1) = K$$

$$g_3(3) = \max \begin{bmatrix} R: & 25 - 3 - 32 + 48 = 38 \\ K: & 14 - 6 + 29 = 37 \end{bmatrix} = 38$$

当 $j = 1$ 时

$$g_1(t) = \max \begin{bmatrix} R: & I_1(0) - O_1(0) - C_1(t) + g_2(1) \\ K: & I_1(t) - O_1(t) + g_2(t+1) \end{bmatrix}$$

$$g_1(2) = \max \begin{bmatrix} R: & 20 - 4 - 30 + 48 = 34 \\ K: & 16 - 6 + 38 = 48 \end{bmatrix} = 48, \text{ 则 } x_1(2) = K$$

由 $g_1(2) = 48$ 得最大总收入为 48，根据上面计算过程反推，可求得最佳策略。

9.15　解：

动态规划的递推关系为：

$$f_k(i, S) = \min_{j \in s} [S_{k-1}(j, S/\{j\}) + d_{ji}]$$

$k = 1, 2, \cdots, 5; \ i = 2, 3, \cdots, 6; \ S \subseteq N_i$

边界条件为 $f_0(i, \Phi) = d_{1i}$，$p_k(i, S)$ 为最优决策函数，它表示从 1 城开始经 k 个中间城市到 S 集到 i 城的最短路线上紧挨着 i 城前面的那个城市。

由边界条件可知

$f_0(2, \Phi) = d_{12} = 10$

$f_0(3, \Phi) = d_{13} = 20$

$f_0(4, \Phi) = d_{14} = 30$

$f_0(5, \Phi) = d_{15} = 40$

$f_0(6, \Phi) = d_{16} = 50$

当 $k = 1$ 时，即从 1 城开始，中间经过一个城市到达 i 城的最短距离为

$f_1(2, \{3\}) = f_0(3, \Phi) + d_{32} = 20 + 9 = 19$

$f_1(2, \{4\}) = f_0(4, \Phi) + d_{42} = 30 + 32 = 62$

$f_1(2, \{5\}) = f_0(5, \Phi) + d_{52} = 40 + 27 = 67$

$f_1(2, \{6\}) = f_0(6, \Phi) + d_{62} = 50 + 22 = 72$

$f_1(3, \{2\}) = f_0(2, \Phi) + d_{23} = 10 + 18 = 28$

$f_1(3, \{4\}) = f_0(4, \Phi) + d_{43} = 30 + 4 = 34$

$f_1(3, \{5\}) = f_0(5, \Phi) + d_{53} = 40 + 11 = 51$

$f_1(3, \{6\}) = f_0(6, \Phi) + d_{63} = 50 + 16 = 66$

$f_1(4, \{2\}) = f_0(2, \Phi) + d_{24} = 10 + 30 = 40$

$f_1(4, \{3\}) = f_0(3, \Phi) + d_{34} = 20 + 5 = 25$

$f_1(4, \{5\}) = f_0(5, \Phi) + d_{54} = 40 + 10 = 50$

$f_1(4, \{6\}) = f_0(6, \Phi) + d_{64} = 50 + 20 = 70$

$f_1(5, \{2\}) = f_0(2, \Phi) + d_{25} = 10 + 25 = 35$

$f_1(5, \{3\}) = f_0(3, \Phi) + d_{35} = 20 + 10 = 30$

$f_1(5, \{4\}) = f_0(4, \Phi) + d_{45} = 30 + 8 = 38$

$f_1(5, \{6\}) = f_0(6, \Phi) + d_{65} = 50 + 12 = 62$

$f_1(6, \{2\}) = f_0(2, \Phi) + d_{26} = 10 + 21 = 31$

$f_1(6, \{3\}) = f_0(3, \Phi) + d_{36} = 20 + 15 = 35$

$f_1(6, \{4\}) = f_0(4, \Phi) + d_{46} = 30 + 16 = 46$

$f_1(6, \{5\}) = f_0(5, \Phi) + d_{56} = 40 + 18 = 58$

当 $k = 2$ 时，即从 1 城开始，中间经过两个城市（它们的顺序任意）到达 i 城的最短距离为

$$f_2(2, \{3, 4\}) = \min\{f_1(3, \{4\}) + d_{32}, f_1(4, \{3\}) + d_{42}\}$$
$$= \min\{34 + 9, 25 + 32\} = \min\{43, 57\} = 43$$

则 $p_2(2, \{3, 4\}) = 3$

$k = 2$ 的其余部分，$k = 3$，$k = 4$ 的情况依次类推。当 $k = 5$ 时，即从 1 城开始，中间经过 5 个城市，回到 1 城的最短距离是：

$$f_5(1, \{2, 3, 4, 5, 6\}) = \min\{f_4(2, \{3, 4, 5, 6\}) + d_{21}, f_4(3, \{2, 4, 5, 6\}) + d_{31}, f_4(4, \{2, 3, 5, 6\}) + d_{41}, f_4(5, \{2, 3, 4, 6\}) + d_{51}, f_4(6, \{2, 3, 4, 5\}) + d_{61}\} = 80$$

则 $p_5(1, \{2, 3, 4, 5, 6\}) = 3$

综合前面的递推过程

$P_4(3, \{2, 4, 5, 6\}) = 4$

$P_3(4, \{2, 5, 6\}) = 5$

$P_2(5, \{2, 6\}) = 6$

$P_1(6, \{2\}) = 2$

由此可知推销员最短路线为：$1 \rightarrow 2 \rightarrow 6 \rightarrow 5 \rightarrow 4 \rightarrow 3 \rightarrow 1$

最短总距离为 80（单位）。

第10章

图与网络优化

10.1 证明：

（1）由图的性质定理知，任一个图中，奇点的个数为偶数。7，6，5，4，3，2中存在3个奇数，所以不可能是某个图的次的序列，更不是某个简单图的次的序列。

（或者）假设7，6，5，4，3，2为某个简单图的次的序列，则图中有6个点，作为简单图点的最大次数为 $n-1$，即最大次数为5，显然与存在点的次数为7矛盾。所以，7，6，5，4，3，2又是简单图的次的序列。

（2）由定理知，任一个图 $G=(V,E)$ 中，所有点的次数之和是边数的两倍，即图中点次的和为偶数。序列6，6，5，4，3，2，1的和为27，所以它不可能是一个图的次的序列，更不可能是某个简单图的次的序列。

（或者）假设6，6，5，4，3，2，1为某个简单图的次的序列，则图中存在7个点，不妨设为 V_1，V_2，V_3，V_4，V_5，V_6，V_7，其中 V_1，V_2 次为6，表明 V_1，V_2 与除自身外的剩余6个点均相连。即 V_3，V_4，V_5，V_6，V_7 的次不少于2，与 V_7 的次为1矛盾。所以，6，6，5，4，3，2，1不是某个简单图的次的序列。

（3）假设6，5，4，3，2，1为某个简单图的次的序列，则图中存在7个点，不妨设为 V_1，V_2，V_3，V_4，V_5，V_6，V_7，因为 $d(V_1)=6$，$d(V_7)=1$，所以 V_1 与其他6个点相连，而 V_7 仅与 V_1 相连，又因为 $d(V_2)=d(V_3)=5$，则 V_2，V_3 与除 V_7 和自身之外的所有点相连，则 V_6 必须与 V_2，V_3 相连，所以 V_6 与 V_1，V_2，V_3 相连，与 $d(V_6)=2$ 矛盾，所以6，5，4，3，2，1不是某个简单图的次的序列。

10.2 解：

设9个人 V_1，V_2，$\cdots$，V_9 为9个点，两人握手设为两点之间存在相连边，握手问题转化为一个简单图，其中，V_1，V_2，$\cdots$，V_9 次的序列为2，4，4，5，5，5，5，6，6。这9个人中一定可以找到3个互相握过手，转化为在图中一定存在3个点彼此相连。

因为，$d(V_4)=d(V_5)=d(V_6)=d(V_7)=5$，$V_4$，$V_5$，$V_6$，$V_7$ 之间一定存在两点相连。假如，V_4，V_5，V_6，V_7 互相均不相连，因为次均为5，所以 V_4，V_5，V_6，V_7 均与剩余的5个点 V_1，V_2，V_3，V_8，V_9 相连，这与 $d(V_1)=2$ 矛盾。

不妨设 V_4，V_5，V_6，V_7 中存在 V_4，V_5 之间相连。必可以找到第 3 点均与 V_4，V_5 相连。假设不存在第 3 点均与 V_4，V_5 相连，V_4，V_5 分别与定义不同的 4 个点相连，即存在 8 个不同的点分别与 V_4 或 V_5 相连，加上 V_4，V_5 共计 10 个点，这与图中 9 个点矛盾。

所以在图中，必存在 3 个点彼此相连。

10.3　解：

将 8 种化学药品 A，B，C，D，P，R，S，T 设定为 8 个点，两种药品不能贮存在同一室内状态，设定为两点之间存在一边相连，画出药品关系图如图（a）所示。

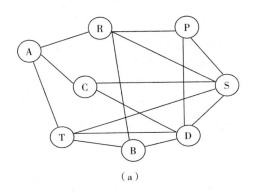

（a）

在图（a）中，两点之间相连的药品均不能存贮在一起。对于有点 A，B，C，D，P，R，S，T 的完全图，求图（a）的补图，得图（b），在图（b）中，彼此相连的药品均可以为存贮庄点，因为 $d(S) = d(D) = 2$，从 S，D 开始搜索，（S，A，B）彼此相连，（D，R）相连，（T，C，P）彼此相连。

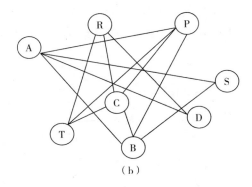

（b）

所以至少需要 3 间贮存室，存效组合为（S，A，B），（T，C，P），（D，R）。

10.4　解：

依据旅行者的路线统计城市间的相互关系。

点（城市）	相邻城市（相邻点）	次	点（城市）	相邻城市（相邻点）	次
A	J, M	2	I	M, E, F	3
B	G, M, F, J	4	J	A, N, B	3
C	F, I, O, G	4	K	H, G, O	3
D	L, O	2	L	C, D, P	3
E	L, P	2	M	B, I, A	3
F	P, C, I, B	4	N	J, H, G	3
G	K, M, C, N	4	O	D, C, K	3
H	M, K	2	P	E, F, L	3

由点的次可知，A，D，E，H 的次为 2，则为 4 个顶点；B，C，F，G 的次为 4，则为 4 个顶点；某系为边点，城市布局图如下图所示。

```
A         M         I         E
┌─────────┬─────────┬─────────┐
│         │         │         │
J         │  B      │  F      P
│         │         │         │
├─────────┼─────────┼─────────┤
│         │         │         │
N         │  G      │  C      L
│         │         │         │
├─────────┼─────────┼─────────┤
│         │         │         │
│         │         │         │
└─────────┴─────────┴─────────┘
H         K         O         D
```

10.5 解：

将课程 A，B，C，D，E，F 设定为 6 个点，同时学生选某课程认为存在相邻边。依据学生 1~10 的选课划分课程关系图（a），要求学生一天最多考一门，即图（a）中相连的课程不能排在同一天。对于点 ABCDEF 的关系图，求图（a）的补图（b）。

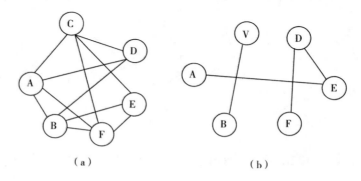

（a）　　　　　　　　（b）

那么，图（b）中相邻的课程可以安排在同一天，可保证学生一天最多考一门，所以（A，E），（F，D），（C，B）分别各为一天，安排如下：

天	上午	下午
1	A	E
2	C	B
3	D	F

10.6 解：

（1）破圈法。

寻找图中的圈，去掉圈中的一边。

①圈（$v_1 e_1 v_2 e_3 v_3 e_2 v_1$）去掉 e_1；圈（$v_2 e_4 v_4 e_8 v_5 e_6 v_2$）去掉 e_4；圈（$v_8 v_{13} v_9 e_{14} v_{10} e_{15} v_8$）去掉 v_{13}。

②圈（$v_1 e_2 v_3 e_3 v_2 e_5 v_5 e_7 v_1$）去掉 e_5；圈（$v_4 e_8 v_5 e_{10} v_6 e_9 v_4$）去掉 e_9，得到支撑树（c）。

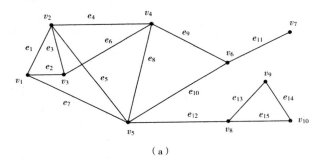

（a）

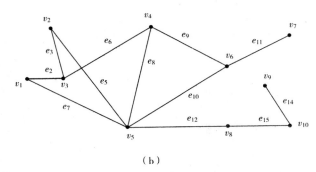

（b）

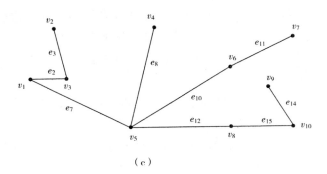

（c）

（2）避圈法。

①从 v_1 点出发，在相邻边增加边和点，保证不构成回路。从 v_1 出发，增加 e_1，v_2；e_2，v_3；e_7，v_5。

②v_3 相邻边 e_6，增加 v_4；v_5 相邻边 e_{10}，e_{12}，增加点 v_6，v_8。

③v_6 相邻边 e_{11}，增加 v_7；v_8 相邻边 e_{13}，e_{15}，增加点 v_9，v_{10}。

将 v_1，v_2，…，v_{10} 点均包含在图中，且不存在回路，构成一个支撑树（f）。

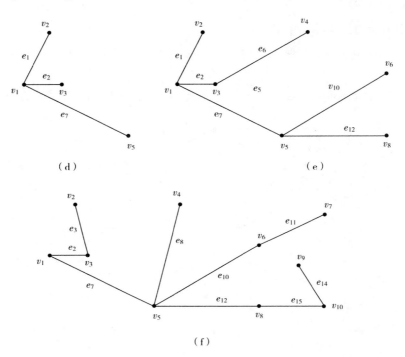

（d）　　　　　　　　　　　　　　　（e）

（f）

10.7　解：

（1）求解图 10 - 3（a）最小树：

1）破圈法。

在图中寻找圈，去除圈中权值最大的边。

$(V_1$，V_2，$V_3)$ 去除 $(V_1$，$V_3)$ 边；$(V_1$，V_4，$V_7)$ 去除 $(V_4$，$V_7)$ 边；$(V_2$，V_5，$V_8)$ 去除 $(V_2$，$V_8)$ 边；$(V_6$，V_7，$V_8)$ 去除 $(V_7$，$V_8)$ 边，得到图（a2）

$(V_2$，V_5，$V_3)$ 去除 $(V_2$，$V_5)$ 边；$(V_3$，V_6，$V_4)$ 去除 $(V_3$，$V_6)$ 边；$(V_5$，V_6，$V_8)$ 去除 $(V_5$，$V_6)$ 边，得到图（a3）

$(V_1$，V_2，V_3，$V_4)$ 去除 $(V_1$，$V_2)$ 边，$(V_3$，V_4，V_6，V_8，$V_5)$ 去除 $(V_4$，$V_6)$ 边，得到图（a4）。

$(V_1$，V_4，V_3，V_5，V_8，$V_7)$ 去除 $(V_3$，$V_4)$ 边，得到图（a5），图中不再有回路，则为最小树，其权值和为 $s = 16$。

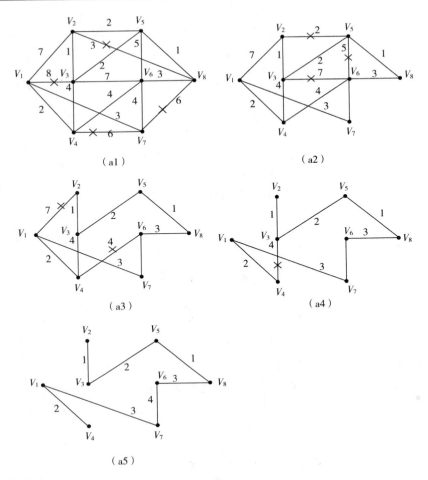

（a1）　　　　　　　　　（a2）

（a3）　　　　　　　　　（a4）

（a5）

2）避圈法。

从 V_1 出发，即 $V = \{V_1\}$ 其余点为 $\bar{V}$，V 与 $\bar{V}$ 间有边 (V_1, V_2)，(V_1, V_3)，(V_1, V_7)，(V_1, V_4)，权值分别为 7，8，3，2，权值最短边为 (V_1, V_4)。则加粗边为 (V_1, V_4)，令 $\{V_4\} \cup V \Rightarrow V$。$V$ 与 $\bar{V}$ 间最短边为 (V_1, V_7)，加粗边为 (V_1, V_7)，令 $\{V_7\} \cup V \Rightarrow V$。

依次按照上述规则操作，直到 $\bar{V} = \varnothing$。则得到最小树图（a3），其权值和为16。

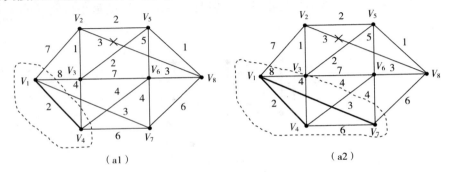

（a1）　　　　　　　　　（a2）

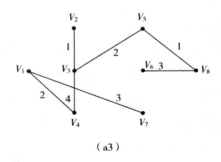

（a3）

（2）求解图 10-3（b）最小树：

依求解图 10-3（a）最小树的步骤，得到图 10-3（b）的最小树图（b），其权值和为 $s=12$。

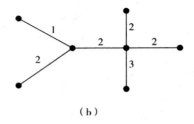

（b）

（3）求解图 10-3（c）最小树：

依求解图 10-3（a）最小树的步骤，得到图 10-3（c）的最小树图（c），其权值和为 $s=18$。

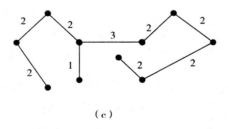

（c）

（4）求解图 10-3（d）最小树：

依求解图 10-3（a）最小树的步骤，得到图 10-3（d）的最小树图（d），其权值和为 $s=17$。

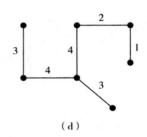

（d）

10.8　解：

六个城市（Pe），（N），（Pa），（L），（T），（M）对应 6 个点，依表中数据得到交通网络图为：

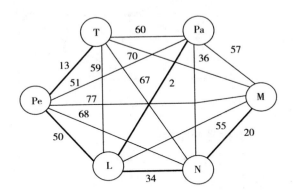

按照避圈法，$V = \{Pe\}$，$\overline{V} = \{T, L, Pa, M, N\}$，$V$ 与 $\overline{V}$ 的最短边为（Pe，T），加粗（Pe，T）边，$\{T\} \cup V \Rightarrow V$，即 $V = \{Pe, T\}$，$\overline{V} = \{L, Pa, M, N\}$，依次推导。

逐次加入边（Pe，L），（L，Pa），（L，N），（N，M），得到最小树图：

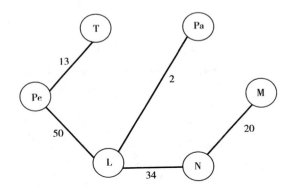

10.9　解：

利用双标号法，求 $V_1 \rightarrow V_9$ 的最短路线。

（1）从 V_1 出发，V_1 标号为（V_1，0），$V = \{V_1\}$，其余点为 $\overline{V}$。

（2）V 中点 V_1 相邻的未标号的点有 V_2，V_4，$L_{1r} = \min\{d_{1-2}, d_{1-4}\} = \min\{3, 4\} = 3 = d_{1-2}$，则对 V_2 进行标号 $V_2(V_1, 3)$，令 $V \cup \{V_2\} \Rightarrow V$，$V/\{V_2\} \Rightarrow \overline{V}$。

（3）V 中点 V_1，V_2 与未标号的 V_3，V_6，V_5，V_4，$L_{1p} = \min\{L_{12} + d_{23}, L_{12} + d_{26}, L_{12} + d_{25}, L_{11} + d_{14}\} = \min\{3 + 3, 3 + 3, 3 + 2, 0 + 4\} = 4 = L_{14}$，给 V_4 标号 $V_4(V_1, V_4)$，令 $V \cup \{V_4\} \Rightarrow V$，$\overline{V}/\{V_4\} \Rightarrow \overline{V}$。

（4）依（3）中的原理，V 与 $\overline{V}$ 相邻边累计最小为（V_2，V_5），$V \cup \{V_5\} \Rightarrow V$，$\overline{V}/\{V_5\} \Rightarrow \overline{V}$。

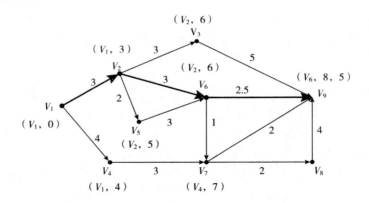

（5）按照上述原则，依次标号顺序为：

给 V_3 标号 $V_3(V_2, 6)$，$V = \{V_1, V_2, V_4, V_3\}$；

给 V_6 标号 $V_6(V_2, 6)$，$V = \{V_1, V_2, V_4, V_3, V_6\}$；

给 V_7 标号 $V_7(V_4, 7)$，$V = \{V_1, V_2, V_4, V_3, V_6, V_7\}$；

给 V_9 标号 $V_9(V_6, 8.5)$，$V = \{V_1, V_2, V_4, V_3, V_6, V_7, V_9\}$；

V_9 已标号，因此，$V_1 \sim V_9$ 的最短路线为 $V_1 \rightarrow V_2 \rightarrow V_6 \rightarrow V_9$，最短路长为 8.5。

10.10 解：

（a）

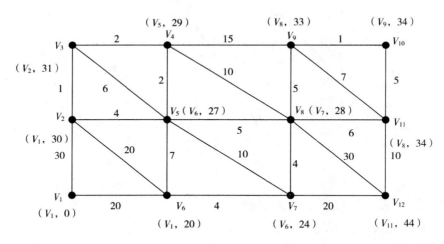

（1）从 V_1 出发，令 $V = \{V_1\}$，其余点为 $\overline{V}$，给 V_1 标号为 $(V_1, 0)$。

（2）V 与 $\overline{V}$ 相邻边有 $\{(V_1, V_2), (V_1, V_6)\}$，$L_{1r} = \min\{L_{11} + d_{12}, L_{11} + d_{16}\} = \min\{30 + 0, 20 + 0\} = L_{11} + d_{16}$，给 V_6 标号 $V_6(V_1, 20)$，令 $V \cup \{V_6\} \Rightarrow V$。

（3）V 与 $\overline{V}$ 相邻边有 $\{(V_1, V_2), (V_6, V_7), (V_6, V_5), (V_6, V_2)\}$，$L_{1p} = \min\{L_{11} + d_{12}, L_{16} + d_{67}, L_{16} + d_{65}, L_{16} + d_{62}\} = \min\{0 + 30, 20 + 4, 20 + 7, 20 + 20\} = L_{16} + d_{67}$，

给 V_7 标号 $V_7(V_6,V_4)$，令 $V\cup\{V_7\}\Rightarrow V$。

（4）依次标号：

$V_5(V_6,27)$，$V\cup\{V_5\}\Rightarrow V$；

$V_8(V_7,28)$，$V\cup\{V_8\}\Rightarrow V$；

$V_4(V_5,29)$，$V\cup\{V_4\}\Rightarrow V$；

$V_2(V_1,30)$，$V\cup\{V_2\}\Rightarrow V$；

$V_3(V_2,31)$，$V\cup\{V_3\}\Rightarrow V$；

$V_9(V_8,33)$，$V\cup\{V_9\}\Rightarrow V$；

$V_{10}(V_9,34)$，$V_{11}(V_8,34)$，$V_{12}(V_{11},44)$，至此，全部点都已标注。

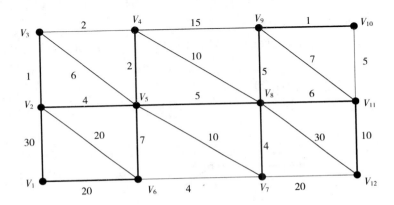

V_1 到各点的最短路只需从该点出发，逆向搜索标号就可得到，且该标号中第 2 组数字就是 V_1 到该点的最短距离。

$V_1\to V_2$：$V_1\to V_2$，$S=30$

$V_1\to V_3$：$V_1\to V_2\to V_3$，$S=31$

$V_1\to V_4$：$V_1\to V_6\to V_5\to V_4$，$S=29$

$V_1\to V_5$：$V_1\to V_6\to V_5$，$S=27$

$V_1\to V_6$：$V_1\to V_6$，$S=20$

$V_1\to V_7$：$V_1\to V_6\to V_7$，$S=24$

$V_1\to V_8$：$V_1\to V_6\to V_7\to V_8$，$S=28$

$V_1\to V_9$：$V_1\to V_6\to V_7\to V_8\to V_9$，$S=33$

$V_1\to V_{10}$：$V_1\to V_6\to V_7\to V_8\to V_9\to V_{10}$，$S=34$

$V_1\to V_{11}$：$V_1\to V_6\to V_7\to V_8\to V_{11}$，$S=34$

$V_1\to V_{12}$：$V_1\to V_6\to V_7\to V_8\to V_{11}\to V_{12}$，$S=44$

（b）

（1）从 V_1 出发，令 $V=\{V_1\}$，其余点为 $\overline{V}$，给 V_1 标号为 $(V_1,0)$。

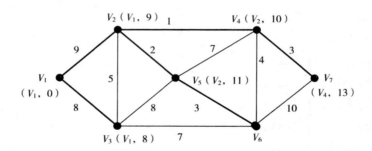

（2）V 与 $\overline{V}$ 相邻边有 $\{(V_1, V_2), (V_1, V_3)\}$，累计距离 $L_{1r} = \min\{L_{11} + d_{12}, L_{11} + d_{13}\} = \min\{0 + 9, 0 + 8\} = L_{11} + d_{13} = L_{13}$，给 V_3 标号 $V_3(V_1, 8)$，令 $V \cup \{V_3\} \Rightarrow V$。

（3）按照以上规则，依次标号，直至所有的点均标号为止，V_1 到某点的最短距离为沿该点标号逆向追索。

标号顺序为：$V_3(V_1, 8)$，$V_2(V_1, 9)$，$V_4(V_2, 10)$，$V_1(V_7, 13)$，$V_5(V_2, 11)$，$V_6(V_5, 14)$。

V_1 到各点的最短路见图中粗线。

10.11　解：

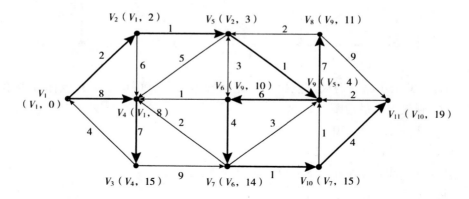

（1）从 V_1 出发，令 $V = \{V_1\}$，其余各点集合为 $\overline{V}$。给 V_1 标号为 $(V_1, 0)$，$V \to \overline{V}$ 的所有边为 $\{(V_1, V_2), (V_1, V_4)\}$，累计距离最小为 $L_{1p} = \min\{L_{11} + f_{12}, L_{11} + f_{14}\} = \min\{0 + 2, 0 + 8\} = 2 = L_{11} + f_{12}$，给 V_2 标号为 $(V_1, 2)$，令 $V \cup \{V_2\} \Rightarrow V$，$\overline{V}/\{V_2\} \Rightarrow \overline{V}$。

（2）$V \to \overline{V}$ 的所有边为 $\{(V_2, V_5), (V_2, V_4), (V_1, V_4)\}$，累计距离最小为 $L_{1p} = \min\{L_{12} + f_{25}, L_{12} + f_{24}, L_{11} + f_{14}\} = \min\{2 + 1, 2 + 6, 0 + 8\} = 3 = L_{12} + f_{25}$，令 $V \cup \{V_5\} \Rightarrow V$，$\overline{V}/\{V_5\} \Rightarrow \overline{V}$。

（3）按照标号规则，依次给未标号点标号，直到所有点均已标号，或者 $V \to \overline{V}$ 不存在有向边为止。

标号顺序为：$V_5(V_2, 8)$，$V_9(V_5, 9)$，$V_4(V_1, 8)$，$V_4(V_1, 8)$，$V_6(V_9, 10)$，

$V_8(V_9，11)$，$V_7(V_6，14)$，$V_3(V_4，15)$，$V_{10}(V_1，15)$，$V_{11}(V_{10}，19)$。

则 V_1 到各点的最短路线按照标号进行逆向追索(结果见图中粗线)。例如，$V_1 \rightarrow V_{11}$ 最短路为，$V_1 \rightarrow V_2 \rightarrow V_5 \rightarrow V_9 \rightarrow V_7 \rightarrow V_{10} \rightarrow V_{11}$，权值和为 19。

10.12　解：

求解 V_1 到各点的最短路。

(1) 从 V_1 出发，V_1 标号为 $(V_1，0)$，令 $V = \{V_1\}$，其余各点集合为 $\overline{V}$。

(2) $V \rightarrow \overline{V}$ 的有向弧有 $\{(V_1，V_2)，(V_1，V_4)\}$，最小累计权值 $L_{1p} = \min\{L_{11} + f_{12}，L_{11} + f_{14}\} = \min\{0+1，0+2\} = 1 = L_{11} + f_{12}$，给 V_2 标号为 $(V_1，1)$，令 $V \cup \{V_2\} \Rightarrow V$，即 $V_1 = \{V_1，V_2\}$。

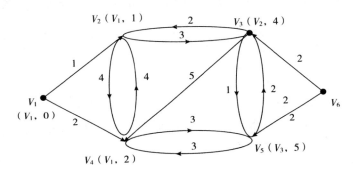

(3) $V \rightarrow \overline{V}$ 的有向弧有 $\{(V_2，V_3)，(V_2，V_4)，(V_1，V_4)\}$，$L_{1p} = \min\{L_{12} + f_{23}，L_{12} + f_{24}，L_{11} + f_{14}\} = \min\{1+3，1+4，0+2\} = 2 = L_{12} + f_{14}$，给 V_4 标号 $V_4(V_1，2)$，$V \cup \{V_4\} \Rightarrow V$。

(4) $V \rightarrow \overline{V}$ 的有向弧有 $\{(V_2，V_3)，(V_4，V_5)\}$，$L_{1p} = \min\{L_{12} + f_{23}，L_{14} + f_{45}\} = \min\{1+3，2+3\} = 4 = L_{12} + f_{23} = L_{13}$，给 V_3 标号 $V_3(V_2，4)$，$V \cup \{V_3\} \Rightarrow V$。

(5) $V \rightarrow \overline{V}$ 的有向弧有 $\{(V_3，V_5)，(V_4，V_5)\}$，$L_{1p} = \min\{L_{13} + f_{35}，L_{14} + f_{45}\} = \min\{4+1，2+3\} = 5$，给 V_5 标号 $V_5(V_3，4)$，$V \cup \{V_5\} \Rightarrow V$。

(6) $V \rightarrow \overline{V}$ 不存在有向弧，而 V_6 还未标号，表明 V_1 不能到达 V_6，V_1 到 V_2，V_3，V_4，V_5 的最短路按标号逆向追索可得。

10.13　解：

(1) (i) 从 V_1 出发，V_1 标号为 $(V_1，0)$，令 $V = \{V_1\}$，其余各点集合为 $\overline{V}$。

(ii) $V \rightarrow \overline{V}$ 的有向弧有 $\{(V_1，V_2)，(V_1，V_5)，(V_1，V_7)\}$，$L_{1p} = \min\{L_{11} + f_{12}，L_{11} + f_{15}，L_{11} + f_{17}\} = \min\{0+4，0+1，0+3\} = 1 = L_{11} + f_{15} = L_{15}$，给 V_5 标号 $V_5(V_1，1)$，令 $V \cup \{V_5\} \Rightarrow V$。

(iii) $V \rightarrow \overline{V}$ 的有向弧有 $\{(V_1，V_2)，(V_1，V_7)，(V_5，V_6)\}$，$L_{1p} = \min\{L_{11} + f_{12}，L_{11} + f_{17}，L_{15} + f_{56}\} = \min\{0+4，0+3，1+6\} = 3 = L_{11} + f_{17} = L_{17}$，给 V_7 标号 $V_7(V_1，3)$，令 $V \cup \{V_7\} \Rightarrow V$。

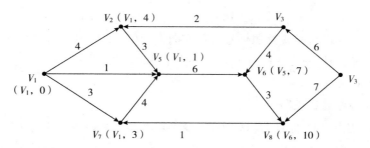

（ⅳ）依据上述规则，依次标号 $V_2(V_1, 4)$，$V_6(V_5, 7)$，$V_8(V_6, 10)$。此时，$V = \{V_1, V_2, V_7, V_5, V_8\}$，$\overline{V} = \{V_3, V_4\}$。

（ⅴ）$V \rightarrow \overline{V}$不存在有向弧，标号终止，采用逆向标号追索，得到 V_1 到各点的最短路为：

$V_1 \rightarrow V_2$：$V_1 \rightarrow V_2$；

$V_1 \rightarrow V_5$：$V_1 \rightarrow V_5$；

$V_1 \rightarrow V_7$：$V_1 \rightarrow V_7$；

$V_1 \rightarrow V_6$：$V_1 \rightarrow V_5 \rightarrow V_6$；

$V_1 \rightarrow V_8$：$V_1 \rightarrow V_5 \rightarrow V_6 \rightarrow V_8$。

（2）依据（1）中的标号结果，标号终止时，V_3，V_4 依然没有标号，表明从 V_1 出发，不能到达 V_3，V_4。

10.14 解：

求解铺油管线最短问题，可转化为含有 8 个点的赋权完全图的最小树求解问题。可采用破圈法和避圈法求解。以下采用避圈法求解。

（1）从 V_1 出发，令 $V = \{V_1\}$，其余各点集合为 $\overline{V}$，从表中划去第 1 列。

（2）寻求 $V \rightarrow \overline{V}$ 的最短边，从表中第一行寻找最小值，$d_{15} = 0.7$ 最小，令 $V \cup \{V_5\} \Rightarrow V$，从表中划去第 5 列。

（3）寻找 $V \rightarrow \overline{V}$ 的最短边，从表中第一行、第五行寻找最小值，最小值为 $d_{54} = 0.7$，令 $V \cup \{V_4\} \Rightarrow V$，划去表中第 4 列，$V = \{V_1, V_5, V_4\}$。

d_{ij}	V_1	V_2	V_3	V_4	V_5	V_6	V_7	V_8
V_1	X	1.3	2.1	0.9	0.7	1.8	2.0	1.5
V_2	1.3	X	0.9	1.8	1.2	2.6	2.3	1.1
V_3	2.1	0.9	X	2.6	1.7	2.5	1.9	1.0
V_4	0.9	1.8	2.6	X	0.7	1.6	1.5	0.9
V_5	0.7	1.2	1.7	0.7	X	0.9	1.1	0.8
V_6	1.8	2.6	2.5	1.6	0.9	X	0.6	1.0
V_7	2.0	2.3	1.9	1.5	1.1	0.6	X	0.5
V_8	1.5	1.1	1.0	0.9	0.8	1.0	0.5	X

（4）寻找 $V \rightarrow \overline{V}$ 的最短边，在表中 V 中元素各行中寻找最小值得到（即从第1、第4、第5行寻找），$d_{58} = 0.8$，令 $V \cup \{V_8\} \Rightarrow V$，划去表中第8行。

（5）按照（4）依次进行操作，直到 $\overline{V} = \emptyset$ 为止，得到结果如下图：

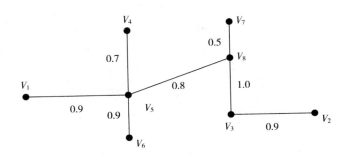

铺设输油管线全线长为：

$$S = d_{01} + d_{15} + d_{54} + d_{56} + d_{58} + d_{87} + d_{83} + d_{32} = 5 + 0.9 + 0.7 + 0.9 + 0.8 + 0.5 + 1.0 + 0.9 = 10.7 （千米）$$

10.15 解：

$$D^{(0)} = \begin{pmatrix} 0 & 50 & \infty & 40 & 25 & 10 \\ 50 & 0 & 15 & 20 & \infty & 25 \\ \infty & 15 & 0 & 10 & 20 & \infty \\ 40 & 20 & 10 & 0 & 10 & 25 \\ 25 & \infty & 20 & 10 & 0 & 55 \\ 10 & 25 & \infty & 25 & 55 & 0 \end{pmatrix} = (d_{ij}^{(0)})$$

构造 $D^{(1)} = (d_{ij}^{(1)})$，其中 $d_{ij}^{(1)} = \min\limits_{r=1,\cdots,6} \{ d_{ir}^{(0)} + d_{rj}^{(0)} \}$

$$D^{(1)} = \begin{pmatrix} 0 & 35 & 45 & 35 & 25 & 10 \\ 35 & 0 & 15 & 20 & 30 & 25 \\ 45 & 15 & 0 & 10 & 20 & 35 \\ 35 & 20 & 10 & 0 & 10 & 25 \\ 25 & 30 & 20 & 10 & 0 & 35 \\ 10 & 25 & 35 & 25 & 35 & 0 \end{pmatrix}$$

$$= \begin{pmatrix} 0 & d_{16}^{(0)}+d_{62}^{(0)} & d_{15}^{(0)}+d_{53}^{(0)} & d_{15}^{(0)}+d_{54}^{(0)} & d_{15}^{(0)} & d_{16}^{(0)} \\ & 0 & d_{23}^{(0)} & d_{24}^{(0)} & d_{24}^{(0)}+d_{45}^{(0)} & d_{26}^{(0)} \\ & & 0 & d_{34}^{(0)} & d_{35}^{(0)} & d_{24}^{(0)}+d_{46}^{(0)} \\ & & & 0 & d_{45}^{(0)} & d_{46}^{(0)} \\ & & & & 0 & d_{54}^{(0)}+d_{46}^{(0)} \\ & & & & & 0 \end{pmatrix}$$

同理构造 $D^{(2)} = (d_{ij}^{(2)})$，$d_{ij}^{(2)} = \min\limits_{r=1,\cdots,6}\{d_{ir}^{(1)} + d_{rj}^{(1)}\}$

得到 $D^{(2)} = D^{(1)}$，则 $D^{(1)}$ 矩阵为从 c_i 到 c_j 城市的最便宜原价为 $d_{ij}^{(1)}$，其路线为：

$$
\begin{array}{c}
\quad\ c_1 \qquad c_2 \qquad\ c_3 \qquad\quad c_4 \qquad\quad c_5 \qquad\quad c_6 \\
\begin{array}{c} c_1 \\ c_2 \\ c_3 \\ c_4 \\ c_5 \\ c_6 \end{array}
\left(
\begin{array}{cccccc}
- & 1-6-2 & 1-5-3 & 1-5-4 & 1-5 & 1-6 \\
 & - & 2-3 & 2-4 & 2-4-5 & 2-6 \\
 & & - & 3-4 & 3-5 & 3-4-6 \\
 & & & - & 4-5 & 4-6 \\
 & & & & - & 5-4-6 \\
 & & & & & -
\end{array}
\right)
\end{array}
$$

10.16 解：

（1）所有的截集（割集）：

$\{(v_s, v_1), (v_s, v_2)\}$；$\{(v_s, v_2), (v_1, v_t)\}$；$\{(v_s, v_1), (v_2, v_1), (v_2, v_3)\}$；

$\{(v_1, v_t), (v_2, v_3)\}$；$\{(v_1, v_t), (v_3, v_t)\}$，有

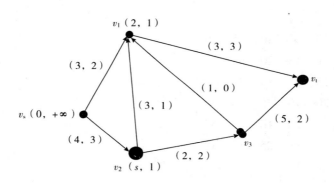

（2）对应（1）中所有截集的容量为：6，7，7，5，8，所以最小截集为 $\{(v_1,$ $v_t), (v_2, v_3)\}$，$(v = \{v_s, v_1, v_2\}$，$\bar{v} = \{v_3, v_t\})$ 其容量为 5。

（3）由定理最大流等于最小割容量可知当前流是最大流。

也可用标号法证明不存在增广链，而说明当前流是最大流。

（ⅰ）给 v_s 标号 $v_s(0, +\infty)$。

（ⅱ）检查 v_s 相邻的弧，弧 (v_s, v_1) 已达容量，$f_{s1} = c_{s1} = 2$，不满足标号条件，弧 (v_s, v_2)，$f_{s2} = 3 < 4 = c_{s2}$，给 v_2 标号，$v_2(s, l(v_2))$，$l(v_2) = \min\{l(v_s), (c_{s2} - f_{s2})\} = \min\{+\infty, 4-3\} = 1$ 即 v_2 标号 $v_2(s, 1)$。

（ⅲ）检查 v_2，弧 (v_2, v_3) 不满足标号条件，弧 (v_2, v_1)，$f_{21} < c_{21}$，给 v_1 标号 $v_1(2,$ $l(v_1))$，$l(v_1) = \min\{l(v_2), (c_{21} - f_{21})\} = \min\{1, 3-1\} = 1$ 即 v_1 标号 $v_1(2, 1)$。

（ⅳ）检查 v_1，弧 (v_1, v_t)，(v_3, v_1) 均不满足标号条件，标号终止，因为 $v = \{v_3,$ $v_1, v_2\}$，$\bar{v} = \{v_3, v_t\}$，$v_t \in \bar{v}$，所以不存在 $v_s \to v_t$ 的增广链，当前流为最大流。

10.17　解：

（1）给 v_s 标号 $v_s(s, +\infty)$。

（2）检查 v_s，在弧 (v_s, v_1) 上，$f_{s1} < c_{s1}$，给 v_1 标号 $(s, l(v_1))$，$l(v_1) = \min\{l(v_s), c_{s1} - f_{s1}\} = \min\{+\infty, 4-3\} = 1$，即给 v_1 标号 $(s, 1)$，弧 (v_s, v_3)，$f_{s3} < c_{s3}$，$l_1(v_3) = \min\{l(v_s), c_{s3} - f_{s3}\} = \min\{+\infty, 3-2\} = 1$，给 v_3 标号 $v_3(s, 1)$。

弧 (v_s, v_2)，$f_{s2} < c_{s2}$，$l_1(v_2) = \min\{l(v_s), c_{s2} - f_{s2}\} = 1$，给 v_2 标号 $v_2(s, 1)$，得到 $f_{ij}^{(0)}$。

$\{f_{ij}^{(0)}\}$：

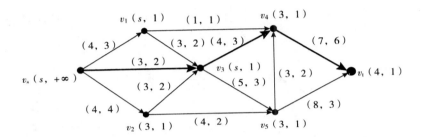

（3）检查 v_1，弧 (v_1, v_4)，$f_{14} = c_{14}$；不符合标号条件。

检查 v_3，弧 (v_3, v_4)，$f_{34} < c_{34}$，$l(v_4) = \min\{1, 4-3\} = 1$，给 v_4 标号 $v_4(3, 1)$；弧 (v_3, v_4)，$f_{35} < c_{35}$，$l(v_5) = \min\{1, 5-3\} = 1$，给 v_5 标号 $v_5(3, 1)$。

检查 v_4，弧 (v_4, v_t)，$f_{4t} < c_{4t}$，$l(v_t) = \min\{1, 7-6\} = 1$，给 v_t 标号 $v_t(4, 1)$。得到增广链 $v_s \to v_3 \to v_4 \to v_t$，修改调整原流量 $f_{ij}^{(0)}$，正向弧流量增加 1，反向弧减少 1，得到 $f_{ij}^{(1)}$。

$\{f_{ij}^{(1)}\}$：

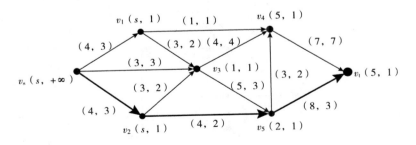

对流 $f_{ij}^{(1)}$ 进行标号检查，寻找增广链。

给 v_s 标号 $v_s(s, +\infty)$；检查 v_s，标记 $v_1(s, 1)$，标记 $v_2(s, 1)$。

检查 v_1，标记 $v_3(1, 1)$；检查 v_2，标记 $v_5(2, 1)$；检查 v_3，无满足条件弧。

检查 v_5，标记 $v_4(5, 1)$，$v_t(5, 1)$；得到增广链，$v_3 \to v_2 \to v_5 \to v_t$，调整流量 $\theta = 1$

得到流量 $f_{ij}^{(2)}$。

$\{f_{ij}^{(2)}\}$：

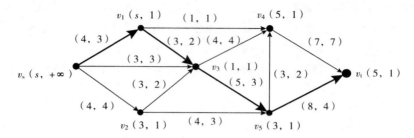

对 $f_{ij}^{(2)}$ 进行标号，寻找增广链，得增广链 $v_s \rightarrow v_1 \rightarrow v_3 \rightarrow v_5 \rightarrow v_t$，调整流量得 $f_{ij}^{(3)}$。

$\{f_{ij}^{(3)}\}$：

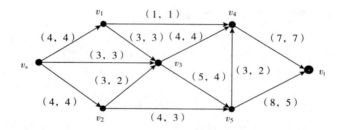

对 $f_{ij}^{(3)}$ 检查，已不存在增广链，该网络的最大流 $f = 15$。

10.18　解：

图 10 – 11（a）：

（1）给 v_s 标号 $v_s(s, \infty)$。

（2）检查 v_s，弧 (v_s, v_1)，(v_s, v_2) 均已满容量，不符合标记条件，弧 (v_s, v_3)，$f_{s3} = 0 < 1 = c_{s3}$，$l(v_3) = \min\{l(v_s), c_{s3} - f_{s3}\} = \min\{+\infty, 1 - 0\} = 1$，$v_3$ 标记 $v_3(s, 1)$。

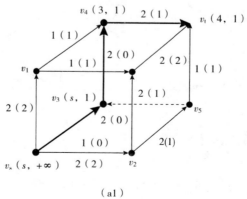

（a1）

（3）检查 v_3，弧(v_3, v_4)，$f_{34} < c_{34}$，v_4 标记 $v_4(3, 1)$，弧(v_5, v_3)为逆向弧，$f_{53} = 0$ 不符合标记条件。

（4）检查 v_4，弧(v_4, v_t)，$f_{4t} < c_{4t}$，给 v_t 标号 $v_t(3, 1)$。

（5）v_t 已得到标号，反向追索得增广链，$v_s \rightarrow v_3 \rightarrow v_4 \rightarrow v_t$，修正调整流量，正向弧流量增加 1，反向弧减少 1。得新流 $f_{ij}^{(1)}$（见图（a2））。

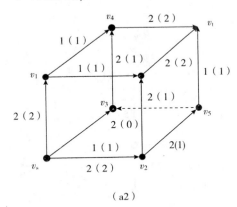

（a2）

对 v_s 标记 $v_s(s, +\infty)$，检查 v_s 点，已无符合标记条件的弧，表明不存在增广链，当前流为最大流，$v_s \rightarrow v_t$ 的最大流为 5，最小割为$(v, \bar{v}) = \{(v_s, v_1), (v_s, v_3), (v_s, v_2)\}$。

图 10-11（b）：

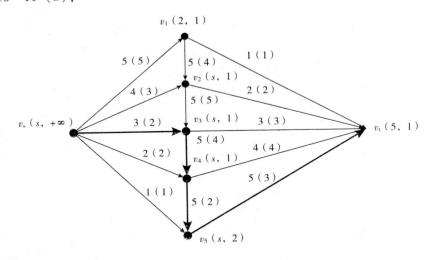

（1）给 v_s 标号 $v_s(s, \infty)$。

（2）检查 v_s，弧(v_s, v_1)，(v_s, v_4)，(v_s, v_5)均已满容量，不符合标记条件，弧(v_s, v_2)，$f_{s2} < c_{s2}$，标记 $v_2(s, 1)$。

（3）检查 v_2，弧(v_1, v_2)，$f_{12} > 0$，标记 $v_1(2, 1)$；弧(v_2, v_t)，(v_2, v_3)已达容量，不标记。

检查 v_3，弧 (v_3, v_t)，不标记，已达容量；弧 (v_3, v_4)，$f_{34} < c_{34}$，给 v_4 标号 $v_4(3, 1)$。

检查 v_4，弧 (v_4, v_t)，不满足标记条件；弧 (v_4, v_5)，$f_{45} < c_{45}$，给 v_5 标号 $v_5(4, 1)$。

检查 v_5，弧 (v_5, v_t)，$f_{5t} < c_{5t}$，给 v_t 标号 $v_t(5, 1)$。

（4）v_t 已得到标号，反向追索得增广链，$v_s \rightarrow v_3 \rightarrow v_4 \rightarrow v_5 \rightarrow v_t$，增广链正向弧流量 $+1$，反向弧 -1，调整得到新流 $f_{ij}^{(1)}$。

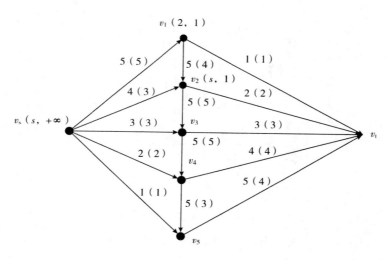

重新开始标号。

标记 $v_s(s, +\infty)$，检查 v_s，标记 $v_2(s, 1)$，其他 v_s 相连弧均不符合条件。

检查 v_2，弧 (v_1, v_2)，$f_{12} > 0$，标记 $v_1(2, 1)$。

检查 v_1，所有弧均不符合标记条件，标记结束。

v_t 未标记，现流量不存在增广链，现流量为最大流，$f = 14$，最小割为 $\{(v_1, v_t), (v_2, v_t), (v_s, v_3), (v_2, v_3), (v_s, v_4), (v_s, v_5)\}$。

图 10–11（c）：

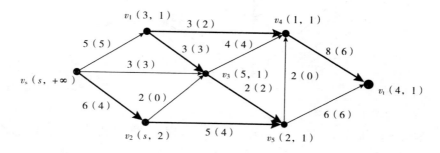

首先标记 $v_s(s, \infty)$。

检查 v_s，弧 (v_s, v_1)，(v_s, v_3) 均已满容量，不符合标记条件，弧 (v_s, v_2)，$f_{s2} <$

c_{s2}，v_2 标记 $v_2(s, 2)$。

检查 v_2，弧 (v_2, v_5)，$f_{25} < c_{25}$，标记 $v_5(2, 1)$。

检查 v_5，反向弧 (v_3, v_5)，$f_{35} > 0$，标号 $v_3(5, 1)$。

检查 v_3，反向弧 (v_1, v_3)，$f_{13} > 0$，标号 $v_1(3, 1)$。

检查 v_1，弧 (v_1, v_4)，$f_{14} < c_{14}$，标记 $v_4(1, 1)$。

检查 v_4，弧 (v_4, v_t)，$f_{4t} < c_{4t}$，标记 $v_t(4, 1)$。

v_t 已得到标号，反向追索得增广链，$v_s \rightarrow v_2 \rightarrow v_5 \rightarrow v_3 \rightarrow v_1 \rightarrow v_4 \rightarrow v_t$，流量调整量为 1。得新流 $f_{ij}^{(1)}$。

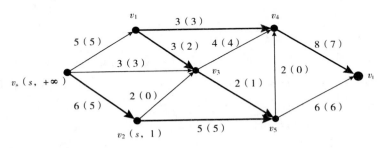

重新开始标号。

标记 $v_s(s, +\infty)$，检查 v_2，标记 $v_2(s, 1)$，检查 v_2，没有满足标记条件的弧，标记结束。

v_t 未标记，现流量不存在增广链，现流量为最大流，$f = 13$，最小割为 $\{(v_s, v_1)$，(v_s, v_3)，$(v_2, v_5)\}$。

图 10 – 11（d）：

首先标记 $v_s(s, \infty)$。

检查 v_s，弧 (v_s, v_1)，$f_{s1} < c_{s1}$，标记 $v_1(s, 2)$。弧 (v_s, v_2)，$f_{s2} < c_{s2}$，v_2 标记 $v_2(s, 1)$。

检查 v_1，弧 (v_1, v_4)，$f_{14} < c_{14}$，标记 $v_4(1, 1)$。弧 (v_1, v_3)，$f_{13} < c_{13}$，标记 $v_3(1, 1)$。

检查 v_2，弧 (v_2, v_6)，$f_{26} < c_{26}$，标记 $v_6(2, 1)$。

检查 v_4，反向弧 (v_5, v_4)，$f_{54} > 0$，标记 $v_5(4, 1)$。

检查 v_6，弧 (v_6, v_t)，$f_{6t} < c_{6t}$，标号 $v_t(6, 1)$。

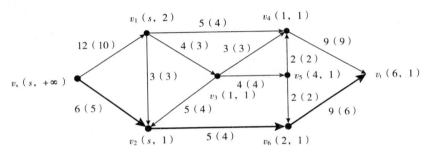

v_t 已得到标号，反向追索得增广链 $v_s{\rightarrow}v_2{\rightarrow}v_6{\rightarrow}v_t$，流量调整量为1。得新流 $f_{ij}^{(1)}$。

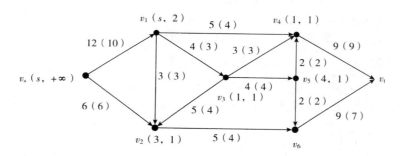

重新开始标号。

标记 $v_s(s,\ +\infty)$，检查 v_s，弧 $(v_s,\ v_1)$，$f_{s1}<c_{s1}$，标记 $v_1(s,2)$。

检查 v_1，弧 $(v_1,\ v_4)$，标记 $v_4(1,1)$，弧 $(v_1,\ v_3)$，$f_{13}<c_{13}$，标记 $v_3(1,1)$。

检查 v_4，反向弧 $(v_5,\ v_4)$，$f_{54}>0$，标记 $v_5(4,1)$。

检查 v_3，反向弧 $(v_2,\ v_3)$，标记 $v_2(3,1)$。

检查 v_5，无可标记点，标记终止，v_t 未标记，当前最大流为 $f=16$，最小割为 $\{(v_4,\ v_t),\ (v_5,\ v_6),\ (v_2,\ v_6)\}$。

10.19　解：

将5种语言和5个人各作为一点，它们的匹配关系见图，增加一个起点 s 和一个终点 t，就构成一个网络图：

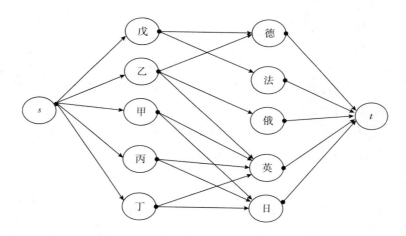

招聘人员问题就变为求上述网络图的最大流。图中所有弧的容量为1，设定初始流量 $\{f_{ij}^0\}$。

标记 $s(0,\ +\infty)$。

检查 s 点，弧 $(s,\ 4)$，$f_{s4}<c_{s4}$，标记 $4(0,1)$。

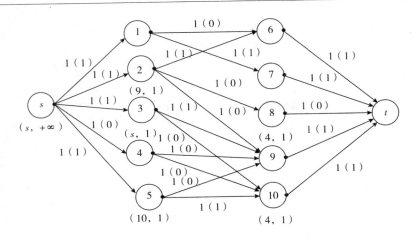

检查 4 点，标记 9(4，1)，标记 10(4，1)。

检查 9 点，标记 3(9，1)。

检查 10 点，标记 5(10，1)，检查 3 点、5 点，无满足标记条件的弧，标记终止，当前流为最大流，只招聘 4 人，戊→法语，乙→德语，甲→英语，丁→日语。

10.20　解：

图 10 – 12（a）：

（1）从流量 $f_0 = 0$ 开始（见图（a1）），构造费用加权网络图 $w(f_0)$。按照标号法求解 $s \to t$ 的最短路为 $s \to v_2 \to v_1 \to v_3 \to t$，根据各弧容量调整得 $f_1 = 3$，见图（a2）。

（2）构造费用加权网络 $w(f_1)$，（见图（a4）），求解其最短路线为 $s \to v_2 \to v_3 \to t$，调整增广链上流量，得到流量 $f_2 = 4$（见图（a5））。

（3）重复上述过程，$w(f_2)$ 最短路线为 $s \to v_2 \to v_1 \to v_3 \to t$，得流量 $f_3 = 5$，$f_4 = 8$，$f_5 = 9$。

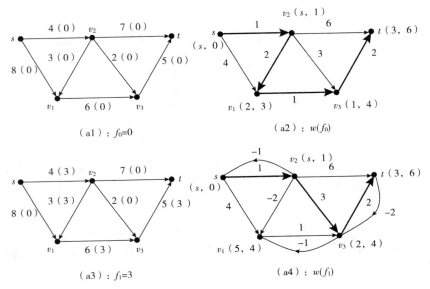

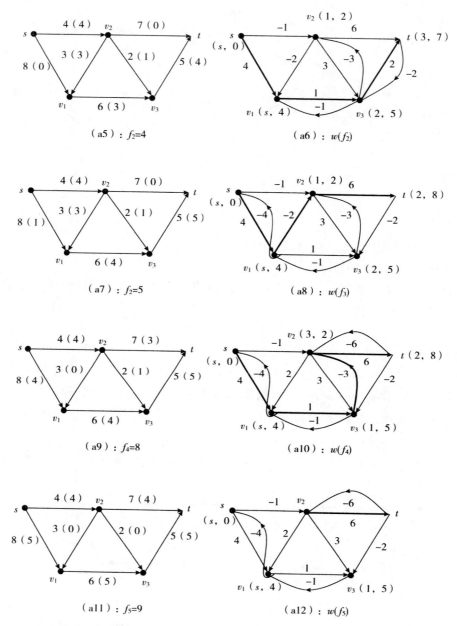

（a5）：$f_2=4$

（a6）：$w(f_2)$

（a7）：$f_2=5$

（a8）：$w(f_3)$

（a9）：$f_4=8$

（a10）：$w(f_4)$

（a11）：$f_5=9$

（a12）：$w(f_5)$

构造 $f_5=9$ 的费用加权图 $w(f_5)$，无法找到 $s \to t$ 的最短路，即 $s \to t$ 不存在增广链，所以流 $f_5=9$ 是网络最小费用最大流。

图 10-12（b）：

（1）从流量 $f_0=0$ 开始（见图(b1)），构造费用加权网络图 $w(f_0)$（见图(b2)）。按照标号法求解 $w(f_0)$ 的最短路为 $s \to v_1 \to v_2 \to v_3 \to v_4 \to t$，根据最短路上的最小容量调整流量得 $f_1=5$，见图(b3)。

（2）构造费用加权网络 $w(f_1)$（见图（b4）），求解其最短路线为：$s \to v_1 \to v_3 \to t$，调整增广链上流量。得到流量 $f_2 = 7$（见图（b5））。

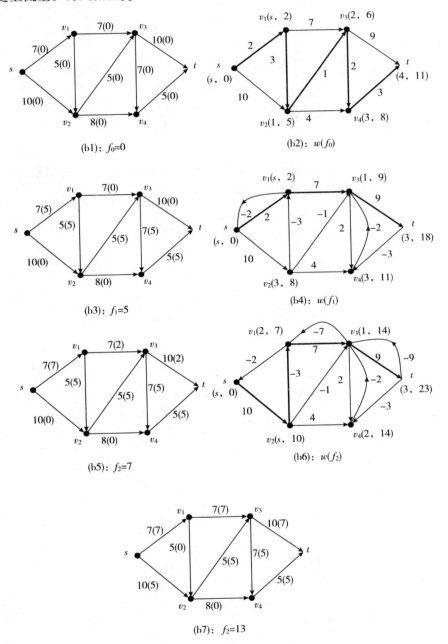

（b1）：$f_0 = 0$

（b2）：$w(f_0)$

（b3）：$f_1 = 5$

（b4）：$w(f_1)$

（b5）：$f_2 = 7$

（b6）：$w(f_2)$

（b7）：$f_2 = 13$

10.21 解：

A、B 为发点，有货物为 50 单位和 40 单位，D，E 为收点，需要货物 30 单位和 60 单位，C 为转运点，现假设一个总的发点 S，向 A、B 分别送货 50 单位和 40 单位，费用为 0，再假设一个总收点 T，分别收到 C、D 的货 30 单位和 60 单位，运输费用为 0，那么，上述问题就转化为求 $s \to t$ 点网络图的最小费用最大流问题。

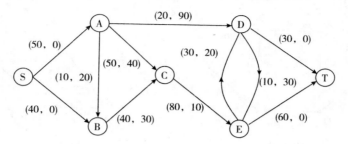

（1）从流量 $f_0 = 0$ 开始，构造费用网络图 $w(f_0)$（见图（b）），用标号法求得最短路线为 S→B→C→E→T，调整流量得新流量 $f_1 = 40$。

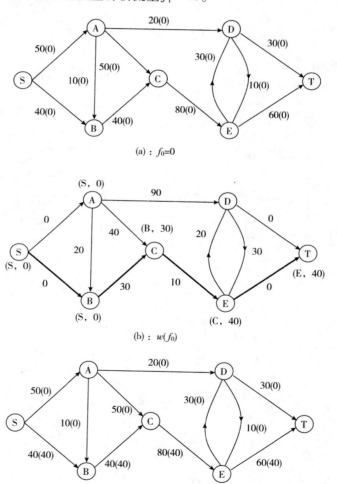

(a)：$f_0 = 0$

(b)：$w(f_0)$

(c)：$f_1 = 40$

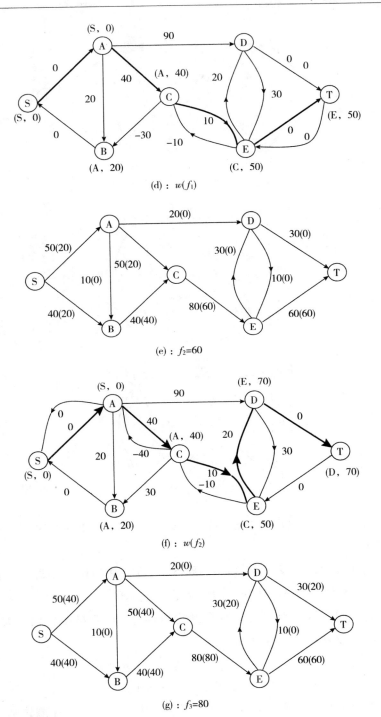

(d)：$w(f_1)$

(e)：$f_2 = 60$

(f)：$w(f_2)$

(g)：$f_3 = 80$

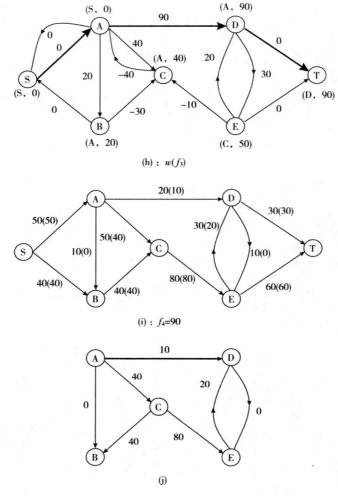

(h)：$w(f_3)$

(i)：$f_4 = 90$

(j)

（2）构造费用加权图 $w(f_1)$（见图（d）），其最短路线为：S→A→C→E→t，调整流量得到 f_2（见图（e））。

（3）重复上述过程，寻找图 $w(f_2)$ 最短路 S→A→C→C→D→t。调整流量得 $f_3 = 80$，图 $w(f_3)$ 的最短路线为：S→A→D→t，调整流量为 $f_4 = 90$。

（4）流量 $f_4 = 90$，从 S 点出发的所有弧达到容量，f_4 为最小费用最大流。A，B，C，D，E 之间的调运方案（见图（j））。

10.22　证明：

已知 $G = (V, E)$，$\delta(G) = \min\limits_{v \in V}\{d(v)\}$，$G$ 为简单图。

（1）因为 G 是简单图，所以 G 中无环，无多重边。假设 G 中无圈，则 G 至少有一个悬挂点，不妨设为 v_0，$d(v_0) = 1$，这与 $\delta(G) \geqslant 2$ 矛盾，所以 G 必定存在圈。

（2）因 $\delta(G) \geqslant 2$，设 $m = \delta(r) \geqslant 2$，取 V 中任一点 v_1，因 $d(v_1) \geqslant 2$，必存在边 $e_1 =$

(v_1, v_2)，v_2 为 e_1 另一端点，显然 $v_1 \neq v_2$；又因 $d(v_1) \geq m \geq 2$，与 v_2 有至少 m 条边相邻。

一定可以找到边 e_2，其端点不是 v_1，设为 v_3，令 $V_1 = \{v_1, v_2, v_3\}$。

因 $d(v_3) \geq m$，v_3 有至少 m 个，不同的点有边与 v_3 相连，一定可以找到边 e_3，其端点为 v_3，v_4，且 $v_4 \notin V_1$，形成链 $V_1 e_1 e_2 V_3 e_3 V_4$，令 $V_1 \cup \{v_4\} \Rightarrow V_1$。

重复上述过程，可以找到链 $V_1 e_1 V_2 e_2 \cdots V_{m-1} e_{m-1} V_m e_m V_{m+1}$，且 $V_1 = \{V_1, V_2, \cdots, V_{m+1}\}$，因 $d(V_{m+1}) \geq m$，有 m 条边与 V_{m+1} 相连，设其端点为 V_{m+2}，如果 $V_{m+2} \in V_1$，则 $V_1 e_1 V_2 e_2 \cdots V_{m-1} e_{m-1} V_m e_m V_{m+1} e_{m+1} V_1$ 构成一个 $m+1$ 的圈，如果 $V_{m+2} \notin V_1$，则继续上述过程，因为 V 中有有限个点，且 $d(v_1) \geq m \geq 2$，所以一定会找到一个边其端点为 v_1，与上述搜索链构成图，其边数大于 $m+1$。

10.23　证明：

[反证法]假设 G 中存在割边，$G = (V, E)$，不妨设割边为 e。其端点为 v_0，v_1，即 $e_0 = (v_0, v_1)$，$v_0 \in V_1$，$v_1 \in \overline{V_1}$。

因为 v_1 为偶点，必可以找到边 e_1 与之相连，设其另一端点为 v_2，同理 v_2 边为偶点，必可找到相连边 e_2，其另一端点为 v_3。

以此重复操作，因为 $\overline{V_1}$ 中点和边均有限，且 G 为连通图，一定可以结束搜索，得到链 $V_1 e_1 V_2 e_2 \cdots e_n V_{n+1}$，$v_{n+1} = v_i$，则 $d(v_i)$ 为奇数，与 G 中不存在奇点相矛盾。

所以 G 中不含割边。

10.24　解：

求解最大支撑树步骤如下：

（1）令 $i = 1$，$E_0 = \emptyset$（$\emptyset$ 为空集）。

（2）选一条边 $e_i \in E \setminus E_{i-1}$，使 e_i 是使 $(V, E_{i-1} \cup \{e\})$ 不含圈的所有边 $e(e \in E \setminus E_{i-1})$ 中权最大的边。令 $E_i = E_{i-1} \cup \{e\}$，如果不存在这样的边，则 $T = (V, E_{i-1})$ 为最大支撑树。

（3）把 i 换成 $i+1$，转入（2）。

另一解法：

（1）从图中任选一点 v_i，令 $V = \{v_i\}$，其余点为 $\overline{V}$。

（2）从 V 与 $\overline{V}$ 的边线中找出最大边，这条边一定包含在最大支撑树内，不妨设最大边为 $[v_i, v_j]$，将 $[v_i, v_j]$ 加粗以标记是最大支撑树内的边。

（3）令 $V \cup \{V_j\} \Rightarrow V$，$\overline{V} / \{V_j\} \Rightarrow \overline{V}$。

（4）重复（2）（3），直到 V 包含所有的点，即 $\overline{V} = \emptyset$。

10.25　解：

"可行流 f 的流量为 0，即 $V(f) = 0$，当且仅当 f 是零流。"这种说法是不正确的，f 是零流仅是 $V(f) = 0$ 的充分条件。

第11章

网络计划与关键路线法

11.1 解：

表 11 – 1 （a）：

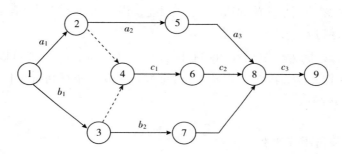

表 11 – 1 （b）：

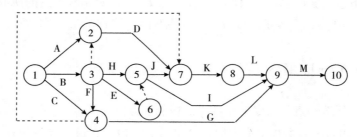

表 11 – 1 （c）：

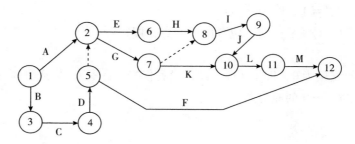

11.2 解：

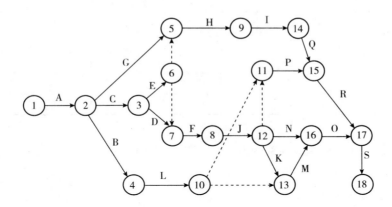

11.3 解：

图 11-1 (a):

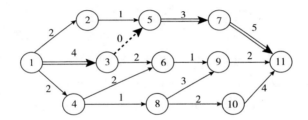

$$t_{ES}(i, j) = \max_k \{t_{EF}(k, i)\} ; \quad t_{EF}(i, j) = t_{ES}(i, j) + t(i, j) ;$$

$$t_{EF}(i, j) = \min_k \{t_{LS}(j, k)\} ; \quad t_{LS}(i, j) = t_{LF}(i, j) - t(i, j) ;$$

$$R(i, j) = t_{LF}(i, j) - t_{EF}(i, j) , \quad F(i, j) = \min_k \{t_{ES}(j, k)\} - t_{EF}(i, j)$$

作业 (i, j)	$t(i, j)$	$t_{ES}(i, j)$	$t_{EF}(i, j)$	$t_{LS}(i, j)$	$t_{LF}(i, j)$	$R(i, j)$	$F(i, j)$
(1, 2)	2	0	2	1	3	1	0
(1, 3)	4	0	4	0	4	0	0
(1, 4)	2	0	2	3	5	3	0
(2, 5)	1	2	3	3	4	1	1
(3, 6)	2	4	6	7	9	3	0
(4, 6)	2	2	4	7	9	5	2
(4, 8)	1	2	3	5	6	3	0
(5, 7)	3	4	7	4	7	0	0
(6, 8)	1	6	7	9	10	3	0

作业 (i, j)	$t(i, j)$	$t_{ES}(i, j)$	$t_{EF}(i, j)$	$t_{LS}(i, j)$	$t_{LF}(i, j)$	$R(i, j)$	$F(i, j)$
$(8, 9)$	3	3	6	7	10	4	1
$(8, 10)$	2	3	5	6	8	3	0
$(7, 11)$	5	7	12	7	12	0	0
$(9, 11)$	2	7	9	10	12	1	3
$(10, 11)$	4	5	9	8	12	3	3

关键路线：①→③→⑤→⑦→⑪，总工期：12。

图 11 - 1 （b）：

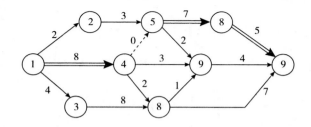

$$t_{ES}(i, j) = \max_{k}\{t_{EF}(k, i)\}; \quad t_{EF}(i, j) = t_{ES}(i, j) + t(i, j);$$

$$t_{EF}(i, j) = \min_{k}\{t_{LS}(j, k)\}; \quad t_{LS}(i, j) = t_{LF}(i, j) - t(i, j);$$

$$R(i, j) = t_{LF}(i, j) - t_{EF}(i, j), \quad F(i, j) = \min_{k}\{t_{ES}(j, k)\} - t_{EF}(i, j)$$

(i, j)	$t(i, j)$	$t_{ES}(i, j)$	$t_{EF}(i, j)$	$t_{LS}(i, j)$	$t_{LF}(i, j)$	$R(i, j)$	$F(i, j)$
$(1, 2)$	2	0	2	6	8	6	0
$(1, 4)$	5	0	8	0	8	0	0
$(1, 3)$	4	0	4	1	5	1	0
$(2, 5)$	3	2	5	5	8	3	3
$(4, 7)$	3	8	11	13	16	5	2
$(4, 6)$	2	8	10	11	13	3	2
$(3, 6)$	8	4	12	5	13	1	0
$(5, 8)$	7	8	15	8	15	0	0
$(5, 7)$	2	8	10	14	16	6	3
$(6, 7)$	1	12	13	15	16	3	0
$(6, 9)$	7	12	19	13	20	1	1
$(7, 9)$	4	13	17	16	20	3	3
$(8, 9)$	5	15	20	15	20	0	0

关键路线：①→④→⑤→⑧→⑨，总工期：20。

11.4　解：

（1）绘制网络图。

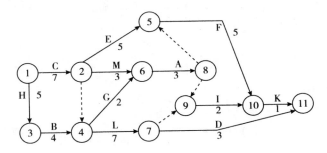

（2）图上法计算时间参数。

标记：

ES	LS	TF
EF	LF	FF

ES：$t_{ES}(i,\ j)=\max\limits_{k}\{t_{EF}(k,\ i)\}$；

EF：$t_{EF}(i,\ j)=t_{ES}(i,\ j)+t(i,\ j)$；

LF：$t_{EF}(i,\ j)=\min\limits_{k}\{t_{LS}(j,\ k)\}$；

LS：$t_{LS}(i,\ j)=t_{LF}(i,\ j)-t(i,\ j)$；

TF：$R(i,\ j)=t_{LF}(i,\ j)-t_{EF}(i,\ j)$；

FF：$F(i,\ j)=\min\limits_{k}\{t_{ES}(j,\ k)\}-t_{EF}(i,\ j)$。

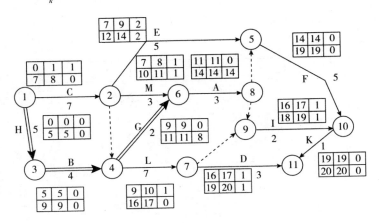

（3）关键路线由总时差为 0 的工作组成，即：

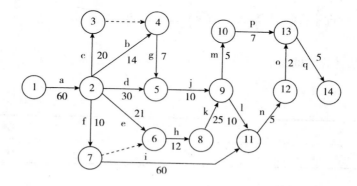

总工期 $S = 20$。

11.5 解:

（1）绘制网络图。

（2）各参数计算。

最早开始时间：$t_{ES}(i, j) = \max\limits_{k}\{t_{EF}(k, i)\}$；

最早结束时间：$t_{EF}(i, j) = t_{ES}(i, j) + t(i, j)$；

最迟结束时间：$t_{EF}(i, j) = \min\limits_{k}\{t_{LS}(j, k)\}$；

最迟开始时间：$t_{LS}(i, j) = t_{LF}(i, j) - t(i, j)$；

总时间：$R(i, j) = t_{LF}(i, j) - t_{EF}(i, j)$；

自由时差：$F(i, j) = \min\limits_{k}\{t_{ES}(j, k) - t_{EF}(i, j)\}$。

(i, j)	$t(i, j)$	$t_{ES}(i, j)$	$t_{EF}(i, j)$	$t_{LS}(i, j)$	$t_{LF}(i, j)$	$R(i, j)$	$F(i, j)$
a: (1, 2)	60	0	60	0	60	0	0
c: (2, 3)	20	60	80	82	103	23	0
b: (2, 4)	14	60	74	89	103	29	6
d: (2, 5)	30	60	90	80	110	20	0
e: (2, 6)	21	60	81	62	83	2	0
f: (2, 7)	10	60	70	60	70	0	0
g: (4, 7)	7	80	87	103	110	23	3
i: (5, 7)	10	90	100	110	120	20	18

续表

(i, j)	$t(i, j)$	$t_{ES}(i, j)$	$t_{EF}(i, j)$	$t_{LS}(i, j)$	$t_{LF}(i, j)$	$R(i, j)$	$F(i, j)$
h: (6, 10)	12	81	93	83	95	2	0
k: (8, 9)	25	93	118	95	120	2	0
m: (9, 10)	5	118	123	135	140	17	0
l: (9, 11)	10	118	128	120	130	2	2
i: (7, 11)	60	70	130	70	130	0	0
p: (10, 13)	7	123	130	140	147	17	17
n: (11, 12)	15	130	145	130	145	0	0
o: (12, 13)	2	145	147	145	147	0	0
q: (13, 14)	5	147	152	147	152	0	0

（3）关键路线：

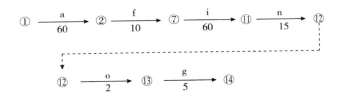

11.6　解：

（1）绘制网络图。

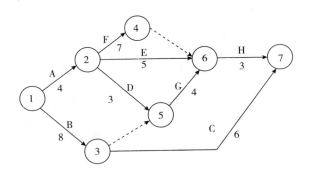

（2）正常情况下工期日程。

活动	作业时间 t	最早开始 时间 ES	最早结束 时间 EF	最迟开始 时间 LS	最迟结束 时间 LF	总时差 TF	自由时间 FF
A, (1, 2)	4	0	4	1	5	1	0

活动	作业时间 t	最早开始 时间 ES	最早结束 时间 EF	最迟开始 时间 LS	最迟结束 时间 LF	总时差 TF	自由时间 FF
B，(1，3)	8	0	8	0	8	0	0
C，(3，7)	6	8	14	9	15	1	1
D，(2，5)	3	4	7	5	8	1	1
E，(2，6)	5	4	9	7	12	3	3
F，(2，4)	7	4	11	5	12	1	1
G，(5，6)	4	8	12	8	12	0	0
H，(6，7)	3	12	15	12	15	0	0

总工期为 15 天，直接费用为 153，间接费用为 $5 \times 15 = 75$，总费用为 $153 + 75 = 228$（百元）。

（3）正常状态下，关键路线为：

$$①\xrightarrow[8]{B}③\dashrightarrow⑤\xrightarrow[4]{G}⑥\xrightarrow[3]{H}⑦$$

关键路线上 B，G，H，赶进度所增加费用 G 最小，G 的赶进度费用为 3，将 G 的工期进行缩短。

因为关键路线 $①\xrightarrow[8]{B}③\xrightarrow[3]{C}⑦$，$①\xrightarrow[4]{A}②\xrightarrow[7]{F}④\dashrightarrow⑥\xrightarrow[3]{H}⑦$ 的工期为 14 天，所以只能将 G 缩短 1 天，改为 3。增加直接费用 $1 \times 3 = 3$（百元），直接成本 $153 + 3 = 156$，间接费用为 $14 \times 5 = 70$，总成本费用为 $156 + 70 = 226$（百元）。工程日程安排为：

活动	t	ES	EF	LS	LF	TF	FF
A，(1，2)	4	0	4	0	5	0	0
B，(1，3)	8	0	8	0	8	0	0
C，(3，7)	6	8	14	8	14	0	0
D，(2，5)	3	4	7	5	8	1	1
E，(2，6)	5	4	9	6	11	2	2
F，(2，4)	7	4	11	4	11	0	0
G，(5，6)	3	8	11	8	11	0	0
H，(6，7)	3	11	14	11	14	0	0

关键路线有三条：

$$①\xrightarrow[4]{A}②\xrightarrow[7]{F}④\dashrightarrow⑥\xrightarrow[3]{H}⑦$$

$$①\xrightarrow[8]{B}③\dashrightarrow⑤\xrightarrow[4]{G}⑥\xrightarrow[3]{H}⑦$$

①$\xrightarrow[8]{B}$③$\xrightarrow[6]{C}$⑦

若要缩短工期，必须三条关键路线同时缩小，则增加的费用远大于减少的间接费用（5 百元/天），所以上述日程为最低成本日程，最短最小成本工期为 14 天。

11.7 解：

图中 a，b 表示 a 工序作业时间为 b。

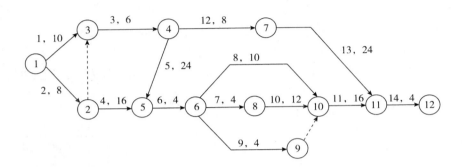

作业	t	ES	EF	LS	LF	TF	FF
1（1，3）	10	0	10	0	10	0	0
2（1，2）	8	0	8	2	10	2	0
3（3，4）	6	10	16	10	16	0	0
4（2，5）	16	8	24	24	40	16	16
5（4，5）	24	16	40	16	40	0	0
6（5，6）	4	40	44	40	44	0	0
7（6，8）	4	44	48	44	48	0	0
8（6，9）	10	44	54	50	60	6	6
9（6，9）	4	44	48	56	60	12	12
10（8，10）	12	48	60	48	60	0	0
11（10，11）	16	60	76	60	76	0	0
12（4，7）	8	16	24	44	52	28	0
13（7，11）	24	24	48	52	76	28	28
14（11，12）	4	76	80	76	80	0	0

关键路线为：

①$\xrightarrow{1,10}$③$\xrightarrow{3,6}$④$\xrightarrow{5,24}$⑤$\xrightarrow{6,4}$⑥$\xrightarrow{7,4}$⑧$\xrightarrow{10,12}$⑩$\xrightarrow{11,16}$⑪$\xrightarrow{14,4}$⑫

（1）最短工程周期为 80 天。

（2）如果引道混凝土施工（工序 12）拖延 10 天，因工序 12 有 28 天总时差，所以不会影响整个工程工期，仅对工序 13 的开工时间产生影响。

（3）若装天花板的施工时间从 12 天缩短为 8 天，总工程计划的关键路线缩短 4 天，总工期将缩短 4 天，达到 76 天。

（4）为保证工期不拖延，装门（工序 9）最晚必须第 56 天开工。

（5）如果要求该工程在 75 天内完工，必须在关键路线上的工序采取措施，缩短工期 5 天，而不影响关键路线的工序。

例如，将工序 11 从 16 天缩短为 11 天。或者将工序 10 缩短为 7 天，或工序 7、工序 10 共同缩短 5 天工期，或者工序 5 缩短为 19 天。

11.8　解：

由上题求解可知，该工程正常条件下总工期为 80 天，现要求 70 天完工，即总工期要缩短 10 天。

由表中数据可知，关键路线上工序的情况如下：

工序	正常时间（天）	加班时最短时间（天）	每缩短一天的附加费用（元）
1	10	6	6
3	6	4	10
5	24	—	—
6	4	2	18
7	4	2	15
10	12	8	6
11	16	12	7
14	4	—	—

由列表数据可知，工序 10 附加费用（6 元/天）最低，可缩短工期 12 − 8 = 4 天；其次是工序 1 次低，可缩短工期 10 − 6 = 4 天，然而与工序 1 平行的工序 2 的工期为 8 天，所以只能缩短 2 天；附加费用第三低为工序 11，可缩短工期 16 − 12 = 4 天。因此，工序 10 可缩短 4 天，工序 1 可缩短 2 天，工序 11 可缩短 4 天，共计缩短 10 天，整个总工程为 70 天，增加费用为 4 × 6 + 2 × 6 + 7 × 4 = 64（元）。日程情况如下：

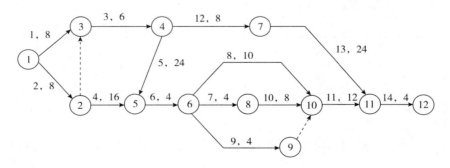

作业	t	ES	EF	LS	LF	TF	FF
1（1，3）	8	0	8	0	8	0	0
2（1，2）	8	0	8	0	8	0	0
3（3，4）	6	8	14	8	14	0	0
4（2，5）	16	8	24	22	38	14	14
5（4，5）	24	14	38	14	38	0	0
6（5，6）	4	38	42	38	42	0	0
7（6，8）	4	42	46	42	46	0	0
8（6，9）	10	42	52	44	54	2	2
9（6，9）	4	42	46	50	54	8	8
10（8，10）	8	46	64	46	54	0	0
11（10，11）	12	54	66	54	66	0	0
12（4，7）	8	14	22	34	42	20	0
13（7，11）	24	22	46	42	66	20	20
14（11，12）	4	66	70	66	70	0	0

关键路线为：

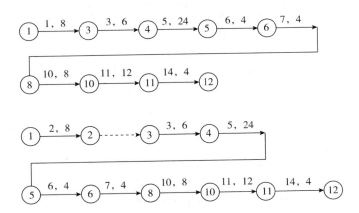

11.9 解：

（1）期望完成时间和标准偏差。

作业	最乐观的估计（a）	最可能的估计（m）	最悲观的估计（b）	期望估计	偏差
（1，2）	7	8	9	8	0.11
（1，3）	5	7	8	7	0.25
（2，6）	6	9	12	9	0

作业	最乐观的估计（a）	最可能的估计（m）	最悲观的估计（b）	期望估计	偏差
（3，4）	4	4	4	4	0
（3，5）	7	8	10	8	0.25
（3，6）	10	13	19	14	0.25
（4，5）	3	4	6	4	0.25
（5，6）	4	5	7	5	0.25
（5，7）	7	9	11	9	0.44
（6，7）	3	4	8	5	0.69

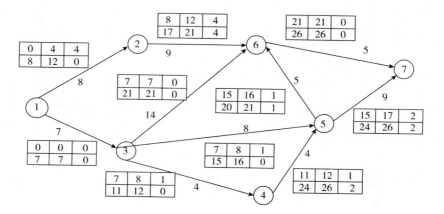

（2）关键路线：

①$\xrightarrow{7}$③$\xrightarrow{14}$⑥$\xrightarrow{5}$⑦

总工期：$S = 26$。

11.10　解：

（1）正常状态下 PERT 图如下：

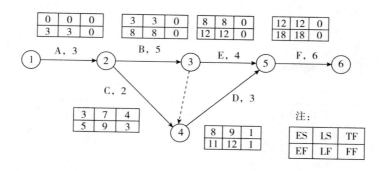

关键路线为：A→B→E→F。

完成工程总费用为：$3 \times 8 + 5 \times 10 + 2 \times 6 + 3 \times 6 + 4 \times 10 + 6 \times 12 = 216$（万元）。

（2）正常状态下，完成工程为 $S = 18$（月），若要压缩 3 个月，需要压缩关键路线上工序工期。

关键路线上 A 的压缩费用最低（16 万元），可压缩 $3 - 2 = 1$ 个月，可压缩 A 为 2 个月。其次是 B 工序的费用（22 万元），可压缩 $5 - 3 = 2$ 个月，且 B 的平行工序 C 有 3 个月自由时差，所以 B 可压缩 2 个月，达到 3 个月完成，因此，A 压缩 1 个月，B 压缩 2 个月，达到总工期缩短 3 个月。

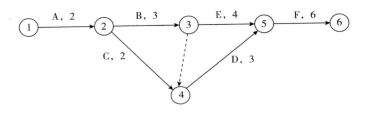

工程费用：$2 \times 16 + 3 \times 22 + 2 \times 6 + 3 \times 6 + 4 \times 10 + 6 \times 12 = 240$（万元）。

第 12 章

排队论与排队系统的最优化

12.1 解：

（1）由平均到达率＝到达总数/总时间

则 $\lambda = 1.57$（人/分钟）

由平均服务率＝服务总数/总时间

总时间＝1120（分钟）

则 $\mu = \dfrac{1000}{1120} = 0.96$（人/分钟）

（2）令 $p_n(t) = \dfrac{(\lambda t)^n}{n!} e^{-\lambda t}$（$n = 0, 1, 2, \cdots, t > 0$）表示 t 时间内到达 n 个顾客的概率，随机变量 $\{N(t) = N(s+t) - N(s)\}$ 服从泊松分布，且有 $E[N(t)] = \lambda t$，则单位时间内平均到达率为 λ，而此处 $\lambda = 1.57$（人/分钟）。因此，假设到来的人数服从参数 $\lambda = 1.6$ 的泊松分布是可以接受的。

对于负指数分布

$$f(x) = \begin{cases} \mu e^{-\mu x}, & x \geqslant 0 \\ 0, & x < 0 \end{cases}$$

得 $E(x) = \dfrac{1}{\mu}$

即平均服务时间为 $\dfrac{1}{\mu}$，亦即单位时间服务 μ 人。

由题设计算 $\mu = 0.96$（人/分钟），故假设 $\mu = 0.9$ 的负指数分布是可以接受的。

（3）$\lambda = 1.57$（人/分钟），$\mu = 0.96$（人/分钟），$\lambda > \mu$

若只设一个服务员，由于平均到达率大于平均服务率，将使队伍越排越长。

①当 $c = 2$ 时

$p = \dfrac{\lambda}{c\mu} \approx 0.9$

查表 12-3，$W_q \cdot \mu = 4.2632$

则 $W_q = 4.748$（分钟）

②当 $c = 3$ 时

$$p = \frac{\lambda}{c\mu} \approx 0.6$$

查表 12 - 3，$W_q \cdot \mu = 0.2956$

则 $W_q = 0.33$（分钟）

③当 $c = 4$ 时

$$p = \frac{\lambda}{c\mu} = 0.44$$

由表 12 - 3 用插值法可得 $W_q \cdot \mu = 0.0597$

则 $W_q = 0.067$（分钟）

（4）由 $\lambda = 1.6$ 人/分，则每天平均到达人数为：

$1.6 \times 60 \times 8 = 768$（人）

需服务时间 $T = 853$（分）

①当 $c = 2$ 时，损失值为 346（元）。

②当 $c = 3$ 时，损失值为 55（元）。

③当 $c = 4$ 时，损失值为 58（元）。

为使总费用最小，应设 3 个服务台。

12.2　解：

由题设，系统为 $(M/M/1/\infty/\infty)$ 模型。

$\lambda = 4$ 人/小时，$\mu = 10$ 人/小时，$\rho = \frac{\lambda}{\mu} = \frac{4}{10}$

（1）$p_0 = 1 - \rho = \frac{3}{5}$

（2）$p_3 = (1 - \rho)\rho^3 = \frac{384}{10^4}$

（3）店内至少有一名顾客的概率为

$1 - p_0 = \frac{4}{10}$

（4）$L_s = \frac{\lambda}{\mu - \lambda} = \frac{2}{3}$

（5）$W_s = \frac{L_s}{\lambda} = \frac{1}{6}$

（6）$L_q = \frac{\rho\lambda}{\mu - \lambda} = \frac{4}{15}$

（7）$W_q = \frac{L_q}{\lambda} = \frac{1}{15}$

（8）因为修理时间服从负指数分布，则

$$p\left\{T \geq \frac{15}{60}\right\} = 1 - p\left\{T \leq \frac{1}{4}\right\} = 1 - F\left(\frac{1}{4}\right) = e^{-\frac{3}{2}}$$

12.3　解：

由题设，系统为 M/M/1 排队模型。

$\lambda = 3$（人/小时），$\mu = 4$（人/小时），$\rho = \dfrac{\lambda}{\mu} = \dfrac{3}{4}$

（1）$p_0 = 1 - \rho = \dfrac{1}{4}$

（2）$L_s = \dfrac{\lambda}{\mu - \lambda} = 3$

（3）$W_s = \dfrac{L_s}{\lambda} = 1$

（4）由 $W_s = \dfrac{1}{\mu - \lambda} > 1.25$，$\dfrac{1}{4 - \lambda} \geq 1.25$，即 $\lambda \geq 3.2$

则 $\lambda = 0.2$（人/小时）

即平均到达率提高 0.2 人/小时，店主才会考虑增加设备及理发员。

12.4　解：

（1）由 $\lambda = 2.1$，$\mu = 2.5$，$\rho = \dfrac{\lambda}{\mu} = 0.84$

则

$p_0 = 1 - \rho = 0.16$

$p_1 = p_0\rho = 0.134$

$p_2 = p_0\rho^2 = 0.113$

$p_3 = p_0\rho^3 = 0.095$

$p_4 = p_0\rho^4 = 0.08$

$p_5 = p_0\rho^5 = 0.067$

（2）因为 $W_s = \dfrac{1}{\mu - \lambda} \leq 0.5$

则 $\mu - 2.1 \geq 0.5$，$\mu \geq 2.6$

即平均服务率 μ 必须达到 2.6 人/小时以上。

12.5　解：

在 M/M/1 模型中：

$$W_q = \dfrac{\rho}{\mu - \lambda}$$

（1）由题设定义，则有

$$R = \frac{W_q}{\frac{1}{\mu}} = \frac{\lambda}{\mu - \lambda}$$

（2）要使 $R < 4.4$ 不变，μ 为可控制的，即

$$\frac{\lambda}{\mu - \lambda} < 4$$

则 $\frac{2.1}{\mu - 2.1} < 4$

即 $\mu > 2.62$（人/小时）

即当 μ 大于 2.62 人/小时时，顾客损失率小于 4。

12.6　解：

因为是单服务台，只有超过一个顾客时，才会出现排队等待情况。

$$L_q = \sum_{n=1}^{\infty} (n-1) p_n = L_s - \rho$$

则 $L_s = L_q + \rho$

因系统中的顾客数和等候服务的顾客数期望值之间的差为 ρ，则 ρ 的直观解释为服务台繁忙的程度，即服务台的利用率。

12.7　解：

（1）由题设为 M/M/1 模型，且

$$\mu = \frac{60}{12}, \quad \lambda = \frac{60}{15}$$

则 $W_s = \frac{1}{\mu - \lambda} = 1$

即每位患者在系统中的时间期望值为 1 小时。

而每天平均人数：$60/15 \times 24 = 96$

则工人每天损失期望值为 $1 \times 96 \times 30 = 2880$（元）

（2）由题设，要想使损失减少一半，则必须使得 W_s 减少一半。则 $W_s = 0.5$ 小时，即

$$\frac{1}{\mu - \lambda} = \frac{1}{2}$$

所以 $\frac{1}{\mu - 4} = \frac{1}{2}$

则 $\mu = 6$（人/小时）

则平均服务率提高值为

$6 - 5 = 1$（人/小时）

12.8　解：

令 N_1 表示在统计平衡下一个顾客到达时刻看到系统中已有的顾客数（还包括此顾

客），T_q 表示在统计平衡下顾客的等待时间，则

$$p\{T_q > t\} = \sum_{n=0}^{\infty} p\{T_q > t, N_1 = n\}$$

$$= \sum_{n=0}^{\infty} p\{T_q > t \mid N_1 = n\} p\{N_1 = n\}$$

设 $p\{N_1 = n\} = a_n$，有 $p\{T_q > t\} = \sum_{n=0}^{\infty} a_n p\{T_q > t, N_1 = n\}$

则 $p\{T_q > t\} = \sum_{n=0}^{\infty} p_n p\{T_q > t, N_1 = n\}$　　　　　　　　　①

而服务台得空次数 $m(t) < n$ 是新到顾客的等待时间 $T_q > t$ 的充要条件。则

$$p\{T_q > t \mid N_1 = n\} = \sum_{n=0}^{\infty} \cdot p\{m(t) = k\}, \quad n \geq 1 \qquad ②$$

另外，服务时间服从负指数分布，参数为 μ，则

$$p\{m(t) = k\} = e^{-\mu t} \frac{(\mu t)^k}{k!} \qquad ③$$

把③，②代入①得

$$p\{T_q > t\} = \sum_{n=1}^{\infty} p_n \sum_{k=0}^{n-1} e^{-\mu t} \frac{(\mu t)^k}{k!}$$

其中 $p_n = \rho^n (1 - \rho)$，当 $p < 1$，$n \geq 0$ 时，有

$$p\{T_q > t\} = \sum_{n=1}^{\infty} p_n \sum_{k=1}^{n-1} e^{-\mu t} \frac{(\mu t)^k}{k!} = e^{-\mu t} \sum_{k=0}^{\infty} \frac{(\mu t)^k}{k!} \sum_{n=k-1}^{\infty} p_n$$

$$= e^{-\mu t} \sum_{k=0}^{\infty} \frac{(\mu t)^k}{k!} \left(1 - \sum_{n=0}^{k} p_n\right)$$

$$= \rho e^{-\mu t} \sum_{k=0}^{\infty} \frac{(\mu \rho t)^k}{k!} = \rho e^{-\mu(1-\rho)t} \quad (t \geq 0, \ \rho < 1)$$

则顾客在系统中的等待时间分布为

$$W_q(t) = p\{T_q = t\} = 1 - p\{T_q > t\} = 1 - \rho e^{-\mu(1-\rho)t} \quad (t \geq 0, \ \rho < 1)$$

$$f(\omega_q(t)) = \omega'_q(t) = \begin{cases} 1 - \rho, & t = 0 \\ \lambda(1 - \rho) e^{-\mu(1-\rho)t}, & t > 0 \end{cases}$$

$$E[W_q(t)] = \int_0^{+\infty} t \cdot \lambda(1 - \rho) e^{-\mu(1-\rho)t} dt = \frac{\lambda}{\mu^2(1 - \rho)}$$

12.9　解：

在 M/M/1/N/∞ 模型中，$P_n = \dfrac{\lambda}{\mu} P_{n-1}$

又因为 $\rho = 1$，则 $P_n = P_{n-1}$，以此类推：$P_0 = P_1 = \cdots = P_N$

又因为 $\sum_{n=0}^{N} P_n = 1$，则 $(P_0 + P_2 + \cdots + P_n) = 1$，即 $(N+1)P_0 = 1$，故

$$P_0 = \frac{1}{N+1}$$

$$L_s = \sum_{n=0}^{N} nP_n = \frac{N}{2}$$

12.10　解：

设：$\rho = \dfrac{\lambda}{\mu}$ 由 M/M/1/N/∞ 模型的数字特征有

$$P_n = \frac{\lambda}{\mu}P_{n-1} = \rho P_{n-1}$$

$$P_0 = \begin{cases} \dfrac{1-\rho}{1-\rho^{N+1}}, & \rho \neq 1 \\[3mm] \dfrac{1}{N+1}, & \rho = 1 \end{cases}$$

故 $P_n = \begin{cases} \dfrac{(1-\rho)\rho^n}{1-\rho^{N+1}}, & \rho \neq 1,\ 0 \leqslant n \leqslant N \\[3mm] \dfrac{1}{N+1}, & \rho = 1 \end{cases}$

当 $\rho = 1$ 时，$P_0 = P_N = \dfrac{1}{N+1}$，$\lambda = \mu$

显然 $\lambda(1-P_N) = \mu(1-P_0)$

当 $\rho \neq 1$ 时，$P_N = \dfrac{(1-\rho)\rho^N}{1-\rho^{N+1}}$，$P_0 = \dfrac{1-\rho}{1-\rho^{N+1}}$

即 $\rho(1-P_N) = \rho\left(1 - \dfrac{(1-\rho)\rho^N}{1-\rho^{N+1}}\right) = \dfrac{\rho - \rho^{N+1}}{1-\rho^{N+1}}$

$$1 - P_0 = \frac{\rho - \rho^{N+1}}{1-\rho^{N+1}}$$

则 $\rho(1-P_N) = 1 - P_0$

即 $\dfrac{\lambda}{\mu}(1-P_N) = 1 - P_0$

故 $\lambda(1-P_N) = \mu(1-P_0)$

由于系统的容量为 N，则有效到达率为

$$\lambda_e = \lambda(P_0 + P_1 + \cdots + P_{N-1}) = \lambda(1-P_N)$$

则有效服务率为 $\mu_e = \mu(P_1 + \cdots + P_N) = \mu(1-P_0)$

当系统平衡时，有效到达率和有效服务率应当相等。即

$$\lambda(1-P_N) = \mu(1-P_0)$$

12.11　解：

系统为 M/M/1/N/∞ 排队模型。

$N = 3$，$\lambda = 4$ 人／小时，$\mu = 10$ 人／小时，$\rho = \dfrac{\lambda}{\mu} = 0.4$

（1）店内空闲的概率为

$$P_0 = \frac{1 - \rho}{1 - \rho^{N+1}} = 0.62$$

（2）

$$L_s = \sum_{n=0}^{N} n P_n \approx 0.77$$

$$L_q = \sum_{n=2}^{N} (n-1) P_n = L_s - (1 - P_0) = 0.39$$

$$W_s = \frac{L_s}{\lambda_e} = 0.2$$

$$W_q = \omega_s - \frac{1}{\mu} = 0.1$$

12.12　解：

（1）由题设，$\lambda = 12$ 人／小时，$\mu = 10$ 人／小时。

当 $c = 1$ 时，$\lambda > \mu$，则系统的输入率大于输出率。显然，队列越来越长，故要增加工人。

（2）增加一个工人后，系统变为 M/M/2 排队系统。由其状态概率转移方程得，$c = 2$。

$$\rho_c = \frac{\lambda}{c\mu} = 0.6 < 1$$

$$\rho = \frac{\lambda}{\mu} = 1.2$$

$$P\{n \geqslant 2\} = \sum_{n=2}^{\infty} \frac{1}{c!} \frac{1}{c^{n-c}} \left(\frac{\lambda}{\mu}\right)^n P_0 = 1 - P_0 - P_1$$

则 $P_0 = \left[1 + \rho + \dfrac{1}{c!} \dfrac{1}{1 - \rho_c} \left(\dfrac{\lambda}{\mu}\right)^c \right]^{-1} = \dfrac{1}{4}$

$$P_1 = \rho P_0 = \frac{3}{10}$$

则 $P\{n \geqslant 2\} = 1 - P_0 - P_1 = 0.45$

（3）

$$P_2 = \frac{1}{2} \times \left(\frac{12}{10}\right)^2 \times \frac{1}{4} = 0.18$$

$$L_q = \frac{\rho_c}{(1 - \rho_c)^2} P_2 = \frac{27}{40}$$

$$L_s = L_q + \rho = \frac{15}{8}$$

$$W_s = \frac{L_s}{\lambda} = \frac{15}{96}$$

$$W_q = \frac{L_q}{\lambda} = \frac{27}{480}$$

12.13　解：

第一种：

因为排队模型为 M/M/1/5/∞，当 $\mu = 10$，$\lambda = 6$ 时，则有

$P_N = P_5 = 0.04$，$\rho = \frac{\lambda}{\mu} = 0.6$

（1）有效到达率为

$\lambda_e = \lambda(1 - P_5) = 5.76$

服务台的服务强度为：

$\bar{\rho} = \frac{\lambda_e}{\mu} = 0.576$

（2）系统中平均等待顾客数为

$$L_q = P_0 \frac{\rho^{c-1}}{(c-1)!\,(c-\rho)^2}[1 - \rho^{N-c} - (N-c)(1-\rho_c)\rho_c^{N-c}] = 0.6962$$

则系统中平均顾客数为

$$L_s = L_q + \frac{\lambda_e}{\mu} = 1.2722$$

（3）系统的满足率为：$P_5 = 0.04$。

（4）由于 $P_0 = 0.42$，即系统中没有顾客的概率比重大，服务台增加服务强度。

第二种：

当 $\mu = 10$，$\lambda = 15$ 时，$\rho = \frac{\lambda}{\mu} = 1.5$

（1）有效到达率为

$\lambda_e = \lambda(1 - P_N) = 9.45$

服务台的强度为

$\bar{\rho} = \frac{\lambda_e}{\mu} = 0.945$

（2）系统平均排队等待服务的顾客数为

$$L_q = P_0 \frac{\rho^{c-1}}{(c-1)!\,(c-\rho)^2}[1 - \rho^{N-c} - (N-c)(1-\rho)\rho^{N-c}] \approx 1.64$$

则 $L_s = L_q + \frac{\lambda_e}{\mu} = 2.585$

（3）系统的满足率为：$P_5 = 0.37$

（4）由 $\dfrac{\lambda}{\mu}=\dfrac{15}{10}>1.5>1$，得 $\lambda>\mu$。

如防止排队队长增大而等待空间有限，而使有些顾客待不到服务而自动离开，因而，服务台应提高服务率。

12.14　证明：

由于系统的有效服务率为

$\mu_e=\mu(1-P_0)$

L_s 表示系统中平均出故障的机器数，则系统外的机器平均数为 $(m-L_s)$，则系统的有效到达率，即 m 台机器单位时间内实际发生故障的平均数为：

$\lambda_e=\lambda(m-L_s)$

当系统达到平衡时

$\lambda_e=\mu_e$

则 $\mu(1-P_0)=\lambda(m-L_s)$

故 $L_s=m-\dfrac{\mu(1-P_0)}{\lambda}$

12.15　解：

（1）因 $L_s=L_q+\bar{c}$

$\bar{c}$ 为系统服务台的平均忙的个数，即为服务台的强度 ρ，故

$L_s-L_q=\rho$

（2）$\rho=\displaystyle\sum_{n=0}^{c-1}nP_n+c\sum_{n=c}^{\infty}P_n=c-\sum_{n=0}^{c}(c-n)P_n$

而 $\rho=\dfrac{\lambda}{\mu}$

则 $\lambda=\mu\rho=\mu\Big[c-\displaystyle\sum_{n=0}^{c-1}(c-n)P_n\Big]=\mu\Big[c-\sum_{n=0}^{c}(c-n)P_n\Big]$

其中，$c-\displaystyle\sum_{n=0}^{c-1}(c-n)P_n$ 为系统服务台的平均空闲个数。则 $c-\displaystyle\sum_{n=0}^{c}(c-n)P_n$ 为系统服务台的平均忙的个数。即为服务台的强度 ρ。

12.16　解：

排队模型为 M/M/c/m/m 模型。

由习题 12.14 可知

$\lambda_e=\lambda(m-L_s)$

故 $W_s=\dfrac{L_s}{\lambda_e}=\dfrac{L_s}{\lambda(m-L_s)}$

则 $\dfrac{W_s}{\dfrac{1}{\lambda}+W_s}=\dfrac{\dfrac{L_s}{\lambda(m-L_s)}}{\dfrac{1}{\lambda}+\dfrac{L_s}{\lambda(m-L_s)}}=\dfrac{L_s}{m}$

一个周期为发生故障的机器在系统中逗留时间 W_s 加上机器连续正常工作时间 $\frac{1}{\lambda}$，

则 $\dfrac{W_s}{\dfrac{1}{\lambda}+W_s}$ 为服务台忙的概率。而服务台忙的概率也为 $\dfrac{L_s}{m}$。

故 $\dfrac{W_s}{\dfrac{1}{\lambda}+W_s}=\dfrac{L_s}{m}$

12.17　解：

由题设

$$\lambda=\frac{1}{2.5}=\frac{2}{5}$$

$$\mu=\frac{5}{8}$$

$$\rho=\frac{\lambda}{\mu}=\frac{16}{25}$$

有 $f(z)=\begin{cases}1.25e^{-1.25z+1},&z\geqslant0.8\\0,&z<0.8\end{cases}$

则 $f(z)=\begin{cases}1.25e^{-1.25(z-0.8)},&z\geqslant0.8\\0,&z<0.8\end{cases}$

令 $x=z-0.8$，则 $f(x)=\begin{cases}1.25e^{-1.25x},&x\geqslant0\\0,&x<0\end{cases}$

则

$$E(x)=\frac{1}{1.25}=0.8$$

$$\mathrm{Var}(x)=\frac{1}{1.25^2}=0.64$$

$$E(z)=E(x+0.8)=1.6$$

$$\mathrm{Var}(z)=\mathrm{Var}[x+0.8]=0.64$$

由公式，得

$$L_s=\rho+\frac{\rho^2+\lambda^2\mathrm{Var}[z]}{2(1-\rho)}\approx1.67$$

$$L_q=L_s-\rho=1.03$$

$$W_s=\frac{L_s}{\lambda}=4.2$$

$$W_q=\frac{L_q}{\lambda}=2.6$$

故顾客的逗留时间为 4.2 分钟，等待时间为 2.6 分钟。

12.18　解：

$$\lambda = 4, \quad E[T] = \frac{1}{10}h, \quad \mu = \frac{1}{E[T]} = 10$$

$$\rho = \frac{\lambda}{\mu} = \frac{2}{5}, \quad \sigma^2 = \frac{1}{8}$$

即 $\text{Var}[T] = 8$

则店内顾客数的期望值为：

$$L_s = \rho + \frac{\rho^2 + \lambda^2 \text{Var}[T]}{2(1 - \rho)} = \frac{11}{5}$$

即店内顾客数的平均值为 11/5。

12.19　解：

由题设知，此排队系统为 M/Ek/I 排队系统。

$$k = 8, \quad \mu = 60, \quad \lambda = 6, \quad E[T] = \frac{1}{\mu} = \frac{1}{60}, \quad \text{Var}[T] = \frac{1}{k\mu^2} = \frac{1}{8 \times 60^2}$$

$$\rho = \frac{\lambda}{\mu} = \frac{1}{10}$$

（1）办事员空闲的概率为：

$$P_0 = 1 - \rho = \frac{9}{10}$$

$$L_s = \rho + \frac{\rho^2 + \lambda^2 \text{Var}[T]}{2(1 - \rho)} = \frac{17}{160}$$

$$(2) L_q = \frac{(k+1)\rho^2}{2k(1 - \rho)} = \frac{1}{160}$$

$$W_s = \frac{L_s}{\lambda} = \frac{17}{960}$$

$$W_q = \frac{L_q}{\lambda} = \frac{1}{960}$$

12.20　解：

由 M/Ek/I 排队系统可知

$$L_q = \frac{\rho^2}{1 - \rho} - \frac{(k-1)\rho^2}{2k(1 - \rho)}$$

$$W_q = \frac{\rho}{\mu(1 - \rho)} - \frac{(k-1)\rho}{2k\mu(1 - \rho)}$$

当 $k = 1$ 时，则 M/Ek/I 模型变为 M/M/1 模型，即

$$L_q^{(2)} = \frac{\rho^2}{1 - \rho} - \frac{(1-1)\rho^2}{2(1 - \rho)} = \frac{\rho^2}{1 - \rho}$$

$$W_q^{(2)} = \frac{\rho}{\mu(1 - \rho)} - \frac{(1-1)\rho}{2\mu(1 - \rho)} = \frac{\rho}{\mu(1 - \rho)}$$

当 $k \rightarrow \infty$ 时，则 Ek 分布成为定长服务时间分布，即 M/D/1 排队模型，则

$$L_q^{(1)} = \lim_{k \to \infty} \left[\frac{\rho^2}{1-\rho} - \frac{(k-1)\rho^2}{2k(1-\rho)} \right] = \frac{1}{2} \frac{\rho^2}{1-\rho}$$

$$W_q^{(1)} = \lim_{k \to \infty} \left[\frac{\rho}{\mu(1-\rho)} - \frac{(k-1)\rho}{2k\mu(1-\rho)} \right] = \frac{1}{2} \frac{\rho}{\mu(1-\rho)}$$

则 $L_q^{(1)} = \frac{1}{2} L_q^{(2)}$

$$W_q^{(1)} = \frac{1}{2} W_q^{(2)}$$

第 13 章

存储论及存储模型

13.1 解：

由题意可知：需求量 $D = 10000$ 件/年，订货费用 $C_D = 2000$ 元/次，存储费用 $C_p = 100 \times 20\% = 20$ 元/件·年，且不允许缺货，订货提前期为 0。

所以，由基本 EOQ 模型得：

$$Q = \sqrt{\frac{2C_D \cdot D}{C_p}} = \sqrt{\frac{2 \times 2000 \times 10000}{20}} = 1414（件）$$

$$TC = \sqrt{2C_D \cdot C_p \cdot D} = \sqrt{2 \times 2000 \times 20 \times 100000} = 28280（元/年）$$

即经济订货批量为 1414 件，年最小费用总额为 28280 元。

13.2 解：

由题意可知：需求量 $D = 12 \times 2000 = 24000（件/年）$，订货费用 $C_D = 1000$ 元/次，存货费用 $C_p = 150 \times 16\% = 24$ 元/件，且订货提前期为 0。

（1）由基本 EOQ 模型得：

$$R = \sqrt{\frac{2C_D \cdot D}{C_p}} = \sqrt{\frac{2 \times 1000 \times 24000}{24}} = 1414（件/次）$$

$$TC = \sqrt{2C_D \cdot D \cdot C_p} = \sqrt{2 \times 1000 \times 24 \times 24000} = 33941（元/年）$$

即经济订货批量为 1414 件/次，最小费用为 33941（元/年）。

（2）若允许缺货，缺货损失费用 $C_s = 5$ 元/件·年，则，由一般 EOQ 模型得：（$D/p \to 0$，$1 - D/p \to 1$）：

$$Q = \sqrt{\frac{2C_D \cdot D \cdot (C_p + C_s)}{C_p \cdot C_s \cdot (1 - D/p)}} = \sqrt{\frac{2C_D \cdot D \cdot (C_p + C_s)}{C_p \cdot C_s}} = \sqrt{\frac{2 \times 1000 \times 24000 \times (24 + 5)}{24 \times 5}}$$

$$= 3406（件/次）$$

$$TC = \sqrt{\frac{2D \cdot C_p \cdot C_s \cdot C_D \cdot (1 - D/P)}{C_p + C_s}} = \sqrt{\frac{2D \cdot C_p \cdot C_s \cdot C_D}{C_p + C_s}}$$

$$= \sqrt{\frac{2 \times 24000 \times 24 \times 5 \times 1000}{24 + 5}} = 14093（元/年）$$

$$S_2 = \sqrt{\frac{2D \cdot C_p \cdot C_D \cdot (1 - D/P)}{C_s(C_p + C_s)}} = \sqrt{\frac{2D \cdot C_p \cdot C_D}{C_s(C_p + C_s)}} = \sqrt{\frac{2 \times 1000 \times 24000 \times 24}{5 \times (24 + 5)}}$$
$$= 2819(件)$$

即其经济订货批量为 2406 件/次，最小费用为 14093 元/年，最大允许缺货量为 2819 件。

13.3　解：

由题意可知：下年度需求量为 $D = 15000$ 件/年，订货费用 $C_D = 250$ 元/次，原料存储费用 $C_p = 48 \times 22\% = 10.56$ 元/件·年，且订货提前期为 0，不允许缺料。

则由基本 EOQ 模型知

$$Q = \sqrt{\frac{2C_D \cdot D}{C_p}} = \sqrt{\frac{2 \times 250 \times 15000}{10.56}} = 843(件/次)$$

即经济订货批量为 843 件/次。

13.4　解：

上题中经济批量下最小费用为

$$TC = \sqrt{2D \cdot C_p \cdot C_D} = \sqrt{2 \times 250 \times 10.56 \times 15000} = 8899.4(元/年)$$

若一次订购三个月的原料，价格给予 8% 的折扣，存储费用相应降低，即 $C_p = 48 \times 22\% \times (1 - 8\%) = 9.715(元/年)$

则，采购订货费用 $TOC = C_D \times 12/3 = 4 \times 250 = 1000(元/件·年)$

存储费用 $TCC = \frac{1}{2} C_p \cdot Q^* = \frac{1}{2} \times 9.715 \times \frac{15000}{4} = 18216(元)$

采购优惠货款 $TT = 15000 \times 48 \times (1 - 8\%) = 57600(元)$

总计费用 $TC^* = TOC + TCC - TT = 1000 + 18216 - 57600 = -38384(元)$

因为 $TC^* < TC$，则完全可以接受优惠条件。

13.5　解：

由题意可知：年需求 $D = 350$（件/年），订货费用 $C_D = 50$ 元/次，存储费用 $C_p = 13.75$ 元/件·年，缺货费用 $C_s = 25$ 元/件，且订货提前期为 0（即 $D/p \to 0$），则由一般 EOQ 模型得：

$$Q = \sqrt{\frac{2C_D \cdot D \cdot (C_p + C_s)}{C_p \cdot C_s \cdot (1 - D/p)}} = \sqrt{\frac{2C_D \cdot D \cdot (C_p + C_s)}{C_p \cdot C_s}} = \sqrt{\frac{2 \times 50 \times 350 \times (13.75 + 25)}{25 \times 13.75}}$$
$$= 63(件)$$

$$S_2 = \sqrt{\frac{2D \cdot C_p \cdot C_D \cdot (1 - D/P)}{C_s(C_p + C_s)}} = \sqrt{\frac{2D \cdot C_p \cdot C_D}{C_s(C_p + C_s)}} = \sqrt{\frac{2 \times 50 \times 13.75 \times 350}{25 \times (13.75 + 25)}} = 22(件)$$

所以，经济订货批量 Q 为 63 件，最大允许缺货量为 22 件。

13.6　解：

需求量 $D = 1800$ 吨/年，订货费用 $C_D = 200$ 元/次，存储费用 $C_p = 60 \times 12 = 720$（元/

年·吨），且不允许缺货，提前订货期为0。

则 $Q = \sqrt{\dfrac{2C_D \cdot D}{C_p}} = \sqrt{\dfrac{2 \times 200 \times 1800}{720}} = 32$（吨/次）

所以，最佳订购量为32吨/次。

13.7　解：

由题意可知：需求量 $D = 100000$ 件/年，订货费用 $C_D = 600$ 元/次，存货费用 $C_p = 30$ 元/件·年，且不允许缺货，订货提前期为0。

则订货批量：

$Q = \sqrt{\dfrac{2C_D \cdot D}{C_p}} = \sqrt{\dfrac{2 \times 600 \times 100000}{30}} = 2000$（件）

订购次数为 $n = \dfrac{D}{Q} = \dfrac{100000}{2000} = 50$（次）

所以：

（1）经济订货批量为2000件/次。

（2）采购次数为50次/年。

13.8　解：

由题意可知，需求量 $D = 18000$（个/年）$= 1500$（个/月），装配费用 $C_D = 5000$ 元/个，存储费用 $C_p = 1.5$ 元/月·个，生产速度 $p = 3000$ 个/月，且不允许缺货。

则 $Q = \sqrt{\dfrac{2C_D \cdot D}{C_p(1 - D/p)}} = \sqrt{\dfrac{2 \times 5000 \times 1500}{1.5 - (1 - 1500/3000)}} = 4472$（个）

所以，每次生产的最佳生产量为4472个。

13.9　解：

由题意可知：需求量 $D = 4$ 件/月，装配费 $C_D = 50$ 件/月，存储费用 $C_p = 8$ 元/件·月，生产速度 $p = 10$ 件/月，且不允许缺货。

则 $Q = \sqrt{\dfrac{2C_D \cdot D}{C_p(1 - D/p)}} = \sqrt{\dfrac{2 \times 50 \times 4}{8 - (1 - 4/10)}} = 9$（件/次）

$TC = \sqrt{2D \cdot C_p \cdot C_D(1 - D/p)} = \sqrt{2 \times 50 \times 8 \times 4 \times (1 - 4/10)} = 43.8$（元/月）

所以，每次的最佳生产量为9件，每月最小费用为43.8元。

13.10　解：

由题意可知：需求量 $D = 200$ 件/月 $= 24000$ 件/年，订货费用 $C_D = 100$ 元/次，存储费用 $C_p = 150 \times 16\% = 24$ 元/件·年，且不允许缺货，订货提前期为0。

则 $Q = \sqrt{\dfrac{2C_D \cdot D}{C_p}} = \sqrt{\dfrac{2 \times 100 \times 24000}{24}} = 447$（件/次）

$TC = \sqrt{2D \cdot C_p \cdot C_D} = \sqrt{2 \times 100 \times 24 \times 24000} = 10733$（元/年）

所以，经济订货批量为447件/次，最小费用为10733元/年。

13.11　解：

由补充题意可知：允许缺货下损失费用为 $C_s = 200$ 元/件，则最大存货量为：

$$S_1 = \sqrt{\frac{2C_D \cdot D \cdot C_s}{C_s(C_p + C_s)}} = \sqrt{\frac{2 \times 100 \times 200 \times 24000}{24 \times (24 + 200)}} = 423（件）$$

最大缺货量为：

$$S_2 = \sqrt{\frac{2C_D \cdot D \cdot C_s}{C_s(C_p + C_s)}} = \sqrt{\frac{2 \times 100 \times 200 \times 24000}{200 \times (24 + 200)}} = 146（件）$$

所以，最大存货量为 423 件，最大缺货量为 146 件。

13.12　解：

由题意可知：需求量 $D = 50$ 件/月，订货费用 $C_D = 40$ 元/次，保存费用 $C_p = 3.6$ 元/件·月。

（1）由经济订货模型得（假设不允许缺货，订货提前期为 0）：

$$Q^* = \sqrt{\frac{2C_D \cdot D}{C_p}} = \sqrt{\frac{2 \times 40 \times 50}{3.6}} = 33（件）$$

（2）若企业希望少占资金，即存储量达到最低极限，可使总费用超过最低费用 4%：

$$TC = TC^*(1 + 4\%) = \sqrt{2D \cdot C_p \cdot C_D} \times (1 + 4\%)$$

$$= \sqrt{2 \times 40 \times 3.6 \times 50} \times 1.04 = 120 \times 1.04 = 124.8（元）$$

因为 $TC = \dfrac{D}{Q} \times C_D + \dfrac{1}{2} C_p \cdot Q$

整理得：$C_p \cdot Q^2 - 2 \times TC \times Q + 2D \cdot C_D = 0$

$$Q = \frac{2 \times TC \pm \sqrt{4 \times TC^2 - 8D \cdot C_p \cdot C_D}}{2C_p}（舍去 Q 最大者）$$

得：$Q = \dfrac{TC - \sqrt{TC^2 - 2D \cdot C_p \cdot C_D}}{C_p} = \dfrac{124.8 - \sqrt{124.8^2 - 2 \times 3.6 \times 40 \times 50}}{3.6} = 25（件）$

所以，在使总费用超过最低费用 4% 的存储策略下，最小的订购批量为 25 件。

13.13　解：

由题意可知：需求量 $D = 5000$ 个/年，订货费用 $C_D = 500$ 元/次，存储费用 $C_p = 10$ 元/个·年，且不允许缺货，订货提前期为 0。

则订货批量为：$\tilde{Q} = \sqrt{\dfrac{2C_D \cdot D}{C_p}} = \sqrt{\dfrac{2 \times 500 \times 5000}{10}} = 707（个/次）$

因为 $\tilde{Q} < Q_1 = 1500$ 个，故需将一次进货量 $\tilde{Q} = 707$ 同 $Q_1 = 1500$ 时的全年总费用比较。当 $Q < 1500$ 时，$p_1 = 30$，当 $Q \geq 1500$ 时，$p_2 = 18$。

当 $\tilde{Q} = 707$ 个时，全年总费用为

$$\widetilde{TC} = \frac{D}{\widetilde{Q}} \times C_D + \frac{1}{2} C_p \cdot \widetilde{Q} + D \cdot p_1$$

$$= \frac{5000}{707} \times 500 + \frac{1}{2} \times 10 \times 707 + 5000 \times 30 = 157071.1(元)$$

当进货量为 $Q_1 = 1500$ 个时

$$TC_1 = \frac{D}{Q_1} \times C_D + \frac{1}{2} C_p \cdot Q_1 + D \cdot p_2$$

$$= \frac{5000}{1500} \times 500 + \frac{1}{2} \times 10 \times 1500 + 5000 \times 18 = 99166.67(元)$$

经比较,该公司应每次采购 1500 个。

13.14　解:

由题意可知:需求量 $D = 5000$ 件/年,订货费用 $C_D = 49$ 元/次,存储费用 $C_p = 10 \times 20\% = 2$ 元/件·年,在不允许缺货、订货提前期为 0 的条件下,经济订购批量为:

$$\widetilde{Q} = \sqrt{\frac{2C_D \cdot D}{C_p}} = \sqrt{\frac{2 \times 49 \times 5000}{2}} = 495(件/次)$$

因为 $\widetilde{Q} < Q_1 = 1000$ 件,故需将一次进货量 $\widetilde{Q} = 495$ 件同折扣批量 $Q_1 = 1000$ 件、$Q_2 = 2500$ 件时全年总费用比较。

$$\widetilde{TC} = \frac{D}{\widetilde{Q}} \times C_D + \frac{1}{2} C_p \times \widetilde{Q} + D \times 10$$

$$= \frac{5000}{495} \times 49 + \frac{1}{2} \times 2 \times 495 + 5000 \times 10 = 50989.95(元)$$

$$TC_1 = \frac{D}{Q_1} \times C_D + \frac{1}{2} C_p \times Q_1 + D \times 10 \times 0.97$$

$$= \frac{5000}{1000} \times 49 + \frac{1}{2} \times 2 \times 1000 + 5000 \times 10 \times 0.97 = 49745(元)$$

$$TC_2 = \frac{D}{Q_2} \times 49 + \frac{1}{2} C_p \cdot Q_2 + D \times 10 \times 0.95$$

$$= \frac{5000}{2500} \times 49 + \frac{1}{2} \times 2 \times 2500 + 5000 \times 10 \times 0.95 = 50098(元)$$

经比较,$TC_1 < TC_2 < \widetilde{TC}$,所以,零件 A 的订购批量为 1000 件。

13.15　解:

由题意可知:需求量 $D = 350$ 件/年,订货费用 $C_D = 50$ 元/次,存储费用 $C_p = 13.75$ 元/件·年,缺货费用 $C_s = 25$ 元/件,生产速度 $p = 10$ 件/天 $= 3650$ 件/年,由经济订货模型得:

$$Q^* = \sqrt{\frac{2C_D \cdot D \cdot (C_p + C_s)}{C_p \cdot C_s \cdot (1 - D/p)}} = \sqrt{\frac{2 \times 50 \times 350 \times (13.75 + 25)}{25 \times 13.75 \times (1 - 350/3650)}} = 66(件)$$

$$S_2^* = \sqrt{\frac{2D \cdot C_p \cdot C_D \cdot (1 - D/P)}{C_s(C_p + C_s)}} = \sqrt{\frac{2 \times 50 \times 350 \times 13.75 \times (1 - 350/3650)}{25 \times (13.75 + 25)}} = 21(件)$$

所以，经济订货批量为 66 件，最大允许缺货量为 21 件。

13.16 解：

由具有约束条件的经济订货模型得，各种物品的订货量为 Q_i：

$$Q_i = \sqrt{\frac{2C_D \cdot D}{C_{p_i} - 2\lambda\omega_i}}$$

当 $\lambda = 0$ 时，$Q_i = \sqrt{\frac{2C_D \cdot D}{C_{p_i}}}$

即 $Q_1 = \sqrt{\frac{2 \times 50 \times 1000}{0.4}} = 500$（件）

$Q_2 = \sqrt{\frac{2 \times 75 \times 500}{2.0}} = 194$（件）

$Q_3 = \sqrt{\frac{2 \times 100 \times 2000}{1.0}} = 632$（件）

因为 $\sum\limits_{i=1}^{3} Q_i \cdot \omega_i = 5711$（立方米）$> 1400$（立方米），所以逐步减少 λ 的值进行试算。

λ	Q_1	Q_2	Q_3	$\sum\limits_{i=1}^{3} Q_i \cdot \omega_i$
-0.10	354	144	447	4097.8
-0.30	250	105	316	2921.3
-0.60	189	80	239	2216.5
-0.90	158	68	200	1857.2
-1.50	125	54	158	1472
-1.67	119	51	150	1398.1

所以可取：$Q_1^* = 119$ 件，$Q_2^* = 51$ 件，$Q_3^* = 150$ 件。

13.17 解：

由题意可知：需求量 $D = 1000$ 件/年，订货费用 $C_D = 2000$ 元/次，存储费用 $C_p = 100 \times 20\% = 20$ 元/件·年，在不考虑价格折扣时，由 EOQ 模型知，

$$Q^* = \sqrt{\frac{2C_D \cdot D}{C_p}} = \sqrt{\frac{2 \times 2000 \times 10000}{20}} = 1414$（件）$$

因 $Q^* = 1414 < 2000$，故需将一次订货批量 $Q^* = 1414$ 与进货批量折扣 $Q_1 = 2000$ 件，比较全年的总费用为：

$$TC^* = \frac{D}{Q^*} \times C_D + \frac{1}{2} C_p \cdot Q_1 + D \times 100$$

$$= \frac{10000}{1414} \times 2000 + \frac{1}{2} \times 20 \times 1414 + 10000 \times 100$$

$$= 1028284 (\text{元})$$

$$TC_1 = \frac{D}{Q_1} \times C_D + \frac{1}{2} C_p \cdot Q_1 + D \times 80$$

$$= \frac{10000}{2000} \times 2000 + \frac{1}{2} \times 20 \times 2000 + 10000 \times 80$$

$$= 820005 (\text{元})$$

因为 $TC^* > TC_1$，所以每次应采购 2000 件。

13. 18　解：

设需求速度为 D，存储费用为 C_p，订货费用为 C_D，不允许缺货的 EOQ 模型的费用为：

$$TC = \sqrt{2D \cdot C_p \cdot C_D}$$

设缺货费用为 C_s，允许缺货的 EOQ 模型的费用为：

$$TC^* = \sqrt{\frac{2C_D \cdot D \cdot C_p \cdot C_s}{C_p + C_s}}$$

则 $\dfrac{TC^*}{TC} = \sqrt{\dfrac{C_s}{C_p + C_s}}$

因为 $C_s \leqslant C_p + C_s$，所以 $\dfrac{C_s}{C_p + C_s} \leqslant 1$，$\dfrac{TC^*}{TC} \leqslant 1$

故，一个允许缺货的 EOQ 模型的费用不会超过一个具有相同存储费、订购费但不允许缺货的 EOQ 模型的费用。

13. 19　解：

订货提前期为 0，不允许缺货的存储模型中，最优订货批量 $Q^* = \sqrt{\dfrac{2C_D \cdot D}{C_p}}$，费用为 $TC^* = \sqrt{2C_D \cdot D \cdot C_p}$。

若执行时，$Q = 0.8Q^*$，则其费用为 TC。

$$TC = \frac{D}{Q} \times C_D + \frac{1}{2} C_p \cdot Q$$

$$= \frac{D}{0.8Q^*} \times C_D + \frac{1}{2} C_p \cdot 0.8Q^*$$

$$= \frac{5}{4} \times \frac{D}{Q^*} \times C_D + \frac{1}{2} \times \frac{4}{5} \cdot C_p \cdot Q^*$$

$$= \frac{5}{4} \times \frac{D}{\sqrt{\dfrac{2C_D \cdot D}{C_p}}} \times C_D + \frac{1}{2} \times \frac{4}{5} \cdot C_p \sqrt{\frac{2C_D \cdot D}{C_p}}$$

$$= \left(\frac{5}{4} + \frac{4}{5} \right) \times \frac{1}{2} \times \sqrt{2C_D \cdot D \cdot C_p}$$

$$= \frac{41}{40} \times TC^*$$

即执行按 $0.8Q^*$ 的批量订货，相应的订货费与存储费之和是最优订货批量费用的 $\frac{41}{40}$ 倍。

13.20 解：

设需求量为 D，订货费用为 C_D，存储费用为 C_p。

当订购价为 5.0 元时，$C_{p_1} = 5.0 \times 25\% = 1.25$ 元，最优批量为 EOQ_1；

当订购价为 4.8 元时，$C_{p_2} = 4.8 \times 25\% = 1.2$ 元，最优批量为 EOQ_2。

（1）因为 $EOQ = \sqrt{\frac{2C_D \cdot D}{C_p}}$，所以 $EOQ_1 = \sqrt{\frac{2C_D \cdot D}{C_{p_1}}}$，$EOQ_2 = \sqrt{\frac{2C_D \cdot D}{C_{p_2}}}$；

因为 $C_{p_1} = 1.25 > 1.2 = C_{p_2}$，所以 $\sqrt{\frac{2C_D \cdot D}{C_{p_1}}} < \sqrt{\frac{2C_D \cdot D}{C_{p_2}}}$，即 $EOQ_2 < EOQ_1$。

（2）EOQ_1 和 EOQ_2 分别为采购价 5.0 元、4.8 元时，只考虑采购费用和存储费用总和最小时采购批量，并未考虑采购货款成本的节约情况。$Q_0 = 100$ 件为采购价格折扣的临界点，与 EOQ_1 比较，可能有较大的存储费用，但可节约一定的采购成本折扣，可能采购费用与采购成本总和会比 EOQ_1 状况下小。实际采购价格必是 4.8 元、5.0 元中的一个，最佳方案（采购费用和采购成本总和最小）必将在 EOQ_1、EOQ_2、100 中产生。

（3）若 $EOQ_1 > 100$，其采购价格将是 4.8 元折扣价，当采购价格为 4.8 元时，最佳订货批量为 EOQ_2，当采购量 $Q_0 = 100$ 时，与 EOQ_2 具有相同的采购参数，所以 EOQ_2 比 $Q_0 = 100$ 优。EOQ_2 与 EOQ_1 相比，有更低的存储费用和采购成本节约。因此，当 $EOQ_1 > 100$ 时，最优订购批量必为 EOQ_2。

（4）若 $EOQ_1 < 100$，$EOQ_2 < 100$，显然 EOQ_2 在现实采购中是不存在的，EOQ_1 考虑采购总费用状态，而当 $Q_0 = 100$ 时，比 EOQ_1 有较高的采购总费用，但却有采购成本的较高折扣 Q_1（$5.0 - 4.8$），比较在一定期间，EOQ_1 的采购费用和采购成本总和与 $Q_1 = 100$ 时采购总费用和总成本之和的大小，选取总成本和总费用最小的采购批量为最优批量，即在 EOQ_1、100 中选取一个。

（5）若 $EOQ_1 < 100$，$EOQ_2 > 100$，由于 $EOQ_1 < 100$，其最优需要比较选择。EOQ_2 与 $Q_0 = 100$ 有相同的采购参数，$EOQ_2 > 100$，显然，EOQ_2 比 $Q_0 = 100$ 具有更低的采购总费用。

当 EOQ_1 时，总采购费用和采购成本为：$\sqrt{2C_D \cdot D \times 1.25} + 5.0D$；

当 EOQ_2 时，总采购费用和采购成本为：$\sqrt{2C_D \cdot D \times 1.2} + 4.8D$。

显然，EOQ_2 比 EOQ_1 的总成本费用小，所以最佳采购批量必是 EOQ_2。

13.21　解：

由题意可知：需求量 $D = 800$ 件/年，订货费用 $C_D = 150$ 元/次，存储费用 $C_p = 3$ 元/件·年，缺货费用 $C_s = 20$ 元/件。

（1）不允许缺货的最佳采购方案下，总费用为 $TC = \sqrt{2C_D \cdot C_p \cdot D}$，允许缺货的最佳采购方案下，总费用为 $TC^* = \sqrt{\dfrac{2C_D \cdot C_p \cdot D \cdot C_s}{C_s + C_p}}$

因为 $C_s < C_p + C_s$，$\sqrt{\dfrac{C_s}{C_p + C_s}} < 1$，所以 $TC > TC^*$

故允许缺货策略一定能带来费用上的节约。

$$TC - TC^* = \sqrt{2D \cdot C_p \cdot C_D} - \sqrt{\frac{2C_D \cdot D \cdot C_p \cdot C_s}{C_p + C_s}} = \left(1 - \sqrt{\frac{C_s}{C_p + C_s}}\right) \cdot \sqrt{2D \cdot C_p \cdot C_D}$$

$$= \left(1 - \sqrt{\frac{20}{3 + 20}}\right) \times \sqrt{2 \times 150 \times 3 \times 800}$$

$$= 52.27（元）$$

故，每年可节约费用 52.27 元。

（2）允许缺货策略下，缺货时间

$$t^* = \sqrt{\frac{2C_D \cdot C_p}{C_s \cdot D \cdot (C_p + C_s)}} = \sqrt{\frac{2 \times 150 \times 3}{20 \times 800 \times (3 + 20)}} = 0.049（年）= 18.05（天）< 27（天）$$

因此，公司自己规定在发生缺货时，下批到达补上的时间不超过 3 周是可行的。

13.22　解：

（1）由题意可知：需求速度 $D = 10$ 台/天，生产速度 $p = 50$ 台/天，装配线准备结束费用 $C_D = 200 \times 10^4$ 元/次，存储费用 $C_p = 50$ 元/台·天，且不允许缺货。

由生产有一定时间，无缺货的 EOQ 模型得：

$$Q^* = \sqrt{\frac{2C_D \cdot D}{C_p \cdot (1 - D/p)}} = \sqrt{\frac{2 \times 200 \times 10^4 \times 10}{50 \times (1 - 10/50)}} = 1000（台）$$

故，该装配线最佳装配量为 1000 台/次。

（2）原生产成本 $C_1 = 15 \times 10^4$ 元/台，当生产规模达到 2000 台时，生产成本 $C_2 = 14.8 \times 10^4$ 元/台，故每台可节约成本 $\Delta C = 15 \times 10^4 - 14.8 \times 10^4 = 2000$ 元。

当生产批量达到 2000 台时，销售周期 $t = 2000/10 = 200$（天）。

（ⅰ）在生产周期 t 内，采用最佳批量 Q^* 生产时，总费用为

$$TC^* = t \cdot \sqrt{2C_D \cdot D \cdot C_p \cdot (1 - D/p)}$$

$$= 200 \times \sqrt{2 \times 200 \times 10^4 \times 50 \times 10 \times (1 - 10/50)}$$

$$= 8 \times 10^6（元）$$

（ⅱ）当生产批量为 2000 台时，即 $\widetilde{Q}=2000$ 台，其最大存货量为 $\widetilde{S}=\widetilde{Q}-\dfrac{\widetilde{Q}}{p}\times D=$

$2000-\dfrac{2000}{50}\times 10=1600$（台），则生产准备结束费用及存储费用总和为 $\widetilde{TC}$。

$$\widetilde{TC}=C_D+\frac{1}{2}\widetilde{C}_p\cdot\widetilde{C}=C_D+\frac{1}{2}C_p\cdot t\cdot\widetilde{S}$$

$$=200\times10^4+\frac{1}{2}\times50\times200\times1600=10\times10^6\text{（元）}$$

$$\widetilde{TC}-TC^*=10\times10^6-8\times10^6=2\times10^6\text{（元）}$$

当生产批量扩大到 $\widetilde{Q}$ 时，可节约生产成本为 $\widetilde{\Delta C}=\Delta C\times\widetilde{Q}=2000\times2000=4\times10^6$（元），因为 $\widetilde{TC}-TC^*<\widetilde{\Delta C}$，即扩大生产批量增加的存储费用及生产准备结束费用总和的量小于生产成本的节约量，故采用将批量扩大到 2000 台是可行的，可使生产成本、生产准备结束及存储费用总和更小。

13.23　解：

$$c_i(q_i)=\begin{cases}3q_i & \text{当 } q_i\leqslant6 \text{ 时}\\18+2(q_i-6) & \text{当 } q_i>6 \text{ 时}\end{cases}$$

使四个时期各项总费用最小，则有 $x_5=0$，即 $x_4+q_4=d_4$。利用动态规划的逆序算法，当 $i=4$ 时，有 $x_4+q_4=d_4=3$。且 $x_4\cdot q_4=0$，即 $x_4=0$，$q_4=3$ 或 $x_4=3$，$q_4=0$。

q_4 \ x_4	$c_{d_4}+c_4(q_4)$		$f_4(x_4)$	q_4^*
	0	3		
0	—	7+9=16	16	3
3	0+0=0	—	0	0

当 $i=3$ 时，$d_3\leqslant x_3+q_3\leqslant d_3+d_4=14$，即 $11\leqslant x_3+q_3\leqslant14$，当 $x_3=0$ 时，$q_3=13$ 或 14，当 $x_3=11$ 或 14 时，$q_3=0$。

q_3 \ x_3	$c_{D_3}+c_3(q_3)+c_{p_3}(x_4)+f_4(x_4)$			$f_3(x_3)$	q_3^*
	0	11	14		
0	—	9+28+0+16=53	9+34+3+0=46	46	14
11	0+0+0+16=16	—	—	16	0
14	0+0+3+0=3	—	—	3	0

当 $i=2$ 时，$d_2 \leqslant x_2 + q_2 \leqslant d_2 + d_3 + d_4 = 21$，即 $7 \leqslant x_2 + q_2 \leqslant 21$。当 $x_2 = 0$ 时，$q_2 = 7$ 或 18 或 21；当 $q_2 = 0$ 时，$x_2 = 7$ 或 18 或 21。

x_2 ＼ q_2	$c_{D_2} + c_2 (q_2) + c_{p_2} (x_3) + f_3 (x_3)$				$f_2 (x_2)$	q_2^*
	0	7	18	21		
0	—	$7+20+0+46=73$	$7+42+11+16=76$	$7+50+14+3=74$	73	7
7	$0+0+0+46=46$	—	—	—	46	0
18	$0+0+11+16=27$	—	—	—	27	0
21	$0+0+14+3=17$	—	—	—	17	0

当 $i=1$ 时，$d_1 \leqslant x_1 + q_1 \leqslant d_1 + d_2 + d_3 + d_4 = 26$，即 $5 \leqslant x_1 + q_1 \leqslant 26$，已知 $x_1 = 0$，则 $q_1 = 5$ 或 12 或 23 或 26。

x_1 ＼ q_1	$c_{D_1} + c_1 (q_1) + c_{p_1} (x_2) + f_2 (x_2)$				$f_1 (x_1)$	q_1^*
	5	12	23	26		
0	$5+15+0+73=93$	$5+30+7+46=88$	$5+52+18+27=102$	$5+58+21+17=101$	88	12

由上述计算可知，各时期的最佳生产批量为 $q_1^* = 12 \rightarrow x_2 = 7$，$q_2^* = 0 \rightarrow x_3 = 0$，$q_3^* = 14 \rightarrow x_4 = 3$，$q_4^* = 0$，$x_5 = 0$。

13. 24　解：

$$c_i(q_i) = \begin{cases} 20q_i & \text{当 } q_i \leqslant 30 \text{ 时} \\ 600 + 10(q_i - 30) & \text{当 } q_i > 30 \text{ 时} \end{cases}$$

要使 5 个时期各项总费用最小，必有 $x_6 = 0$，即 $x_5 + q_5 = 60$。利用动态规划的逆序算法，因为有 $x_i \cdot q_i = 0$，所以当 $i=5$ 时，$x_5 = 0$，$q_5 = 60$ 或 $x_5 = 60$，$q_5 = 0$。

q_5 ＼ x_5	$C_{D_5} + C_5 (q_5)$		$f_5 (x_5)$	q_5^*
	0	60		
0	—	$60 + 900 = 960$	960	60
60	$0 + 0 = 0$	—	0	0

当 $i=4$ 时，$d_4 \leqslant x_4 + q_4 \leqslant d_4 + d_5 = 90$，即 $30 \leqslant x_4 + q_4 \leqslant 90$。当 $x_4 = 0$ 时，$q_4 = 30$ 或 90，当 $x_4 = 30$ 或 90 时，$q_4 = 0$。

q_4 \ x_4	$c_{D_4}+c_4\ (q_4)\ +c_{p_4}\ (x_5)\ +f_5\ (x_5)$			$f_4\ (x_4)$	q_4^*
	0	30	90		
0	—	$80+600+0+960=1640$	$80+1200+60+0=1340$	1340	90
30	$0+0+0+960=960$	—	—	960	0
90	$0+0+60+0=60$	—	—	60	0

当 $i=3$ 时，$d_3 \leqslant x_3+q_3 \leqslant d_3+d_4+d_5=190$，即 $100 \leqslant x_3+q_3 \leqslant 190$。当 $x_3=0$ 时，$q_3=100$ 或 130 或 190，当 $x_3=100$ 或 130 或 190 时，$q_3=0$。

q_3 \ x_3	$c_{D_3}+c_3\ (q_3)\ +c_{p_3}\ (x_4)\ +f_4\ (x_4)$				$f_3\ (x_3)$	q_3^*
	0	100	130	190		
0	—	$60+1300+0+1340$ $=2700$	$60+1600+30+960$ $=2650$	$60+2200+90+60$ $=2410$	2410	190
100	$0+0+0+1340$ $=1340$	—	—	—	1340	0
130	$0+0+30+960=990$	—	—	—	990	0
190	$0+0+90+60=150$	—	—	—	150	0

当 $i=2$ 时，$d_2 \leqslant x_2+q_2 \leqslant d_2+d_3+d_4+d_5=260$，即 $70 \leqslant x_2+q_2 \leqslant 260$。当 $x_2=0$ 时，$q_2=70$ 或 170 或 220 或 260；当 $x_2=70$ 或 170 或 220 或 260 时，$q_2=0$。

q_2 \ x_2	$c_{D_2}+c_2\ (q_2)\ +c_{p_2}\ (x_3)\ +f_3\ (x_3)$					$f_2\ (x_2)$	q_2^*
	0	770	170	200	260		
0	—	$70+1000+0+$ $2410=3480$	$70+2000+100+$ $1340=3510$	$70+2300+130+$ $990=3490$	$70+2300+190+$ $150=3310$	3310	260
70	$0+0+0+2410$ $=2410$	—	—	—	—	2410	0
170	$0+0+100+$ $1340=1440$	—	—	—	—	1440	0
200	$0+0+130+990$ $=1120$	—	—	—	—	1120	0
260	$0+0+190+150$ $=340$	—	—	—	—	340	0

当 $i=1$ 时，$d_1 \leqslant x_1+q_1 \leqslant d_1+d_2+d_3+d_4+d_5=310$，即 $50 \leqslant x_1+q_1 \leqslant 310$，由题意可知，$x_1=0$，则 $q_1=50$ 或 120 或 220 或 250 或 310。

q_1 \ x_1	$c_{D_1} + c_1\ (q_1)\ + c_{p_1}\ (x_2)\ + f_2\ (x_2)$					$f_1\ (x_1)$	q_1^*
	0	120	220	250	310		
0	$80+800+0+$ $3310=4190$	$80+1500+70+$ $2410=4060$	$80+2800+200+$ $1120=4200$	$80+2800+200+$ $1120=4200$	$80+3400+260+$ $340=4080$	4060	120

由上述计算可知，各时期的最佳生产批量为：

$q_1^* = 120 \rightarrow x_2 = 70$；$q_2^* = 0 \rightarrow x_3 = 0$；$q_3^* = 190 \rightarrow x_4 = 90$；$q_4^* = 0 \rightarrow x_5 = 60$；$q_5^* = 0 \rightarrow x_6 = 0$。

13.25 解：

设小型游艇生产的可变成本为 α 万元，则生产成本为 $c_i\ (q_i)\ = \alpha q_i\ (q_i \leq 10)$。生产需求参数见下表：

I（季度）	d_i（需求）	c_{D_i}	c_{p_i}
1	3	200	20
2	2	200	20
3	3	200	20
4	2	200	20

由题意可知 $x_5 = 0$，利用动态规划的逆序算法求解。

当 $i = 4$ 时，$d_4 \leq x_4 + q_4 \leq d_4 = 2$。

当 $x_4 = 2$ 时，$q_4 = 0$；当 $q_4 = 2$ 时，$x_4 = 0$。

x_4 \ q_4	$C_{D_4} + C_4\ (q_4)$		$f_4\ (x_4)$	q_4^*
	0	2		
0	—	$200+2\alpha+0=200+2\alpha$	$200+2\alpha$	2
2	$0+0=0$	—	0	0

当 $i = 3$ 时，$d_3 \leq x_3 + q_3 \leq d_3 + d_4 = 5$，即 $3 \leq x_3 + q_3 \leq 5$。

当 $x_3 = 0$ 时，$q_3 = 3$ 或 5；当 $x_3 = 3$ 或 5 时，$q_3 = 0$。

x_3 \ q_3	$c_{D_3} + c_3\ (q_3)\ + c_{p_3}\ (x_4)\ + f_4\ (x_4)$			$f_3\ (x_3)$	q_3^*
	0	3	5		
0	—	$200+3\alpha+0+200+2\alpha$ $=400+5\alpha$	$200+5\alpha+40+0$ $=240+5\alpha$	$240+5\alpha$	5

q_3 x_3	$c_{D_3}+c_3$ (q_3) $+c_{p_3}$ (x_4) $+f_4$ (x_4)			f_3 (x_3)	q_3^*
	0	3	5		
3	$0+0+0+200+2\alpha$ $=200+2\alpha$	—	—	$200+2\alpha$	0
5	$0+0+40+0=40$	—	—	40	0

当 $i=2$ 时，$d_2 \leqslant x_2+q_2 \leqslant d_2+d_3+d_4=7$，即 $2 \leqslant x_2+q_2 \leqslant 7$。

当 $x_2=0$ 时，$q_2=2$ 或 5 或 7；当 $x_2=2$ 或 5 或 7 时，$q_2=0$。

q_2 x_2	$c_{D_2}+c_2$ (q_2) $+c_{p_2}$ (x_3) $+f_3$ (x_3)				f_2 (x_2)	q_2^*
	0	2	5	7		
0	—	$200+2\alpha+0+240+$ $5\alpha=440+7\alpha$	$200+5\alpha+60+200+$ $2\alpha=460+7\alpha$	$200+7\alpha+100+40$ $=340+7\alpha$	$340+7\alpha$	7
2	$0+0+0+240+5\alpha$ $=240+5\alpha$	—	—	—	$240+5\alpha$	0
5	$0+0+60+200+2\alpha$ $=260+2\alpha$	—	—	—	$260+2\alpha$	0
7	$0+0+100+40=140$	—	—	—	140	0

当 $i=1$ 时，$d_1 \leqslant x_1+q_1 \leqslant d_1+d_2+d_3+d_4=10$，且 $x_1=0$，即 q_1 取 3 或 5 或 8 或 10。

q_1 x_1	$c_{D_1}+c_1$ (q_1) $+c_{p_1}$ (x_2) $+f_2$ (x_2)					f_1 (x_1)	q_1^*
	0	3	5	8	10		
0	—	$200+3\alpha+0+340+$ $7\alpha=540+10\alpha$	$200+5\alpha+40+240+$ $5\alpha=480+10\alpha$	$200+8\alpha+100+$ $260+2\alpha=560+10\alpha$	$200+10\alpha+140+$ $140=480+10\alpha$	$480+10\alpha$	5 或 10

由上述计算可知，各季度的最佳生产批量为：

$q_1^*=5 \rightarrow x_2=2$；$q_2^*=0 \rightarrow x_3=0$；$q_3^*=5 \rightarrow x_4=2$；$q_4^*=0 \rightarrow x_5=0$；或者 $q_1^*=10 \rightarrow$ $x_2=7$；$q_2^*=0 \rightarrow x_3=5$；$q_3^*=0 \rightarrow x_4=0$；$q_4^*=0 \rightarrow x_5=0$。

13.26 解：

由题意可知：每 100 本挂历盈利为（售价 S – 成本 c），$S-c=300$ 元，未售出损失为（成本 c – 处理价 c_q），$c-c_q=400$ 元，缺货损失为 $c_s=0$。

则由单期随机存储模型：

$$\sum_{x=Q+1}^{\infty} p(x) \leqslant \frac{c-c_q}{S+c_s-c_q} \leqslant \sum_{x=Q}^{\infty} p(x)$$

改写为：$\sum_{x=0}^{Q-1} p(x) \leqslant 1 - \frac{c-c_q}{S+c_s-c_q} \leqslant \sum_{x=0}^{Q} p(x)$

即 $\sum_{x=0}^{Q-1} p(x) \leqslant \frac{(S-c)+c_s}{(S-c)+c_s+(c-c_q)} \leqslant \sum_{x=0}^{Q} p(x)$

又因为 $\dfrac{(S-c)+c_s}{(S-c)+c_s+(c-c_q)} = \dfrac{300+0}{300+0+400} = \dfrac{3}{7} = 0.444$

且

x	4	5	6	7	8	9
$p(x)$	0.05	0.10	0.25	0.35	0.15	0.10
$\sum p(x)$	0.05	0.15	0.40	0.75	0.90	1.0

$\sum_{x=0}^{6} p(x) = 0.4$，$\sum_{x=0}^{7} p(x) = 0.75$

所以，$Q=7$，即应订 700 本挂历，可使获利的期望最大。

13.27　解：

由题意可知：面包售价 $S=0.5$ 元，成本 $c=0.3$ 元，未售处理价 $c_q=0.2$ 元，缺货损失 $c_s=1.0$ 元。

面包需求 x 服从 $\mu=300$，$\delta=50$ 的正态分布，$\dfrac{x-\mu}{\delta} \sim N(0,1)$。

由单期随机存储模型得：

$$\int_{-\infty}^{Q} f(x)\,\mathrm{d}x = \frac{c-c_q}{S+c_s-c_q} = \frac{0.3-0.2}{0.5+1-0.2} = 0.0769$$

$$\int_{-\infty}^{Q} f(x)\,\mathrm{d}x = 1 - \int_{\infty}^{Q} f(x)\,\mathrm{d}x = 1 - 0.0769 = 0.923$$

查正态分布表：$\dfrac{x-\mu}{\delta} = 1.48$，$x = 300 + 1.48 \times 50 = 374$。

所以，该商店所属厂每天生产面包的最佳数量为 374 个，可使预期的利润最大。

13.28　解：

由题意可知：零件成本 $c=500$ 元，过期未用处理价 $c_q=50$ 元，$S-c=0$，缺货成本 $c_s =$ 临时加订费用超支 + 停产损失 $= (900-500)+2\times600 = 1600$（元）。

由单时期随机超支模型得：

$$\sum_{x=Q+1}^{\infty} p(x) \leqslant \frac{c-c_q}{S+c_s-c_q} \leqslant \sum_{x=Q}^{\infty} p(x)$$

改写为：$\sum\limits_{x=0}^{Q-1} p(x) \leqslant 1 - \dfrac{c-c_q}{S+c_s-c_q} \leqslant \sum\limits_{x=0}^{Q} p(x)$

又 $1 - \dfrac{c-c_q}{S+c_s-c_q} = 1 - \dfrac{500-50}{500+1800-50} = \dfrac{1800}{2250} = 0.8$

因为 $p(x) = \dfrac{\lambda^x \cdot e^{-\lambda}}{x!} = \dfrac{3^x \cdot e^{-3}}{x!}$

$\sum\limits_{x=0}^{4} p(x) = 0.765$，$\sum\limits_{x=0}^{5} p(x) = 0.866$

故，应立即提出订货 5 件，可达到预期最经济。

13.29　解：

由题意可知：$c_D = 100$ 元，$c_p = 0.15$ 元/件，$D = 10000$ 件/年，$c_s = 1$ 元，且 $x \sim N(1000, 250^2)$，$\dfrac{x-1000}{250} \sim N(0, 1)$。

由多时期随机存储模型得：

$$Q^* = \sqrt{\dfrac{2D \cdot [C_D + C_s \cdot S(r)]}{C_p}}, \quad \int_{\frac{\gamma-\mu}{\delta}}^{\infty} f(x)\,\mathrm{d}x = \dfrac{C_p \cdot Q}{C_s \cdot D}$$

先令 $S(\gamma) = 0$ 得：

$$Q_1 = \sqrt{\dfrac{2D \cdot C_D}{C_p}} = \sqrt{\dfrac{2 \times 10000 \times 100}{0.15}} = 3651$$

因为 $G_1 = \int_{\frac{\gamma-\mu}{\delta}}^{\infty} f(x)\,\mathrm{d}x = \dfrac{c_p \cdot Q}{c_s \cdot D} = \dfrac{0.15 \times 3651}{1 \times 10000} = 0.0548$

由正态分布表查得：$\dfrac{\gamma-\mu}{\delta} = 1.60$，$\gamma_1 = 1000 + 1.60 \times 250 = 1400$

又因为 $S(\gamma) = \delta \cdot f\left(\dfrac{\gamma-\mu}{\delta}\right) + (\mu - \gamma) G\left(\dfrac{\gamma-\mu}{\delta}\right)$

$$= \delta \cdot \dfrac{\exp\left[-\dfrac{1}{2}\left(\dfrac{\gamma-\mu}{\delta}\right)^2\right]}{\sqrt{2\pi}} + (\mu - \gamma) \cdot \int_{\frac{\gamma-\mu}{\delta}}^{\infty} f(x)\,\mathrm{d}x$$

$$= 250 \times \dfrac{1}{\sqrt{2\pi}} \cdot \exp\left[-\dfrac{1}{2}(1.6)^2\right] + (1000 - 1400) \cdot 0.0548$$

$$= 250 \times 0.1109 - 400 \times 0.0548$$

$$= 5.805$$

$$Q_2 = \sqrt{\dfrac{2 \times 10000 \times (100 + 1 \times 5.805)}{0.15}} = 3756$$

$$G_2 = \int_{\frac{\gamma-\mu}{\delta}}^{\infty} f(x)\,\mathrm{d}x = \dfrac{0.15 \times 3756}{1 \times 10000} = 0.05634$$

由正态分布表查得：$\dfrac{\gamma-\mu}{\delta} = 1.585$，$r_2 = 1000 + 1.585 \times 250 = 1396$

$$S(\gamma) = 250 \times \frac{1}{\sqrt{2\pi}} \cdot \exp\left[-\frac{1}{2}(1.585)^2\right] + (1000 - 1396) \cdot 0.05634$$

$$= 6.0899$$

$$Q_3 = \sqrt{\frac{2 \times 10000 \times (100 - 1 \times 6.0899)}{0.15}} = 3761$$

$$G_3 = \int_{\frac{\gamma - \mu}{\delta}}^{\infty} f(x)\,\mathrm{d}x = \frac{0.15 \times 3761}{1 \times 10000} = 0.0564$$

由正态分布表查得：$\dfrac{\gamma - \mu}{\delta} = 1.585$，$\gamma_3 = 1396$

因为 $G_3 \approx G_2$，所以最佳订货点 $\gamma^* = 1396$ 件，最佳订货批量为 3761 件。

13.30　解：

由题意可知：报童盈利为 $(S - c) = 0.08$ 元/份，售不出去损失为 $(c - c_q) = 0.05$ 元/份，缺货损失 $c_s = 0$。

由单期随机存储模型得：

$$\sum_{x=Q+1}^{\infty} p(x) \leqslant \frac{c - c_q}{S + c_s - c_q} \leqslant \sum_{x=Q}^{\infty} p(x)$$

改写为：

$$\sum_{x=0}^{Q-1} p(x) \leqslant \frac{(S-c) + c_s}{(S-c) + c_s + (c - c_q)} \leqslant \sum_{x=0}^{Q} p(x)$$

$$\frac{(S-c) + c_s}{(S-c) + c_s + (c - c_q)} = \frac{0.08 + 0}{0.08 + 0 + 0.05} = 0.6154$$

又因为

x	31	32	33	34	35	36	37	38	39	40	41	42
$p(x)$	0.05	0.07	0.09	0.10	0.11	0.12	0.11	0.10	0.08	0.06	0.06	0.05
$\sum p(x)$	0.05	0.12	0.21	0.31	0.42	0.54	0.65	0.75	0.83	0.89	0.95	1.00

因为 $\sum_{x=0}^{36} p(x) = 0.54$，$\sum_{x=0}^{37} p(x) = 0.65$，所以 $Q^* = 37$

故，报童每天订报数量最佳为 37 份。

13.31　解：

由题意可知：生产停工损失 $c_s = \dfrac{500}{50} = 100$ 元/件，$(S - c) = 0$。

若存货未利用需保存至下一检修期，即 $c - c_q = 120 \times 0.05 = 6$ 元/件。检修时间服从参数为 μ 的负指数分布，且 $\dfrac{1}{\mu} = 2$ 分钟，$\mu = \dfrac{1}{2}$。

即 $f(t) = \begin{cases} \mu \cdot e^{-\mu}, & t > 0 \\ 0, & t = 0 \end{cases}$

则检修期间产品需求量 x 服从负指数分布，$x = 50t$ 件。设密度函数为 $f(\widetilde{x}) = f\left(\dfrac{x}{50}\right)$。

由单期随机存储模型得：

$$\int_Q^\infty f(\widetilde{x})\,\mathrm{d}x = \frac{c - c_q}{S + c_s - c_q} = \frac{(S - c) + c_s}{(S - c) + c_s + (c - c_q)} = \frac{6}{0 + 100 + 6} = 0.566$$

$$\int_{-\infty}^Q f(\widetilde{x})\,\mathrm{d}x = 1 - \int_Q^\infty f(\widetilde{x})\,\mathrm{d}x = 1 - 0.0566 = 0.9434$$

又因为 $\displaystyle\int_{-\infty}^Q f(\widetilde{x})\,\mathrm{d}x = 1 - \int_{-\infty}^{\frac{Q}{50}} f(\widetilde{x})\,\mathrm{d}x = 1 - e^{-\frac{\mu Q}{50}} = 1 - e^{-\frac{Q}{100}}$

$1 - e^{-\frac{Q}{100}} = 0.9434$

$Q^* = 287$

故，毛坯最佳存储量为 287 件，使总费用最小。

第14章

对策论基础

14.1 解：

本题有两个局中人，分别是儿童甲和儿童乙。双方各有三个策略：策略 1 代表出拳头，策略 2 代表出手掌，策略 3 代表出手指，由题意可得儿童甲的赢得矩阵如下表所示。

乙的策略 甲的赢得 甲的策略	1	2	3
1	0	−1	1
2	1	0	−1
3	−1	1	0

14.2 解：

用 (x_1, x_2) 表示一个策略，其中 x_1 表示每人自己所出的手指数，x_2 表示对方所出的手指数，可见，局中人甲和乙都各自有 4 个策略：$(1, 1)$，$(1, 2)$，$(2, 1)$，$(2, 2)$；甲的策略集为 $\{\alpha_1, \alpha_2, \alpha_3, \alpha_4\}$，其中 $\alpha_1 = (1, 1)$，$\alpha_2 = (1, 2)$，$\alpha_3 = (2, 1)$，$\alpha_4 = (2, 2)$，乙的策略集为 $\{\beta_1, \beta_2, \beta_3, \beta_4\}$，其中 $\beta_1 = (1, 1)$，$\beta_2 = (1, 2)$，$\beta_3 = (2, 1)$，$\beta_4 = (2, 2)$。甲的赢得如下表所示：

乙的策略 甲的赢得 甲的策略	β_1 (1, 1)	β_2 (1, 2)	β_3 (2, 1)	β_4 (2, 2)
$\alpha_1 = (1, 1)$	0	2	−3	0
$\alpha_2 = (1, 2)$	−2	0	3	3
$\alpha_3 = (2, 1)$	3	−3	0	−3
$\alpha_4 = (2, 2)$	0	−3	3	0

则赢得矩阵为

$$A = \begin{bmatrix} 0 & 2 & -3 & 0 \\ -2 & 0 & 3 & 3 \\ 3 & -3 & 0 & -3 \\ 0 & -3 & 3 & 0 \end{bmatrix}$$

由 A 可知，没有一行优超于另一行，没有一列优超于另一列，故局中人不存在某种出法比其他出法更有利。

14.3　解：

设矩阵对策 $G = \{S_1, S_2, A\}$，其中 $S_1 = \{\alpha_i\}$，$S_2 = \{\beta_i\}$，直接在 A 提供的赢得矩阵上计算，有

（1）

$$\begin{array}{c@{}c@{}c@{}c@{}c}
 & \beta_1 & \beta_2 & \beta_3 & \min \\
\alpha_1 & \begin{bmatrix} -2 & 12 & -4 \\ 1 & 4 & 8 \\ -5 & 2 & 3 \end{bmatrix} & & & \begin{matrix} -4 \\ 1^* \\ -5 \end{matrix} \\
\alpha_2 & & & & \\
\alpha_3 & & & & \\
\max & 1^* & 12 & 8 &
\end{array}$$

于是 $\max\limits_{i} \min\limits_{j} \alpha_{ij} = \min\limits_{j} \max\limits_{i} \alpha_{ij} = a_{i^*j^*} = 1$

其中 $i^* = 2$，$j^* = 1$，故 (α_2, β_1) 是对策的解，且 $V_G = 1$。

（2）

$$\begin{array}{c@{}c@{}c@{}c@{}c}
 & \beta_1 & \beta_2 & \beta_3 & \min \\
\alpha_1 & \begin{bmatrix} 2 & 2 & 1 \\ 3 & 4 & 4 \\ 2 & 1 & 6 \end{bmatrix} & & & \begin{matrix} 1 \\ 3^* \\ 1 \end{matrix} \\
\alpha_2 & & & & \\
\alpha_3 & & & & \\
\max & 3^* & 4 & 6 &
\end{array}$$

则 $\max\limits_{i} \min\limits_{j} \alpha_{ij} = \min\limits_{j} \max\limits_{i} \alpha_{ij} = a_{i^*j^*} = 3$

其中 $i^* = 2$，$j^* = 1$，故 (α_2, β_1) 是对策的解，且 $V_G = 3$。

（3）

$$\begin{array}{c@{}c@{}c@{}c@{}c@{}c}
 & \beta_1 & \beta_2 & \beta_3 & \beta_4 & \min \\
\alpha_1 & \begin{bmatrix} 2 & 7 & 2 & 1 \\ 2 & 2 & 3 & 4 \\ 3 & 5 & 4 & 4 \\ 2 & 3 & 1 & 6 \end{bmatrix} & & & & \begin{matrix} 1 \\ 2 \\ 3^* \\ 1 \end{matrix} \\
\alpha_2 & & & & & \\
\alpha_3 & & & & & \\
\alpha_4 & & & & & \\
\max & 3^* & 7 & 4 & 6 &
\end{array}$$

则 $\max\limits_{i} \min\limits_{j} \alpha_{ij} = \min\limits_{j} \max\limits_{i} \alpha_{ij} = a_{i^*j^*} = 3$

其中 $i^* = 3$，$j^* = 1$，故 (α_3, β_1) 是对策的解，且 $V_G = 3$。

（4）

$$
\begin{array}{c}
\quad\ \ \beta_1\ \ \beta_2\ \ \beta_3\ \ \beta_4\ \ \beta_5\ \ \min \\
\begin{array}{c}
\alpha_1 \\
\alpha_2 \\
\alpha_3 \\
\alpha_4 \\
\alpha_5
\end{array}
\left[
\begin{array}{ccccc|c}
9 & 3 & 1 & 8 & 0 & 0 \\
6 & 5 & 4 & 6 & 7 & 4^* \\
2 & 4 & 3 & 3 & 8 & 2 \\
5 & 6 & 2 & 2 & 1 & 1 \\
3 & 2 & 3 & 5 & 4 & 2
\end{array}
\right] \\
\max\ \ 9\ \ 6\ \ 4^*\ \ 8\ \ 8
\end{array}
$$

则 $\max\limits_{i}\min\limits_{j}\alpha_{ij}=\min\limits_{j}\max\limits_{i}\alpha_{ij}=a_{i^*j^*}=4$

其中 $i^*=2$，$j^*=3$，故（α_2，β_3）是对策的解，且 $V_G=4$。

14.4　证明：

性质 1 的证明：

性质 1　无差别性。即若（α_{i_1}，β_{j_1}）和（α_{i_2}，β_{j_2}）是对策 G 的两个解，则 $a_{i_1j_1}=a_{i_2j_2}$。

证明　因（α_{i_1}，β_{j_1}）是对策 G 的解，则

$$a_{ij_1}\leqslant a_{i_1j_1}\leqslant a_{i_1j} \tag{①}$$

对一切的 i 和一切的 j 都成立。

又因为（α_{i_2}，β_{j_2}）是对策 G 的解，则

$$a_{ij_2}\leqslant a_{i_2j_2}\leqslant a_{i_2j} \tag{②}$$

对一切的 i 和一切的 j 都成立。

由①和②可得

$$a_{i_1j_1}\leqslant a_{i_1j_2}\leqslant a_{i_2j_2} \tag{③}$$

$$a_{i_2j_2}\leqslant a_{i_2j_1}\leqslant a_{i_1j_1} \tag{④}$$

由③和④得

$$a_{i_1j_1}=a_{i_2j_2}$$

性质 2 的证明：

性质 2　可交换性。即若（α_{i_1}，β_{j_1}）和（α_{i_2}，β_{j_2}）是对策 G 的两个解，则（α_{i_1}，β_{j_2}）和（α_{i_2}，β_{j_1}）也是解。

证明　因（α_{i_1}，β_{j_1}）和（α_{i_2}，β_{j_2}）是对策 G 的两个解，由性质 1 有

$$a_{i_1j_1}=a_{i_2j_2}$$

由③和④得

$$a_{ij_2}\leqslant a_{i_1j_2}\leqslant a_{i_1j}$$

对一切 i 和一切 j 成立。

因此（α_{i_1}，β_{j_2}）是对策 G 的解。

同理可证（α_{i_2}，β_{j_1}）也是对策 G 的解。

14.5　解：

设矩阵对策 $G = \{S_1,\ S_2,\ A\}$，其中 $S_1 = \{\alpha_1,\ \alpha_2,\ \alpha_3\}$，$S_2 = \{\beta_1,\ \beta_2,\ \beta_3\}$，$S_1$ 表示甲的对策，S_2 表示乙的对策。

在赢得矩阵上计算有

$$
\begin{array}{c}
& \begin{array}{ccc} \beta_1 & \beta_2 & \beta_3 \end{array} & \min \\
\begin{array}{c} \alpha_1 \\ \alpha_2 \\ \alpha_3 \end{array}
& \left[\begin{array}{ccc} 10 & -1 & 3 \\ 12 & 10 & -5 \\ 6 & 8 & 5 \end{array}\right]
& \begin{array}{c} -1 \\ -5 \\ 5^* \end{array} \\
\max & \begin{array}{ccc} 12 & 10 & 5^* \end{array}
\end{array}
$$

于是

$$\max_i \min_j \alpha_{ij} = \min_j \max_i \alpha_{ij} = a_{i^* j^*} = 5$$

其中 $i^* = 3$，$j^* = 3$，故 $(\alpha_3,\ \beta_3)$ 是对策的解，且 $V_G = 5$。即甲企业的最优策略为"推出新产品"，乙企业的最优策略为"改进产品性能"。

14.6　证明：

定理 2：矩阵对策 $G = \{S_1,\ S_2,\ A\}$ 在混合策略意义下有解的充要条件是：存在 $X^* \in S_1^*$，$Y^* \in S_2^*$，使 $(X^*,\ Y^*)$ 为函数 $E(X,\ Y)$ 的一个鞍点，即对一切 $X^* \in S_1^*$，$Y^* \in S_2^*$，有

$$E(X,\ Y^*) \leqslant E(X^*,\ Y^*) \leqslant E(X^*,\ Y)$$

证明　先证明充分性，由于对任意 i，j 均有

$$E(X,\ Y^*) \leqslant E(X^*,\ Y^*) \leqslant E(X^*,\ Y)$$

故 $\max\limits_{X \in S_1} E(X,\ Y^*) \leqslant E(X^*,\ Y^*) \leqslant \min\limits_{Y \in S_2} E(X^*,\ Y)$

又因为

$$\min_{X \in S_1} \max_{Y \in S_2} E(X,\ Y) \leqslant \max_{X \in S_1} E(X^*,\ Y^*)$$

$$\min_{Y \in S_2} E(X^*,\ Y) \leqslant \max_{X \in S_1} \min_{Y \in S_2} E(X,\ Y)$$

所以 $\min\limits_{Y \in S_2} \max\limits_{X \in S_1} E(X,\ Y) \leqslant E(X^*,\ Y^*) \leqslant \max\limits_{X \in S_1} \min\limits_{Y \in S_2} E(X,\ Y)$

又因为

$$\max_{X \in S_1} \min_{Y \in S_2} E(X,\ Y) \leqslant \min_{Y \in S_2} \max_{X \in S_1} E(X,\ Y)$$

故 $\max\limits_{X \in S_1} \min\limits_{Y \in S_2} E(X,\ Y) = \min\limits_{Y \in S_2} \max\limits_{X \in S_1} E(X,\ Y) = E(X^*,\ Y^*)$

且 $V_G = E(X^*,\ Y^*)$

必要性：设有 $X^* \in S_1^*$，$Y^* \in S_2^*$，使得

$$\min_{Y \in S_2} E(X^*,\ Y) < \max_{X \in S_1} \min_{Y \in S_2} E(X,\ Y)$$

$$\max_{X \in S_1} E(X,\ Y^*) = \min_{Y \in S_2} \max_{X \in S_1} E(X,\ Y)$$

则由 $\max\limits_{X\in S_1}\min\limits_{Y\in S_2}E(X,\ Y)=\min\limits_{Y\in S_2}\max\limits_{X\in S_1}E(X,\ Y)$

有 $\max\limits_{X\in S_1}E(X,\ Y^*)=\min\limits_{Y\in S_2}E(X,\ Y^*)\leqslant E(X^*,\ Y^*)\leqslant\max\limits_{X\in S_1}E(X,\ Y^*)=\min\limits_{Y\in S_2}E(X^*,\ Y)$

所以对于任意 $X\in S_1$，$Y\in S_2$，有

$$E(X,\ Y^*)\leqslant\max\limits_{X\in S_1}E(X,\ Y^*)\leqslant E(X^*,\ Y^*)\leqslant\min\limits_{Y\in S_2}E(X^*,\ Y^*)\leqslant E(X^*,\ Y)$$

即 $E(X,\ Y^*)\leqslant E(X^*,\ Y^*)\leqslant E(X^*,\ Y)$

14.7　证明：

定理 4　设 $X^*\in S_1^*$，$Y^*\in S_2^*$，则 $(X^*,\ Y^*)$ 为 G 的解的充要条件是：存在数 V，使得 X^* 和 Y^* 分别是不等式组（Ⅰ）和（Ⅱ）的解，且 $V=V_G$。

$$(\text{Ⅰ})\begin{cases}\sum\limits_i a_{ij}x_i\geqslant V(j=1,\cdots,n)\\[2mm]\sum\limits_i x_i=1\\[2mm]x_i\geqslant 0(i=1,\cdots,m)\end{cases}$$

$$(\text{Ⅱ})\begin{cases}\sum\limits_j a_{ij}y_j\leqslant V(j=1,\cdots,m)\\[2mm]\sum\limits_j y_j=1\\[2mm]y_j\geqslant 0(j=1,\cdots,n)\end{cases}$$

证明　由定理 3，设 $X^*\in S_1^*$，$Y^*\in S_2^*$，则 $(X^*,\ Y^*)$ 是 G 的解的充要条件是：对任意 $i=1,\ \cdots,\ m$ 和 $j=1,\ \cdots,\ n$，有

$$E(i,\ Y^*)\leqslant E(X^*,\ Y^*)\leqslant E(X^*,\ j)$$

而

$$E(i,\ Y)=\sum\limits_j a_{ij}y_j(i=1,\ \cdots,\ m)$$

$$E(X,\ j)=\sum\limits_i a_{ij}x_i(j=1,\ \cdots,\ n)$$

则 $E(i,\ Y^*)\leqslant E(X^*,\ Y^*)$

等价于不等式组

$$\begin{cases}\sum\limits_j a_{ij}y_j\leqslant V(j=1,\cdots,m)\\[2mm]\sum\limits_j y_j=1\\[2mm]y_j\geqslant 0(j=1,\cdots,n)\end{cases}$$

的解

$$E(i,\ Y^*)\leqslant E(X^*,\ Y^*)$$

等价于不等式组

$$\begin{cases} \sum_i a_{ij}x_i \geqslant V(j = 1, \cdots, n) \\ \sum_i x_i = 1 \\ x_i \geqslant 0 (i = 1, \cdots, m) \end{cases}$$

的解。

14.8 证明：

定理 7 设有两个矩阵对策

$G_1 = \{S_1, S_2; A_1\}, \ G_2 = \{S_1, S_2; A_2\}$

其中 $A_1 = (a_{ij})$，$A_2 = (a_{ij} + L)$，L 为任一常数，则

（1） $V_{G_2} = V_{G_1} + L$

（2） $T(G_1) = T(G_2)$

证明 （1） A_1 对应的局中人 I 的赢得函数记为

$$E_1(X, Y) = \sum_i \sum_j a_{ij} x_i y_j$$

A_2 对应的局中人 I 的赢得函数记为

$$\begin{aligned} E_2(X, Y) &= \sum_i \sum_j (a_{ij} + L) x_i y_j \\ &= \sum_i \sum_j a_{ij} x_i y_j + \sum_i \sum_j L x_i y_j \\ &= E_1(X, Y) + \sum_i \left(x_i L \sum_j y_j \right) \\ &= E_1(X, Y) + \sum_i x_i L \left(\because \sum_j y_j = 1 \right) \\ &= E_1(X, Y) + L \left(\therefore \sum_i x_i = 1 \right) \end{aligned}$$

即 $E_2(X, Y) = E_1(X, Y) + L$

又因为 $\max\limits_{X \in S_1} E_2(X, Y) = \max\limits_{X \in S_1^*}(E_1(X, Y) + d) = \max\limits_{X \in S_1^*} E_1(X, Y) + d$

$\min\limits_{Y \in S_2^*} \max\limits_{X \in S_1^*} E_2(X, Y) = \min\limits_{Y \in S_2^*}(\max\limits_{X \in S_1^*} E_1(X, Y) + d) = \min\limits_{Y \in S_2^*} \max\limits_{X \in S_1^*} E_1(X, Y) + d$

即 $V_{G_2} = V_{G_1} + L$。

（2） 因矩阵 A_1 和矩阵 A_2 的元素一一对应，因而两个对策具有完全相同的对策集合，则

$$T(G_1) = T(G_2)$$

定理 8 设有两个矩阵对策

$G_1 = \{S_1, S_2; A_1\}, \ G_2 = \{S_1, S_2; A_2\}$

其中 $a > 0$ 为任一常数，则

（1） $V_{G_2} = a V_{G_1}$

（2） $T(G_1) = T(G_2)$

证明 （1）A_1 对应的局中人 Ⅰ 的赢得函数记为

$$E_1(X, Y) = \sum_i \sum_j a_{ij} x_i y_j$$

A_2 对应的局中人 Ⅰ 的赢得函数记为

$$E_2(X, Y) = \sum_i \sum_j (aa_{ij}) x_i y_j = a \sum_i \sum_j a_{ij} x_i y_j = aE_1(X, Y)$$

即 $E_2(X, Y) = aE_1(X, Y)$

又因为 $\max\limits_{X \in S_1^*} E_2(X, Y) = \max(aE_1(X, Y)) = a \max\limits_{X \in S_1^*} E_1(X, Y)$

$$\min_{Y \in S_2^*} \max_{X \in S_1^*} E_2(X, Y) = \min_{Y \in S_2^*} (a \max_{X \in S_1^*} E_1(X, Y)) = a \min_{Y \in S_2^*} \max_{X \in S_1^*} E_1(X, Y)$$

即 $V_{G_2} = aV_{G_1}$

（2）因矩阵 A 和矩阵 aA 的元素一一对应，因而两个对策具有完全相同的混合策略集合，则

$$T(G_1) = T(G_2)$$

定理 9 设 $G = \{S_1, S_2, A\}$ 为一矩阵对策，且 $A = -A^T$ 为斜对称矩阵（亦称这种对策为对称对策），则

（1）$V_G = 0$

（2）$T_1(G) = T_2(G)$

证明 （1）因为 $A = -A^T$，则当 $i = j$ 时，$a_{ij} = -a_{ij}$，则 $a_{ij} = 0$，当 $i \neq j$ 时，$a_{ij} = -a_{ji}$

由题设

$$E(X, Y) = \sum_{i=1}^m \sum_{j=1}^m a_{ij} x_i y_j = \sum_{j=1}^m \sum_{i=1}^m a_{ji} x_j y_i$$

$$= \sum_{j=1}^m \sum_{i=1}^m (-a_{ij}) x_j y_i = -\sum_{j=1}^m \sum_{i=1}^m a_{ij} y_i x_j = -E(Y, X)$$

由上式乘 (-1) 并重新排列得

$$E(Y, X^*) \leqslant E(X^*, Y^*) \leqslant E(Y^*, X)$$

即 Y^* 成了对策者 Ⅰ 的最优策略，X^* 成了对策者 Ⅱ 的最优策略。

又由于

$$E(X^*, Y^*) = -E(Y^*, X^*) = V_G$$

即 $V_G = -V_G$

则 $V_G = 0$

（2）由 $E(X, Y^*) \leqslant E(X^*, Y^*) \leqslant E(X^*, Y)$，即 X^* 为对策者 Ⅰ 的最优策略，Y^* 为对策者 Ⅱ 的最优策略。

而由题设有

$$E(Y, X^*) \leqslant E(X^*, Y^*) \leqslant E(Y^*, X)$$

即 Y^* 为对策者 Ⅰ 的最优策略，X^* 为对策者 Ⅱ 的最优策略。

由对称性有

$$T_1(G) = T_2(G)$$

14.9　证明：

在 $A = \begin{bmatrix} a_{11} & a_{12} \\ a_{21} & a_{22} \end{bmatrix}$ 中，不妨设主对角线上的每一个元素均大于副主对角线上的每一个元素，即 $a_{11} > a_{12}$，$a_{11} > a_{21}$，$a_{22} > a_{12}$，$a_{22} > a_{21}$

则 $(a_{11} + a_{22}) - (a_{12} + a_{21}) > 0$

鞍点不存在的充要条件是有一条对角线上的每一个元素均大于另一条对角线上的每一个元素。且

$$x_1^* = \frac{a_{22} - a_{21}}{(a_{11} + a_{22}) - (a_{12} + a_{21})} > 0$$

$$x_2^* = \frac{a_{11} - a_{12}}{(a_{11} + a_{22}) - (a_{12} + a_{21})} > 0$$

$$y_1^* = \frac{a_{22} - a_{12}}{(a_{11} + a_{22}) - (a_{12} + a_{21})} > 0$$

$$y_2^* = \frac{a_{11} - a_{21}}{(a_{11} + a_{22}) - (a_{12} + a_{21})} > 0$$

即若 $X^* = (x_1^*,\ x_2^*)^T$ 和 $Y^* = (y_1^*,\ y_2^*)^T$ 是 G 的解，则

$x_i^* > 0$，$i = 1, 2$；$y_j^* > 0$，$j = 1, 2$

14.10　证明：

由于 A 为 2×2 对策，若存在鞍点，则鞍点为所在行的最小值，所在列的最大值，即

$$a_{ij^*} \leqslant a_{i^*j^*} \leqslant a_{i^*j}$$

不妨设 a_{11} 不为鞍点的值，则

$$\begin{cases} a_{11} \leqslant a_{12} \\ a_{11} \geqslant a_{21} \end{cases}$$

有一个不等式不成立。

不妨设 $\begin{cases} a_{11} > a_{12} \\ a_{11} \geqslant a_{21} \end{cases}$

由 a_{21} 不为鞍点的值，则 $\begin{cases} a_{21} \leqslant a_{22} \\ a_{21} \geqslant a_{11} \end{cases}$ ①

有一个不等式不成立，不妨设 $\begin{cases} a_{21} \leqslant a_{11} \\ a_{21} > a_{11} \end{cases}$ ②

由式①、式②可得 $\begin{cases} a_{11} > a_{12} \\ a_{11} > a_{21} \end{cases}$

同理可证 $\begin{cases} a_{22} > a_{12} \\ a_{22} > a_{21} \end{cases}$

即 A 为 2×2 对策，则不存在鞍点的充要条件为：有一条对角线上的每一个元素均大于另一条对角线上的每一个元素。

14.11　解：

2×2 对策中局中人 I 的赢得矩阵为

$$A = \begin{bmatrix} a_{11} & a_{12} \\ a_{21} & a_{22} \end{bmatrix}$$

由定理 6 可知，为求最优混合策略可求下列等式组

（Ⅰ） $\begin{cases} a_{11} x_1 + a_{21} x_2 = \nu \\ a_{12} x_1 + a_{22} x_2 = \nu \\ x_1 + x_2 = 1 \end{cases}$

（Ⅱ） $\begin{cases} a_{11} y_1 + a_{12} y_2 = \nu \\ a_{21} y_1 + a_{22} y_2 = \nu \\ y_1 + y_2 = 1 \end{cases}$

当矩阵 A 不存在鞍点时，一定有严格非负解。

由方程组（Ⅰ）得

$$\begin{cases} (a_{11} - a_{12}) x_1 + (a_{21} - a_{22}) x_2 = 0 \\ x_1 + x_2 = 1 \end{cases}$$

此方程组等价于

$$\begin{cases} (a_{11} - a_{12}) x_1 + (a_{21} - a_{22}) x_2 = 0 \\ (a_{11} - a_{12}) x_1 + (a_{11} - a_{12}) x_2 = a_{11} - a_{12} \end{cases}$$

则 $[(a_{11} - a_{12}) + (a_{11} - a_{12})] x_2 = a_{11} - a_{12}$

即 $x_2 = \dfrac{a_{11} - a_{12}}{(a_{11} + a_{22}) - (a_{12} + a_{21})}$

故 $x_2^* = \dfrac{a_{11} - a_{12}}{(a_{11} + a_{22}) - (a_{12} + a_{21})}$

$x_1^* = \dfrac{a_{22} - a_{21}}{(a_{11} + a_{22}) - (a_{12} + a_{21})} > 0$

则 $x_1 = 1 - x_2 = 1 - \dfrac{a_{11} - a_{12}}{(a_{11} + a_{22}) - (a_{12} + a_{21})} = \dfrac{a_{22} - a_{21}}{(a_{11} + a_{22}) - (a_{12} + a_{21})}$

由方程组（Ⅱ）与方程组（Ⅰ）的对等性，有

$y_1^* = \dfrac{a_{22} - a_{12}}{(a_{11} + a_{22}) - (a_{12} + a_{21})}$

$$y_2^* = \frac{a_{11} - a_{21}}{(a_{11} + a_{22}) - (a_{12} + a_{21})}$$

把 $X^* = (x_1^*, x_2^*)$ 代入方程组（Ⅰ）中的第一个等式得

$$V_G = a_{11} \cdot \frac{a_{22} - a_{21}}{(a_{11} + a_{22}) - (a_{12} + a_{21})} + a_{21} \cdot \frac{a_{11} - a_{12}}{(a_{11} + a_{22}) - (a_{12} + a_{21})}$$

$$= \frac{a_{11} \cdot a_{22} - a_{11}a_{21} + a_{21}a_{11} - a_{21}a_{12}}{(a_{11} + a_{22}) - (a_{12} + a_{21})} = \frac{a_{11}a_{22} - a_{12}a_{21}}{(a_{11} + a_{22}) - (a_{12} + a_{21})}$$

即 $a_{11} > a_{12}$，$a_{11} > a_{21}$，$a_{22} > a_{21}$，$a_{22} > a_{12}$

由 y^* 与 x^* 的对等性

$$y_1^* > 0, \quad y_2^* > 0$$

则 A 为 2×2 对策，且不存在鞍点，若 $X^* = (x_1^*, x_2^*)^T$ 和 $Y^* = (y_1^*, y_2^*)^T$ 是 A 的解，则

$$x_i^* > 0, \quad i = 1, 2; \quad y_j^* > 0, \quad j = 1, 2$$

14.12　证明：

由题意

$$a_{ij} = \begin{cases} 1 & (i \neq j) \\ -1 & (i = j) \end{cases}$$

$$则 A = \begin{bmatrix} -1 & +1 & +1 & \cdots & +1 \\ +1 & -1 & +1 & \cdots & +1 \\ \cdots & \cdots & \cdots & \vdots & \cdots \\ +1 & +1 & +1 & \cdots & -1 \end{bmatrix}$$

易知，A 没有鞍点，设最优混合策略为

$$X^* = (x_1^*, x_2^*, \cdots, x_m^*)^T$$

和

$$Y^* = (y_1^*, y_2^*, \cdots, y_m^*)^T$$

从矩阵 A 的元素来看，每个局中人选取每个纯策略的可能性都是存在的，故可假定 $x_i^* > 0$ 和 $y_j^* > 0$（$i = 1, \cdots, m$；$j = 1, \cdots, m$），于是有线性方程组

$$（Ⅰ） \begin{cases} -x_1 + x_2 + x_3 + \cdots + x_m = \nu \\ x_1 - x_2 + x_3 + \cdots + x_m = \nu \\ \cdots \\ x_1 + x_2 + x_3 + \cdots - x_m = \nu \\ x_1 + x_2 + x_3 + \cdots + x_m = 1 \end{cases}$$

和

$$（Ⅱ）\begin{cases} -y_1 + y_2 + y_3 + \cdots + y_m = \nu \\ y_1 - y_2 + y_3 + \cdots + y_m = \nu \\ \cdots \\ y_1 + y_2 + y_3 + \cdots - y_m = \nu \\ y_1 + y_2 + y_3 + \cdots + y_m = 1 \end{cases}$$

由方程组（Ⅰ）的第一个等式和第二个等式可得

$$-x_1 + x_2 + x_3 + \cdots x_m = x_1 - x_2 + x_3 + \cdots + x_m$$

即 $x_1 = x_2$

依此类推得 $x_1 = x_2 = \cdots = x_m$

又因为 $x_1 + x_2 + x_3 + \cdots + x_m = 1$

故 $x_1 = x_2 = \cdots = x_m = \dfrac{1}{m}$

同理可得 $y_1 = y_2 = \cdots = y_m = \dfrac{1}{m}$

则此对策的最优策略为

$$X^* = Y^* = \left(\frac{1}{m}, \ \frac{1}{m}, \ \cdots, \ \frac{1}{m} \right)^T$$

把 X^* 代入方程组（Ⅰ）中的第一个等式得

$$V_G = -\frac{1}{m} + \underbrace{\frac{1}{m} + \cdots + \frac{1}{m}}_{m-1} = \frac{m-2}{m}$$

14.13　解：

（1）对于 A，由于第 3 列的元素优超于第 4 列的元素，第 1 列的元素又优超于第 3 列的元素，故可划去第 3、第 4 列的元素，得到新的赢得矩阵

$$A_1 = \begin{bmatrix} 1 & 0 \\ -1 & 4 \\ 2 & 2 \\ 0 & 4 \end{bmatrix}$$

对于 A_1，第 3 行的元素优超于第 1 行的元素，第 4 行的元素优超于第 2 行的元素，故可划去第 1 行和第 2 行，得到新的赢得矩阵为

$$A_2 = \begin{bmatrix} 2 & 2 \\ 0 & 4 \end{bmatrix}$$

对于 A_2，第 1 列优超于第 2 列，故可划去第 2 列，得到 $A_3 = [2, 0]^T$，对于 A_3，第 1 行优超于第 2 行，故可划去第 2 行，得到 $A_4 = [2]$，故原矩阵对策的解为 (α_3, β_1)，$V_G = 2$。

（2）由于第 3 行优超于第 2 行，第 4 行优超于第 1 行，故可划去第 1 行和第 2 行，

得到新的赢得矩阵

$$A_1 = \begin{bmatrix} 7 & 3 & 9 & 5 & 9 \\ 4 & 6 & 8 & 7 & 6 \\ 6 & 0 & 8 & 8 & 3 \end{bmatrix}$$

对于 A_1，由于第 1 列优超于第 3 列，第 2 列优超于第 5 列，故划去第 3 列和第 5 列，得到新的赢得矩阵

$$A_2 = \begin{bmatrix} 7 & 3 & 5 \\ 4 & 6 & 7 \\ 6 & 0 & 8 \end{bmatrix}$$

对于 A_2，由于第 2 列优超于第 3 列，故划去第 3 列，得到新的赢得矩阵

$$A_3 = \begin{bmatrix} 7 & 3 \\ 4 & 6 \\ 6 & 0 \end{bmatrix}$$

对于 A_3，由于第 1 行优超于第 3 行，故划去第 3 行，得到新的赢得矩阵

$$A_4 = \begin{bmatrix} 7 & 3 \\ 4 & 6 \end{bmatrix}$$

对于 A_4，则有公式

$$x_1^* = \frac{a_{22} - a_{21}}{(a_{11} + a_{22}) - (a_{12} + a_{21})} = \frac{1}{3}$$

$$x_2^* = 1 - x_1^* = \frac{2}{3}$$

$$y_1^* = \frac{a_{22} - a_{12}}{(a_{11} + a_{22}) - (a_{12} + a_{21})} = \frac{1}{2}$$

$$y_2^* = 1 - y_1^* = \frac{1}{2}$$

由于 A_4 是由 A 的第 3、第 4 行和第 1、第 2 列组成的子矩阵，故矩阵对策的最优解为

$$X^* = \left(0,\ 0,\ \frac{1}{3},\ \frac{2}{3},\ 0\right)^T,\ Y^* = \left(\frac{1}{2},\ \frac{1}{2},\ 0,\ 0,\ 0\right)^T$$

$$V_G = 5$$

14.14　解：

（1）　

$$A = \begin{array}{c} \\ \alpha_1 \\ \alpha_2 \\ \alpha_3 \\ \alpha_4 \end{array} \begin{array}{cc} \beta_1 & \beta_2 \\ \begin{bmatrix} 2 & 4 \\ 2 & 3 \\ 3 & 2 \\ -2 & 6 \end{bmatrix} \end{array}$$

对于 A，第 1 行优超于第 2 行，因此，划去第 2 行，得到

$$A_1 = \begin{array}{c} \alpha_1 \\ \alpha_3 \\ \alpha_4 \end{array} \begin{array}{cc} \beta_1 & \beta_2 \\ \begin{bmatrix} 2 & 4 \\ 3 & 2 \\ -2 & 6 \end{bmatrix} \end{array}$$

设局中人 Ⅱ 的混合策略为 $\begin{pmatrix} y \\ 1-y \end{pmatrix}$

$2y + 4(1-y) = \nu, \ 3y + 2(1-y) = \nu, \ -2y + 6(1-y) = \nu$

即 $-2y + 4 = \nu, \ y + 2 = \nu, \ -8y + 6 = \nu$

根据最不利当中选取最有利的原则，局中人 Ⅱ 的最优选择就是如何确定 y，以便三个纵坐标值中的最大值尽可能地小。为求出对策值 V_G，联立过两条线段 α_1 和 α_3 所确定的方程

$$\begin{cases} y + 2 = V_G \\ -2y + 4 = V_G \end{cases}$$

解得 $y = \dfrac{2}{3}, \ V_G = \dfrac{8}{3}$

故局中人 Ⅱ 的最优策略为 $\left(\dfrac{2}{3}, \ \dfrac{1}{3} \right)^T$。

此外，局中人 Ⅰ 的最优混合策略只由 α_1 和 α_3 组成，则

$$\begin{cases} 2x_1 + 3x_3 = \dfrac{8}{3} \\ 4x_1 + 2x_3 = \dfrac{8}{3} \\ x_1 + x_3 = 1 \end{cases}$$

则 $2x_1 + 3x_3 = 4x_1 + 2x_3, \ x_1 = \dfrac{1}{2} x_3$

又因为 $x_1 + x_3 = 1$，所以 $2x_3 + x_3 = 1$，所以 $x_3 = \dfrac{2}{3}, \ x_1 = \dfrac{1}{3}$。

从而局中人 Ⅰ 的最优混合策略为 $X^* = \left(\dfrac{1}{3}, \ 0, \ \dfrac{2}{3}, \ 0 \right)^T$。

（2）

$$A = \begin{array}{c} \alpha_1 \\ \alpha_2 \\ \alpha_3 \end{array} \begin{array}{ccc} \beta_1 & \beta_2 & \beta_3 \\ \begin{bmatrix} 5 & 7 & -6 \\ -6 & 0 & 4 \\ 7 & 8 & -5 \end{bmatrix} \end{array}$$

A 的第 1 列优超于第 2 列，故划去第 2 列，得 A_1 为

$$A_1 = \begin{array}{c} \\ \alpha_1 \\ \alpha_2 \\ \alpha_3 \end{array} \begin{array}{c} \beta_1 \quad \beta_3 \\ \left[\begin{array}{cc} 5 & -6 \\ -6 & 4 \\ 7 & -5 \end{array}\right] \end{array}$$

A_1 的第 3 行优超于第 1 行，故划去第 1 行，得 A_2 为

$$A_2 = \begin{array}{c} \\ \alpha_2 \\ \alpha_3 \end{array} \begin{array}{c} \beta_1 \quad \beta_3 \\ \left[\begin{array}{cc} -6 & 4 \\ 7 & -5 \end{array}\right] \end{array}$$

设局中人 II 的混合策略为 $\begin{pmatrix} y \\ 1-y \end{pmatrix}$，则

$$\begin{cases} -6y + 4(1-y) = \nu(\alpha_2) \\ 7y - 5(1-y) = \nu(\alpha_3) \end{cases}$$

即 $\begin{cases} -10y + 4 = \nu(\alpha_2) \\ 12y - 5 = \nu(\alpha_3) \end{cases}$

由

$$\begin{cases} -10y + 4 = V_G \\ 12y - 5 = V_G \end{cases}$$

得 $y = \dfrac{9}{22}$，$V_G = -\dfrac{1}{11}$

则局中人 II 的最优策略为 $\left(\dfrac{9}{22},\ 0,\ \dfrac{13}{22}\right)^T$。

此外，局中人 I 的最优混合策略由 α_2 和 α_3 组成，则

$$\begin{cases} -6x_2 + 7x_3 = V_G = -\dfrac{1}{11} \\ 4x_2 - 5x_3 = V_G = -\dfrac{1}{11} \\ x_2 + x_3 = 1 \end{cases}$$

即 $\begin{cases} -6x_2 + 7x_3 = 4x_2 - 5x_3 \\ x_2 + x_3 = 1 \end{cases}$

故局中人 I 的最优混合策略集为 $X^* = \left(0,\ \dfrac{12}{22},\ \dfrac{10}{22}\right)^T$。

（3）

$$A = \begin{array}{c} \\ \alpha_1 \\ \alpha_2 \end{array} \begin{array}{c} \beta_1 \quad \beta_2 \quad \beta_3 \quad \beta_4 \\ \left[\begin{array}{cccc} 4 & 2 & 3 & -1 \\ -4 & 4 & 3 & 2 \end{array}\right] \end{array}$$

由于 A 中的第 2 列、第 3 列都被第 4 列优超，故除去第 2 列、第 3 列，得到新的赢得矩阵 A_1

$$A_1 = \begin{matrix} & \beta_1 & \beta_4 \\ \alpha_1 \\ \alpha_2 \end{matrix} \begin{bmatrix} 4 & -1 \\ -4 & 2 \end{bmatrix}$$

设局中人 I 的混合策略为 $\begin{pmatrix} x \\ 1-x \end{pmatrix}$，则

$$\begin{cases} 4x - 4(1-x) = \nu(\beta_1) \\ -x + 2(1-x) = \nu(\beta_4) \end{cases}$$

即 $\begin{cases} 8x - 4 = \nu(\beta_1) \\ -3x + 2 = \nu(\beta_4) \end{cases}$

由

$$\begin{cases} 8x - 4 = V_G \\ -3x + 2 = V_G \end{cases}$$

得 $x = \dfrac{6}{11}$, $V_G = \dfrac{4}{11}$

故局中人 I 的最优策略为 $X^* = \left(\dfrac{6}{11}, \dfrac{5}{11} \right)^T$。

此外，局中人 II 的最优策略由 β_1 和 β_4 组成，则

$$\begin{cases} 4y_1 - y_4 = V_G = \dfrac{4}{11} \\ -4y_1 + 2y_4 = V_G = \dfrac{4}{11} \\ y_1 + y_4 = 1 \end{cases}$$

即 $\begin{cases} 4y_1 - y_4 = V_G = -4y_1 + 2y_4 \\ y_1 + y_4 = 1 \end{cases}$

解得 $y_1 = \dfrac{3}{11}$, $y_4 = \dfrac{8}{11}$

故局中人 II 的最优混合策略为 $Y^* = \left(\dfrac{3}{11}, 0, 0, \dfrac{8}{11} \right)^T$。

（4） $$A_1 = \begin{matrix} & \beta_1 & \beta_2 & \beta_3 \\ \alpha_1 \\ \alpha_2 \end{matrix} \begin{bmatrix} 1 & 3 & 11 \\ 8 & 5 & 2 \end{bmatrix}$$

设局中人 I 的混合策略为 $\begin{pmatrix} x \\ 1-x \end{pmatrix}$, $x \in [0, 1]$，过数轴上坐标 0 和 1 的两点分别作两条垂线 I – I 和 II – II，垂线上点的纵坐标值分别表示局中人 I 采取纯策略 α_1 和 α_2 时，局中人 II 采取各种纯策略的赢得值。则当局中人 I 选择每一策略 $\begin{pmatrix} x \\ 1-x \end{pmatrix}$ 时，他的

最少可能收入为局中人 II 选择 β_1、β_2、β_3 时所确定的三条直线。

$$\begin{cases} 2-x+8(1-x)=\nu(\beta_1) \\ 3x+5(1-x)=\nu(\beta_2) \\ 11x+2(1-x)=\nu(\beta_3) \end{cases}$$

在 x 处的纵坐标中之最小者。

对局中人 I 而言，他的最优选择为确定 x 使他的收入尽可能多，按最小最大原则，联立过两条线段 β_2 和 β_3 所确定的方程

$$\begin{cases} -2x+5=V_G(\beta_2) \\ 9x+2=V_G(\beta_3) \end{cases}$$

解得 $x=\dfrac{3}{11}$，$V_G=\dfrac{49}{11}$

故局中人 I 的最优策略为 $X^*=\left(\dfrac{3}{11},\ \dfrac{8}{11}\right)^T$。

此外，局中人 II 的最优混合策略只由 β_2 和 β_3 组成，则

$$\begin{cases} 3y_2+11y_3=V_G=\dfrac{49}{11} \\ 5y_2+2y_3=V_G=\dfrac{49}{11} \\ y_2+y_3=1 \end{cases}$$

即 $\begin{cases} 3y_2+11y_3=5y_2+2y_3 \\ y_2+y_3=1 \end{cases}$

解得 $y_2=\dfrac{9}{11}$，$y_3=\dfrac{2}{11}$

又因为 $y_1=0$，故局中人 II 的最优混合策略为 $Y^*=\left(0,\ \dfrac{9}{11},\ \dfrac{2}{11}\right)^T$。

14.15 解：

（1）设有两个矩阵对策

$G_1=\{S_1,\ S_2;\ A_1\}$，$G_2=\{S_1,\ S_2;\ A_2\}$

其中 $A_1=(a_{ij})$，$A_2=(a_{ij}+L)$，L 为任一常数，则

（i）$V_{G_2}=V_{G_1}+L$

（ii）$T(G_1)=T(G_2)$

已知

$$A=\begin{bmatrix} 4 & 0 & 0 \\ 0 & 0 & 8 \\ 0 & 6 & 0 \end{bmatrix}$$

A 矩阵的每个元素加上 2，可得矩阵：

$$\begin{bmatrix} 6 & 2 & 2 \\ 2 & 2 & 10 \\ 2 & 8 & 2 \end{bmatrix}$$　　　　　　①

①矩阵对策的解为

$$X^* = \left(\frac{6}{13}, \frac{3}{13}, \frac{4}{13} \right)^T, \quad Y^* = \left(\frac{6}{13}, \frac{4}{13}, \frac{3}{13} \right)^T$$

对策值为 $V_1 = V_A + 2 = \dfrac{50}{13}$

（2）A 矩阵中每个元素减去 2 可得矩阵

$$\begin{bmatrix} -2 & -2 & 2 \\ 6 & -2 & -2 \\ -2 & 4 & -2 \end{bmatrix}$$　　　　　②

故由上述定理可知，②矩阵对策的解为

$$X^* = \left(\frac{6}{13}, \frac{3}{13}, \frac{4}{13} \right)^T, \quad Y^* = \left(\frac{6}{13}, \frac{4}{13}, \frac{3}{13} \right)^T$$

对策值为 $V_2 = V_A - 2 = -\dfrac{2}{13}$

（3）将 A 矩阵中的每个元素乘以 3，再加上 20 可得矩阵

$$\begin{bmatrix} 32 & 20 & 20 \\ 20 & 20 & 44 \\ 20 & 38 & 20 \end{bmatrix}$$　　　　　③

设有两个矩阵对策

$G_1 = \{ S_1, S_2; A \}, \quad G_2 = \{ S_1, S_2; aA \}$

其中 $a > 0$ 为任一常数，则

（ⅰ）$V_{G_2} = a V_{G_1}$

（ⅱ）$T(G_1) = T(G_2)$

由上述两个定理结合可得：

设有两个矩阵对策

$G_1 = \{ S_1, S_2; A \}, \quad G_2 = \{ S_1, S_2; aA + b \}$

其中 $a > 0$ 为任一常数，b 为任一常数，则

（ⅰ）$V_{G_2} = a V_{G_1} + b$

（ⅱ）$T(G_1) = T(G_2)$

故可得③矩阵对策的解为

$$X^* = \left(\frac{6}{13}, \frac{3}{13}, \frac{4}{13} \right)^T, \quad Y^* = \left(\frac{6}{13}, \frac{4}{13}, \frac{3}{13} \right)^T$$

对策值为 $V_C = 3 V_A + 20 = \dfrac{332}{13}$

14.16　解：

（1）由题意

$$
\begin{array}{c}
\begin{array}{ccc} \beta_1 & \beta_2 & \beta_3 \end{array} \\
\begin{array}{c} x_1 \\ x_2 \\ x_3 \end{array}
\left[\begin{array}{ccc}
8 & 2 & 4 \\
2 & 6 & 6 \\
6 & 4 & 4
\end{array}\right]
\end{array}
$$

求解问题可化为两个互为对偶的线性规划问题。

$\min \omega = x_1 + x_2 + x_3$

$$(P)\begin{cases}
8x_1 + 2x_2 + 6x_3 \geqslant 1 \\
2x_1 + 6x_2 + 4x_3 \geqslant 1 \\
4x_1 + 6x_2 + 4x_3 \geqslant 1 \\
x_1, \ x_2, \ x_3 \geqslant 0
\end{cases}$$

$\max z = y_1 + y_2 + y_3$

$$(D)\begin{cases}
8y_1 + 2y_2 + 4y_3 \leqslant 1 \\
2y_1 + 6y_2 + 4y_3 \leqslant 1 \\
6y_1 + 4y_2 + 4y_3 \leqslant 1 \\
y_1, \ y_2, \ y_3 \geqslant 0
\end{cases}$$

用单纯形法解问题（D）

将问题（D）化为标准形式如下：

$\max(y_1 + y_2 + y_3 + 0y_4 + 0y_5 + 0y_6)$

$$\text{s. t.}\begin{cases}
8y_1 + 2y_2 + 4y_3 + y_4 = 1 \\
2y_1 + 6y_2 + 4y_3 + y_5 = 1 \\
6y_1 + 4y_2 + 4y_3 + y_6 = 1 \\
y_1, \ y_2, \ y_3, \ y_4, \ y_5, \ y_6 \geqslant 0
\end{cases}$$

用单纯形表对上述问题进行计算，如下表所示：

c_j			1	1	1	0	0	0	θ_i
C_B	Y_B	b	y_1	y_2	y_3	y_4	y_5	y_6	
0	y_4	1	[8]	2	4	1	0	0	$\frac{1}{8}$
0	y_5	1	2	6	6	0	1	0	$\frac{1}{2}$
0	y_6	1	6	4	4	0	0	1	$\frac{1}{6}$
$-z$		0	1	1	1	0	0	0	

1	y_1	$\frac{1}{8}$	1	$\frac{1}{4}$	$\frac{1}{2}$	$\frac{1}{8}$	0	0	$\frac{1}{2}$
0	y_5	$\frac{3}{4}$	0	$\frac{11}{2}$	5	$-\frac{1}{4}$	1	0	$\frac{3}{22}$
0	y_6	$\frac{1}{4}$	0	$\left[\frac{5}{2}\right]$	1	$-\frac{3}{4}$	0	1	$\frac{1}{10}$
$-z$		$-\frac{1}{8}$	0	$\frac{3}{4}$	$\frac{1}{2}$	$-\frac{1}{8}$	0	0	

1	y_1	$\frac{1}{10}$	1	0	$\frac{2}{5}$	$\frac{1}{5}$	0	$-\frac{1}{10}$	$\frac{1}{4}$
0	y_5	$\frac{1}{5}$	0	0	$\left[\frac{14}{5}\right]$	$\frac{7}{5}$	1	$-\frac{11}{5}$	$\frac{1}{14}$
1	y_2	$\frac{1}{10}$	0	1	$\frac{2}{5}$	$-\frac{3}{10}$	0	$\frac{2}{5}$	$\frac{1}{4}$
$-z$		$-\frac{1}{5}$	0	0	$\frac{1}{5}$	$\frac{1}{10}$	0	$-\frac{3}{10}$	

	c_j		1	1	1	0	0	0	θ_i
C_B	Y_B	b	y_1	y_2	y_3	y_4	y_5	y_6	
1	y_1	$\frac{1}{14}$	1	0	0	0	$-\frac{1}{7}$	$\frac{3}{14}$	
1	y_3	$\frac{1}{14}$	0	0	1	$\frac{1}{2}$	$\frac{5}{14}$	$-\frac{11}{14}$	
1	y_2	$\frac{1}{14}$	0	1	0	$-\frac{1}{2}$	$-\frac{1}{7}$	$\frac{5}{7}$	
$-z$		$-\frac{3}{14}$	0	0	0	0	$-\frac{1}{14}$	$-\frac{1}{7}$	

由上表可得，问题（D）已达到最优解

$$Y^* = \left(\frac{1}{14},\ \frac{1}{14},\ \frac{1}{14},\ 0,\ 0,\ 0\right)^T$$

目标函数的最优值 $\max z = \frac{3}{14}$

因为非基变量 y_4 的检验数 $\sigma_4 = 0$，故问题（D）有无穷多最优解。

由对偶问题的性质可得：

问题（P）的最优解为

$$x_1 = 0,\quad x_2 = \frac{1}{14},\quad x_3 = \frac{1}{7}$$

目标函数的最优值

$$\min\omega = \frac{3}{14}$$

故 $V_G = \dfrac{14}{3}$

则对策者 I 的最优混合策略为 $\dfrac{14}{3}\left(0,\ \dfrac{1}{14},\ \dfrac{1}{7}\right)^T$，即 $\left(0,\ \dfrac{1}{3},\ \dfrac{2}{3}\right)^T$。

对策者 II 的最优混合策略为 $\dfrac{14}{3}\left(\dfrac{1}{14},\ \dfrac{1}{14},\ \dfrac{1}{14}\right)^T$，即 $\left(\dfrac{1}{3},\ \dfrac{1}{3},\ \dfrac{1}{3}\right)^T$。

（2）由题意

$$
\begin{array}{c}
\begin{array}{ccc} y_1 & y_2 & y_3 \end{array} \\
\begin{array}{c} x_1 \\ x_2 \\ x_3 \end{array}
\begin{bmatrix} 2 & 0 & 2 \\ 0 & 3 & 1 \\ 1 & 2 & 1 \end{bmatrix}
\end{array}
$$

求解问题可化为两个互为对偶的线性规划问题。

$\min(x_1 + x_2 + x_3)$

$(\mathrm{P})\begin{cases} 2x_1x_3 \geqslant 1 \\ 3x_2 + 2x_3 \geqslant 1 \\ 2x_1 + x_2 + x_3 \geqslant 1 \\ x_1,\ x_2,\ x_3 \geqslant 0 \end{cases}$

$\max(y_1 + y_2 + y_3)$

$(\mathrm{D})\begin{cases} 2y_1 + 2y_3 \leqslant 1 \\ 3y_2 + y_3 \leqslant 1 \\ y_1,\ y_2,\ y_3 \geqslant 0 \end{cases}$

用单纯形法解问题（D）

将问题（D）化为标准形式如下：

$\max z = y_1 + y_2 + y_3 + 0y_4 + 0y_5 + 0y_6$

$\text{s. t.}\begin{cases} 2y_1 + 2y_3 + y_4 = 1 \\ 3y_2 + y_3 + y_5 = 1 \\ y_1 + 2y_2 + y_3 + y_6 = 1 \\ y_1,\ y_2,\ y_3,\ y_4,\ y_5,\ y_6 \geqslant 0 \end{cases}$

对于上述问题用单纯形表进行计算，如下表所示：

c_j			1	1	1	0	0	0	θ_i
C_B	Y_B	b	y_1	y_2	y_3	y_4	y_5	y_6	
0	y_4	1	[2]	0	2	1	0	0	$\dfrac{1}{2}$

c_j			1	1	1	0	0	0	θ_i
C_B	Y_B	b	y_1	y_2	y_3	y_4	y_5	y_6	
0	y_5	1	0	3	1	0	1	0	—
0	y_6	1	1	2	1	0	0	1	1
$-z$		0	1	1	1	0	0	0	

1	y_1	$\dfrac{1}{2}$	1	0	1	$\dfrac{1}{2}$	0	0	—
0	y_5	1	0	3	1	0	1	0	$\dfrac{1}{3}$
0	y_6	$\dfrac{1}{2}$	0	[2]	0	$-\dfrac{1}{2}$	0	1	$\dfrac{1}{4}$
$-z$		$-\dfrac{1}{2}$	0	1	0	$-\dfrac{1}{2}$	0	0	

1	y_1	$\dfrac{1}{2}$	1	0	1	$\dfrac{1}{2}$	0	0	—
0	y_5	$\dfrac{1}{4}$	0	0	1	$\dfrac{3}{4}$	1	$-\dfrac{3}{2}$	
1	y_2	$\dfrac{1}{4}$	0	1	0	$-\dfrac{1}{4}$	0	$\dfrac{1}{2}$	
$-z$		$-\dfrac{3}{4}$	0	0	1	$-\dfrac{1}{4}$	0	$-\dfrac{1}{2}$	

由上表可得，问题（D）已达到最优解

$$Y^* = \left(\frac{1}{2},\ \frac{1}{4},\ 0,\ 0,\ \frac{1}{4},\ 0 \right)^T$$

目标函数的最优值 $\max z = \dfrac{3}{4}$

由对偶问题的性质可得：

问题（P）的最优解为

$$x_1 = \frac{1}{4},\ x_2 = 0,\ x_3 = \frac{1}{2}$$

目标函数的最优值 $\min \omega = \dfrac{3}{4}$

则对策者 Ⅱ 的最优策略为 $\dfrac{4}{3}\left(\dfrac{1}{2},\ \dfrac{1}{4},\ 0 \right)^T$，即 $\left(\dfrac{2}{3},\ \dfrac{1}{3},\ 0 \right)^T$。

对策者 Ⅰ 的最优策略为 $\dfrac{4}{3}\left(\dfrac{1}{4},\ 0,\ \dfrac{1}{2} \right)$，即 $\left(\dfrac{1}{3},\ 0,\ \dfrac{2}{3} \right)$ 且 $V_G = \dfrac{1}{\frac{3}{4}} = \dfrac{4}{3}$。

参考文献

［1］运筹学教材编写组．运筹学（修订版）［M］．北京：清华大学出版社，1990.

［2］马仲蕃，魏权龄，赖炎连．数学规划讲义［M］．北京：中国人民大学出版社，1981.

［3］吴云从．随机存储的几个问题［J］．系统工程，1984（1）．

［4］黄孟藩．管理决策概论［M］．北京：中国人民大学出版社，1982.

［5］傅清样，王晓东．算法与数据结构［M］．北京：电子工业出版社，1998.

［6］俞玉森．数学规划的原理和方法［M］．武汉：华中工学院出版社，1985.

［7］田丰，马仲蕃．图与网络流理论［M］．北京：科学出版社，1987.

［8］J. A. 邦迪，U. S. R. 默蒂．图论及其应用［M］．吴望名，李念祖等译．北京：科学出版社，1984.

［9］马振华主编．现代应用数学手册（运筹学与最优化理论卷）［M］．北京：清华大学出版社，1998.

［10］顾基发，魏权龄．多目标决策问题［J］．应用数学与计算数学，1980（1）．

［11］郭耀煌等．运筹学与工程系统分析［M］．北京：中国建筑工业出版社，1986.

［12］帕帕季米特里乌，施泰格利茨．组合最优化：算法和复杂性［M］．刘振宏，蔡茂诚译．北京：清华大学出版社，1988.

［13］卢开澄．图论及其应用［M］．北京：清华大学出版社，1981.

［14］华罗庚．统筹方法平话及补充［M］．北京：中国工业出版社，1985.

［15］徐光辉．运筹学基础手册［M］．北京：科学出版社，1990.

［16］谢金星，邢文顺．网络优化［M］．北京：清华大学出版社，2000.

［17］姜青舫．实用决策分析［M］．贵阳：贵州人民出版社，1985.

［18］哈维·M. 瓦格纳．运筹学原理与应用（第二版）［M］．邓三瑞等译．北京：国防工业出版社，1992.

［19］宣家骥等．目标规划及其应用［M］．合肥：安徽教育出版社，1987.

［20］卢向南．项目计划与控制［M］．北京：机械工业出版社，2004.

［21］谢金星，邢文顺．网络优化［M］．北京：清华大学出版社，2000.

［22］P. A. 詹森，J. W. 巴恩斯．网络流规划［M］．孙东川译．北京：科学出版社，1988.

［23］张盛开．对策论及其应用［M］．武汉：华中科技大学出版社，1985.

［24］胡运权．运筹学习题集（第三版）［M］．北京：清华大学出版社，2002.

［25］弗雷德里克·S. 希利尔等．数据、模型与决策［M］．任建标等译．北京：中国财政经济出版社，2001.

［26］中国建筑学会建筑统筹管理分会．工程网络计划技术规程教程［M］．北京：中国建筑工业出版社，2000.

［27］胡运权．运筹学基础及应用（第三版）［M］．哈尔滨：哈尔滨工业大学出版社，1998.

［28］林文源．物料管理学［M］．澳门：澳门科技丛书出版社，1978.

［29］张盛开．矩阵对策初步［M］．上海：上海教育出版社，1980.

［30］郭耀煌等．运筹学原理与方法［M］．成都：西南交通大学出版社，1994.

［31］James O Berger. 统计决策论及贝叶斯分析［M］．贾乃光译．北京：中国统计出版社，1998.

［32］严颖，程世学，程侃．运筹学随机模型［M］．北京：中国人民大学出版社，1995.

［33］王众托等．网络计划技术［M］．沈阳：辽宁人民出版社，1984.

［34］Ignizio J P. 目标规划及其应用［M］．胡运权译．哈尔滨：哈尔滨工业大学出版社，1988.

［35］徐光辉．随机服务系统［M］．北京：科学出版社，1980.

［36］王日爽等．应用动态规划［M］．北京：国防工业出版社，1987.

［37］罗伯特·吉本斯．博弈论基础［M］．高峰译．北京：中国社会科学出版社，1999.

［38］Dreyfus S E, Law A M. The art and theory of Dynamic Programming［M］．Academic Press，1977.

［39］Ahuja R K, Magnanti T L & Orlin J B. Network Flows Theory Algorithms and Applications［M］．Prentice – Hall，1993.

［40］Bollobas B. Modern Graph Theory［M］．Grad Texts Math. Springer，1998.

［41］Bondy J A & Murty U S R. Graph Theory with Applications［M］．The Macmillan Press，1976.

［42］Chartrand G & Oellermann O R. Applied and Algorithmic Graph Theory［M］．McGraw – Hill，1993.

［43］ Deo N. Graph Theory with Applications in Engineering and Computer Science ［M］. Prentice – Hall，1974.

［44］ Diestel R. Graph Theory. Grad. Texts Math ［M］. Springer – Verlag，2000.

［45］ Even S. Graph Algorithms ［M］. Computer Science Press，1979.

［46］ Fleischner H. Eulerian Graphs and Related Topics ［M］. Ann. Dis. Math. 45，North Holland，Amsterdam，1990.

［47］ Ford L R & Fulkerson D R. Flows in Networks ［M］. Princeton University Press，1962.

［48］ Foulds L R. Graph Theory Applications ［M］. Springer – Velag，1992.

［49］ Gibbons A. Algorithmic Graph Theory ［M］. Cambridge University Press，1985.

［50］ Hu T C. Combinatorial Algorithms ［M］. Addison – Wesley Publishing Company，1982.

［51］ Jensen P A & Barnes J W. Network Flow Programming ［M］. John Wiely & Sons，1980.

［52］ Korte B & Vygen J. Combinatorial Optimization. Theory and Algorithms ［M］. Springer，1991.

［53］ Lawler E L. Combinatorial Optimization：Networks and Matroids ［M］. Holt Rinehart and Winston，1976.

［54］ Lawler E L，Lenstra J K & Rinooy – Kan A H G. The Traveling Salesman Problem ［M］. Wiley – Interscience. John Wiley & Sons，1985.

［55］ Lovasz L & Plummer M D. Matching Theory ［M］. Elsevier Science Publishing Company Inc，1986.

［56］ Papadimitriou C H & Steiglitz K. Combinatorial Optimization. Algorithms and Complexity ［M］. Prentice – Hall，1982.

［57］ Swamy M N S & Thulasiraman K. Graphs Networks and Algorithms ［M］. Wiley – Interscience，John Wiley & Sons，1981.

［58］ West D B. Introduction to Graph Theory ［M］. Prentice – Hall，1993.

［59］ Wilson R J & Beineke W L. Applications of Graph Theory ［M］. Academic Press，1979.

［60］ Milan Zeleny. Multiple Creteria Decision Making ［M］. McGraw Hill Book Company，1982.

［61］ Hamdy A. Taha. 运筹学导论（初级篇）（第 8 版）［M］. 北京：人民邮电出版社，2008.

［62］ LP 格式基础规范 ［EB/OL］. http：//lpsolve. sourceforge. net/5. 5/CPLEX – format. htm.

［63］LP 格式最新版完整规范 ［EB/OL］. https：//www. ibm. com/docs/en/icos/20. 1. 0? topic = cplex – lp – file – format – algebraic – representation.

［64］MPS 格式最新版完整规范 ［EB/OL］. https：//www. ibm. com/docs/en/cofz/12. 10. 0? topic = cplex – mps – file – format – industry – standard.